# 能 源 草

## ——柳枝稷研究与应用

范希峰　侯新村　朱　毅等　著

科学出版社

北 京

# 内 容 简 介

柳枝稷是一种优质的能源草，开展柳枝稷的基础研究与应用技术开发可以为解决我国生物质原料供应问题提供科学的理论依据与有力的技术支撑。本书从能源草相关基本概念入手，结合著者十多年研究工作，系统阐述了柳枝稷的生物质形成规律、优良品种培育技术、逆境适应特性、栽培生理生态学、生命周期特征等，并展望了今后能源草的主要研究与应用方向。

本书适合从事能源植物及生物质能源研究与应用的科技工作者和技术人员、高等院校的教师与学生参考使用。

**图书在版编目（CIP）数据**

能源草：柳枝稷研究与应用/范希峰等著. —北京：科学出版社，2017.6

ISBN 978-7-03-052843-8

Ⅰ.①能⋯ Ⅱ.①范⋯ Ⅲ.①草本植物–生物能源–能源利用–研究 Ⅳ.①S216.2

中国版本图书馆 CIP 数据核字（2017）第 110720 号

责任编辑：刘 畅 / 责任校对：贾娜娜
责任印制：张 伟 / 封面设计：铭轩堂

科学出版社 出版
北京东黄城根北街 16 号
邮政编码：100717
http://www.sciencep.com

**北京中石油彩色印刷有限责任公司** 印刷
科学出版社发行 各地新华书店经销

\*

2017 年 6 月第 一 版 开本：720 × 1000 1/16
2018 年 1 月第二次印刷 印张 16
字数：304 000

定价：98.00 元
（如有印装质量问题，我社负责调换）

# 《能源草——柳枝稷研究与应用》编写人员名单

范希峰（北京草业与环境研究发展中心）

侯新村（北京草业与环境研究发展中心）

朱　毅（北京草业与环境研究发展中心）

岳跃森（北京草业与环境研究发展中心）

赵春桥（北京草业与环境研究发展中心）

刘吉利（宁夏大学）

左海涛（山东荣达农业发展有限公司）

黄　杰（甘肃省农业科学院畜草与绿色农业研究所）

吴　娜（宁夏大学）

# 前　言

能源是人类社会发展的重要物质基础。自 20 世纪 70 年代第一次全球能源危机暴发以后，寻找可再生能源成为全球面临的与可持续发展息息相关的战略问题。在可再生能源发展与应用过程中，生物质能源因其资源丰富且具有良好的可储存性与碳平衡性，在替代传统化石能源方面独树一帜，是可再生能源中的主导性能源，发展潜力巨大。

生物质原料是生物质能源产业发展的物质基础，木质纤维素生物质是全球最为丰富的可再生资源。作为一类重要的木质纤维素生物质资源，能源草具备生物质产量高、生物质品质优良、抗病虫害、耐干旱瘠薄、生态适应性强等优势，柳枝稷（*Panicum virgatum*）就是其中一种。

北京草业与环境研究发展中心隶属于北京市农林科学院，自成立伊始就建立了能源草与生物质能研究团队，已经连续 9 年获得了北京市农林科学院科技创新能力建设专项"生物质能源学科建设"的支持，被列为北京市农林科学院重点发展的学科方向，是北京市乃至国内最早开展柳枝稷与生物质资源研究、生物质能开发利用的研究机构之一。

十余年来，北京草业与环境研究发展中心先后承担了科技部、农业部、国家林业局、北京市科学技术委员会、北京市农村工作委员会、北京市农林科学院、中国石油天然气股份有限公司等部门和单位的大量科研项目，在柳枝稷与生物质资源数据库建立、柳枝稷抗逆性评价及逆境生理、柳枝稷栽培技术、生产潜力和种植区划、柳枝稷品种选育技术、生物质转化利用、生命周期评价等领域开展了大量研究与应用工作。累计在京郊昌平区、房山区、密云区、顺义区、大兴区、延庆区 6 区 11 处边际土地（沙化地、荒滩地、挖沙废弃地和污染农田），以及山东滨州与东营、宁夏平罗、天津大港、河北海兴与唐海、海南澄迈、吉林长春等 6 省（自治区、直辖市）8 处边际土地成功示范种植柳枝稷 1000hm$^2$，系统开展了柳枝稷生产潜力评价与全国种植区划。在固体成型燃料加工、纤维素乙醇制备、沼气发酵等方面开展了柳枝稷生物质能加工利用技术研究及相应实验设备的研制工作。同时，北京草业与环境研究发展中心持续加强与国内外相关研究与应用单位的合作研究，在农业生物质资源领域拥有坚实的研究基础，拥有一大批实用性强的技术储备，有力地推动了北京市乃至我国生物质能学科的发展，为北京市和我国生物质能产业发展提供了有力的技术支撑和科技示范。

　　全书内容主要由北京草业与环境研究发展中心从事柳枝稷及其他各种能源草研究与应用工作的一线科研人员撰写完成，并吸收了部分国内合作单位的相关研究成果。

　　值本书成稿之际，衷心感谢北京草业与环境研究发展中心武菊英研究员一如既往的鼎力支持，能源草的研究与应用工作能够取得今天的成绩，与武菊英研究员的亲切关怀和指导息息相关；感谢科技部、农业部、国家林业局、北京市科学技术委员会、北京市农村工作委员会、北京市农林科学院、中国石油天然气股份有限公司对能源草研究与应用工作的资助，感谢一路走来的国内外同行、好友对我们工作的大力支持，愿我们今后能继续携手同行，共同推动能源草和生物质能源研究与应用工作再上新台阶！

　　本书成稿过程中，参考了大量前人研究工作，在此表示衷心的感谢。由于著者水平有限，在行文与阐述过程中难免有不足之处，如有给读者带来不便之处，深表歉意，并请不吝赐教。

著　者

2017 年 1 月

# 目　　录

前言

第一章　概论 …………………………………………………………… 1

　第一节　基本概念 …………………………………………………… 1

　　一、生物质 ………………………………………………………… 1

　　二、生物质原料 …………………………………………………… 1

　　三、能源植物 ……………………………………………………… 1

　　四、能源草 ………………………………………………………… 1

　第二节　能源草研究现状与优质种类筛选 ………………………… 2

　　一、能源草国内外研究概况 ……………………………………… 2

　　二、优质能源草种类筛选 ………………………………………… 3

　第三节　常见能源草在我国北方地区的生物质产量和品质特性 … 9

　　一、引言 …………………………………………………………… 9

　　二、材料与方法 …………………………………………………… 10

　　三、结果与分析 …………………………………………………… 13

　　四、讨论与结论 …………………………………………………… 16

　参考文献 ……………………………………………………………… 19

第二章　柳枝稷生物量形成与分配 …………………………………… 22

　第一节　12 份柳枝稷在北京地区的产量特性研究 ………………… 22

　　一、引言 …………………………………………………………… 22

　　二、材料与方法 …………………………………………………… 22

　　三、结果与分析 …………………………………………………… 23

　　四、讨论与结论 …………………………………………………… 30

　第二节　柳枝稷生物量及分配差异研究 …………………………… 30

　　一、引言 …………………………………………………………… 30

　　二、材料与方法 …………………………………………………… 30

　　三、结果与分析 …………………………………………………… 32

　　四、讨论与结论 …………………………………………………… 39

　第三节　不同生态型柳枝稷细胞壁组成结构与降解效率的差异 … 40

一、引言 ································································· 40

二、材料与方法 ······················································ 41

三、结果与分析 ······················································ 42

四、讨论与结论 ······················································ 48

参考文献 ······························································ 49

**第三章　柳枝稷多倍体育种技术研究** ····························· 51

第一节　柳枝稷再生体系的建立 ····································· 51

一、引言 ····························································· 51

二、材料与方法 ······················································ 51

三、结果与分析 ······················································ 55

四、结论与讨论 ······················································ 60

第二节　八倍体低地型柳枝稷的诱导 ································· 61

一、引言 ····························································· 61

二、材料与方法 ······················································ 62

三、结果与分析 ······················································ 64

四、结论与讨论 ······················································ 69

参考文献 ······························································ 70

**第四章　柳枝稷抗逆性评价** ······································· 72

第一节　盐胁迫对柳枝稷种子萌发的影响 ··························· 72

一、引言 ····························································· 72

二、材料与方法 ······················································ 72

三、结果与分析 ······················································ 73

四、讨论与结论 ······················································ 77

第二节　盐胁迫对柳枝稷苗期生长和生理特性的影响 ··············· 78

一、引言 ····························································· 78

二、材料与方法 ······················································ 79

三、结果与分析 ······················································ 80

四、讨论与结论 ······················································ 85

第三节　盐胁迫对柳枝稷生物量、品质和光合生理的影响 ··········· 86

一、引言 ····························································· 86

二、材料与方法 ······················································ 86

三、结果与分析 ······················································ 88

四、讨论与结论 ······················································ 91

第四节　柳枝稷对氮营养胁迫的响应 ································· 92

一、引言 ·································································· 92

二、材料与方法 ······················································ 93

三、结果与分析 ······················································ 96

四、讨论与结论 ····················································· 104

第五节　柳枝稷对磷营养胁迫的响应 ····························· 106

一、引言 ································································ 106

二、材料与方法 ····················································· 106

三、结果与分析 ····················································· 107

四、讨论与结论 ····················································· 115

第六节　柳枝稷对钾营养胁迫的响应 ····························· 116

一、引言 ································································ 116

二、材料与方法 ····················································· 117

三、结果与分析 ····················································· 117

四、讨论与结论 ····················································· 125

第七节　干旱胁迫对柳枝稷生长与生理特性的影响 ············ 126

一、引言 ································································ 126

二、材料与方法 ····················································· 126

三、结果与分析 ····················································· 127

四、讨论与结论 ····················································· 130

参考文献 ···································································· 132

第五章　柳枝稷栽培生理研究 ········································· 137

第一节　北京地区新收获柳枝稷种子的萌发和出苗特性研究 ··· 137

一、引言 ································································ 137

二、材料与方法 ····················································· 137

三、结果与分析 ····················································· 138

四、讨论与结论 ····················································· 140

第二节　边际土地类型和移栽方式对柳枝稷苗期生长的影响 ··· 143

一、引言 ································································ 143

二、材料与方法 ····················································· 143

三、结果与分析 ····················································· 144

四、讨论与结论 ····················································· 147

第三节　收获时间对柳枝稷产量和品质的影响 ················· 148

一、引言 ································································ 148

二、材料与方法 ····················································· 149

三、结果与分析 ……………………………………………………………… 150
四、讨论与结论 ……………………………………………………………… 153
第四节 除穗对柳枝稷地上部生物质品质的影响 ………………………… 154
一、引言 ……………………………………………………………………… 154
二、材料与方法 ……………………………………………………………… 154
三、结果与分析 ……………………………………………………………… 157
四、讨论与结论 ……………………………………………………………… 164
第五节 氮肥对两种沙性栽培基质中有机碳类物质含量的影响 ………… 167
一、引言 ……………………………………………………………………… 167
二、材料与方法 ……………………………………………………………… 168
三、结果与分析 ……………………………………………………………… 169
四、讨论与结论 ……………………………………………………………… 175
参考文献 ……………………………………………………………………… 177
第六章 柳枝稷生命周期评价 …………………………………………………… 182
第一节 LCA 简介及 GREET 模型运算 …………………………………… 182
一、引言 ……………………………………………………………………… 182
二、研究方法 ………………………………………………………………… 194
三、结果与分析 ……………………………………………………………… 198
四、讨论与结论 ……………………………………………………………… 202
第二节 能源草种植环节碳效应评价 ……………………………………… 202
一、引言 ……………………………………………………………………… 202
二、研究方法 ………………………………………………………………… 203
三、结果与分析 ……………………………………………………………… 203
四、讨论与结论 ……………………………………………………………… 215
第三节 种植环节能耗分析 ………………………………………………… 216
一、引言 ……………………………………………………………………… 216
二、研究方法 ………………………………………………………………… 217
三、结果与分析 ……………………………………………………………… 217
四、讨论与结论 ……………………………………………………………… 220
第四节 种植成本估算及应用潜力评价 …………………………………… 222
一、引言 ……………………………………………………………………… 222
二、研究方法 ………………………………………………………………… 222
三、结果与分析 ……………………………………………………………… 223
四、讨论与结论 ……………………………………………………………… 227
参考文献 ……………………………………………………………………… 228

**第七章 能源草研究与应用展望**·······················231

第一节 能源草种质资源收集评价··················231

第二节 能源草育种技术研究·····················232

第三节 能源草栽培管理技术研究··················232

第四节 能源草生态效应研究·····················232

第五节 能源草生物质品质及转化利用技术研究···········233

第六节 能源草评价技术体系构建··················233

参考文献··························234

**附录 北京市地方标准"柳枝稷栽培技术规程"**·············235

# 第一章　概　　论

## 第一节　基本概念

在本书开始阐述与柳枝稷相关的研究与应用问题之前，将相关概念与术语界定清晰是必要的，也是了解柳枝稷的基础。

### 一、生物质

生物质是指一切直接或间接利用太阳能经由绿色植物光合作用形成的有机物，包括除化石燃料外的植物、动物、微生物及其排泄物与代谢产物。

### 二、生物质原料

生物质原料是指可以用于规模化生产或加工形成生物质能源或生物基产品的生物质资源，主要包括淀粉类、油脂类、可溶性糖类、烃类、木质纤维素类五大类生物质原料。

### 三、能源植物

能源植物是指专门用于生产或加工形成生物质能源或生物基产品的生物质原料植物。

### 四、能源草

富含纤维素、半纤维素、木质素等木质纤维素类物质的能源植物称为木质纤维素能源植物，如柳树、桉树、杨树、柽柳等木本植物和芒草、柳枝稷、䅟草、杂交狼尾草、象草、芦竹、芦苇、竹子等草本植物，后者就是人们通常所说的能源草。柳枝稷（*Panicum virgatum*）为能源草中最为重要的一种，已经被列为能源草中最具发展前景的模式种类。

## 第二节　能源草研究现状与优质种类筛选

### 一、能源草国内外研究概况

随着化石燃料日趋枯竭和生态环境日渐恶化，可再生替代能源的开发利用成为时代需求。生物质能被认为是最具前景的可再生能源之一（Hoogwijk et al.，2003），因为，生物质是绿色植物通过光合作用形成的有机物，其种类多、数量大，可转化为气、液、固3种形态燃料，还可生产多种生物基产品。因此，高光效、高生物量能源植物的开发利用是生物质原料供应的重要保障。其中，能源草具有多年生、抗性强、光能利用效率高、种植成本低、生态效益好和适宜在边际土地上种植等诸多优点，被认为是最具开发利用前景的能源植物之一（Lewandowski et al.，2003；谢光辉等，2008；解新明等，2008）。

欧美国家自20世纪80年代开始对能源草进行系统筛选，已培育出多个专用能源草品种并实现了规模化种植和开发利用。美国能源部早在1984年就启动了"草本能源植物研究计划项目"（1990年更名为"生物质能原料发展计划项目"），通过对35种草本植物的系统筛选，获得了18种具有开发利用潜力的能源草，其中C₃植物和C₄植物各9种，并认为柳枝稷最具潜力，随后启动了多项课题资助柳枝稷研究（Lewandowski et al.，2003），目前已培育出多个柳枝稷品种，如'Alamo''Kanlow'和'Cave-in-rock'等。欧洲自1989年开始，先后启动了"欧洲JOULF计划""欧洲AIR计划""欧洲FAIR计划"和"欧洲STAR计划"等多个专项，在全球范围内搜集能源草资源（Lewandowski et al.，2003），已在能源草生殖、发育、种植管理、收获加工等领域取得重要进展。欧美国家综合了生物产量、水分和养分利用、生态影响和生产成本等因素，普遍认为能源草是边际土地上最具潜力的能源植物，在广泛收集资源并选育专用能源草品种的基础上，积极推动能源草的规模化种植和开发利用，已在能源草压缩成型、气化、燃烧发电、纤维素乙醇转化等领域取得重要进展（谢光辉等，2008）。据Clifton-Brown的报道，2000年能源草芒草（*Miscanthus* spp.）的产电量在欧盟15国中占总产电量的9%，其中爱尔兰最高，占总产电量的37%。

我国近年来也开始重视能源草的研究和开发利用，北京市农林科学院在十余项国家和北京市科技计划项目的支持下，共收集柳枝稷、芒草、芦竹（*Arundo donax*）、芨芨草（*Achnatherum splendens*）和杂交狼尾草（*Pennisetum americanum* × *P. purpureum*）等国内外能源草资源23种共208份，对其开展了系统的生态适应性评价、抗逆性评价（范希峰等，2012）、品种选育、栽培管理技术（范希峰等，2010）、产量和品质特性（范希峰等，2012，2010）、生态效益（侯新村等，2012）和利用前景（范希峰等，2010；侯新村等，2012）等方面的研究，已在北京地区利用挖沙废弃地、河滩地、污染农田等多种类型边际土地示范种植 200hm² 以上，并与当地生物质颗粒成型加工厂、生物质气化站合作进行产业化示范应用，同时与首都师范大学合作在能源草纤维素乙醇转化方面取得重要研究进展。中国科学院水利部水土保持研究所在西北干旱半干旱地区系统研究了柳枝稷的适应性、生理特性、产量水平和生态效益等；中国农业大学、山西省农业科学院、黑龙江省农业科学院等单位也分别对柳枝稷或芒草进行了研究。以上研究为我国北方地区（包含按照地理区域划分的北方地区和西北地区两个区域）能源草的开发利用奠定了基础。著者综述我国北方地区能源草研究进展，分析其开发利用前景，旨在促进我国能源草的研究和开发利用。

## 二、优质能源草种类筛选

相关研究报道（范希峰等，2012，2010；侯新村等，2012）中干物质产量在 3.0t/(hm²·a) 以上的多年生草本植物主要有 23 种（表 1-1），分别为芨芨草、羽茅（*Achnatherum sibiricum*）、沙芦草（*Agropyron mongolicum*）、西伯利亚冰草（*Agropyron sibiricum*）、准格尔看麦娘（*Alopecurus songoricus*）、燕麦草（*Arrhenatherum elatius*）、白羊草（*Bothriochloa ischaemun*）、鸭茅（*Dactylis glomerata*）、羊草（*Leymus chinensis*）、赖草（*Leymus secalinus*）、粟草（*Milium effusum*）、狼尾草（*Pennisetum alopecuroides*）、白草（*Pennisetum centrasiaticum*）、鹅草、猫尾草（*Uraria crinita*）、星星草（*Puccinellia tenuiflora*）、短柄鹅观草（*Roegneria brevipes*）、大米草（*Spartina anglica*）、无芒雀麦（*Bromus inermis*）、柳枝稷、荻、芦竹和杂交狼尾草。目前这些草主要用于饲草、造纸原料或生态修复，而作为能源草以生产生物质原料为目的的主要有柳枝稷、芒草、芦竹和杂交狼尾草 4 类，它们在产量上较其他草种具有明显优势。

表 1-1　我国北方地区多年生草资源的产量和品质特征

| 中文名 | 拉丁名 | 光合特征 | 株高/cm | 报道产量/（t/hm²） |
|---|---|---|---|---|
| 芨芨草 | *Achnatherum splendens* | $C_3$ | 50～250 | 2.00～3.00 |
| 羽茅 | *Achnatherum sibiricum* | — | 50～150 | 4.50～5.30 |
| 沙芦草 | *Agropyron mongolicum* | $C_3$ | 40～90 | 2.30～3.00 |
| 西伯利亚冰草 | *Agropyron sibiricum* | $C_3$ | 30～60 | 6.38[*] |
| 准格尔看麦娘 | *Alopecurus songoricus* | — | 40～80 | 3.75 |
| 燕麦草 | *Arrhenatherum elatius* | — | 100～150 | 7.50～9.40[*] |
| 白羊草 | *Bothriochloa ischaemun* | $C_4$ | 25～80 | 9.00 |
| 鸭茅 | *Dactylis glomerata* | $C_3$ | 70～120 | 9.40[*] |
| 羊草 | *Leymus chinensis* | $C_3$ | 30～90 | 3.00～7.75 |
| 赖草 | *Leymus secalinus* | $C_3$ | 45～100 | 4.00～11.00 |
| 粟草 | *Milium effusum* | — | 90～150 | 5.43[*] |
| 狼尾草 | *Pennisetum alopecuroides* | $C_4$ | 30～125 | 6.25[*] |

续表

| 中文名 | 拉丁名 | 光合特征 | 株高/cm | 报道产量/（t/hm²） |
|---|---|---|---|---|
| 白草 | *Pennisetum centrasiaticum* | C₄ | 30～120 | 11.50 |
| 虉草 | *Phalaris arundinacea* | C₃ | 60～140 | 10.60 |
| 猫尾草 | *Uraria crinita* | C₃ | 10～100 | 9.40～15.00* |
| 星星草 | *Puccinellia tenuiflora* | — | 30～60 | 5.50～7.50 |
| 短柄鹅观草 | *Roegneria brevipes* | C₃ | 30～120 | 8.25～11.25 |
| 大米草 | *Spartina anglica* | C₄ | 20～150 | 3.75～7.50* |
| 无芒雀麦 | *Bromus inermis* | C₃ | 90～130 | 4.50～6.00 |
| 柳枝稷 | *Panicum virgatum* | C₄ | 150～300 | 6.77～28.33 |
| 荻 | *Miscanthus sacchariflorus* | C₄ | 246～383 | 7.00～29.67 |
| 芦竹 | *Arundo donax* | C₃ | 400～486 | 16.17～34.46 |
| 杂交狼尾草 | *Pennisetum americanum* × *Pennisetum purpureum* | C₄ | 4.19～4.30 | 40.14～59.22 |

注：① "*" 表示文献中报道的产量数据为鲜重，按照 70% 的含水率折算为干重数据；② "—" 表示文献中没有说明该草种的光合特征

## （一）柳枝稷

　　柳枝稷是多年生草本 $C_4$ 植物，植株高大、根系发达，在美国南部地区，柳枝稷株高可以超过 300cm，根深可达 350cm，生物产量可达 20t/hm² 以上；叶型紧凑，叶子正反两面都有气孔；具有根茎，可以产生分蘖，在条件适宜的情况下大多数分蘖均可成穗；圆锥状花序，长 15～55cm，分枝末端有小穗；种子坚硬、光滑且具有光泽，新收获的种子具有较强的休眠性，品种间千粒重变化较大，为 0.7～2.0g。柳枝稷寿命较长，一般在 10 年以上，如果管理较好可达 15 年以上。

　　柳枝稷是异花授粉作物，具有较强的自交不亲和性；其基本染色体数为 9，大部分品种为四倍体、六倍体和八倍体。柳枝稷可以分为低地和高地两种生态型，低地生态型茎秆较高、较粗，适应于温暖潮湿的环境，主要分布在美国南部地区，高地生态型茎秆稍细矮，且生长较慢，主要分布在美国中部和北部地区；低地生态型品种多为四倍体，高地生态型品种多为六倍体或八倍体。研究表明，无论生态型是否相同，只要染色体倍数相同就可以杂交，这为两种生态型品种之间进行杂交、培育新品种创造了条件。

　　作为 $C_4$ 植物，与 $C_3$ 植物相比，柳枝稷对生长温度要求较高。Hsu 等研究发现，柳枝稷萌发的最低温度为 10.3℃，当土壤温度低于 15.5℃时，种子萌发很慢；柳枝稷生长的最适温度在 30℃左右。不同的品种对温度要求不同，起源于低纬度地区的品种对温度要求较高。柳枝稷在每个生长季节结束时都要经历寒冷的冬天，品种的抗寒性直接决定了其能否顺利越冬，从而影响其种植范围。研究表明，柳

枝稷经抗寒锻炼后可以忍受-22~-19℃的低温。柳枝稷的抗寒性存在差异，并且有遗传变异发生，说明可以通过育种途径筛选抗寒性强的品种，从而扩大柳枝稷的种植范围，这对于提高生物质能源产量具有重要意义。

柳枝稷具有明显的光周期特性，它是短日植物，短日照条件下才可开花。柳枝稷的光周期特性群体间存在遗传变异，此性状可以选育。Esbroeck 等研究表明，从 'Alamo' 种质资源中筛选出的后代可以比父母本提前 10d 或推迟 12d 开花。同一品种如果种植在不同纬度，其光周期反应不同，低纬度起源的品种如果种植在高纬度地区，开花会延迟，因为高纬度地区达到其临界日长的时间较晚。在柳枝稷能源生产系统中，可以充分利用其光周期特性，在保证柳枝稷能够顺利越冬的情况下尽量推迟其开花期以延长营养生长期，从而获得较高的生物质产量。

柳枝稷具有很强的适应性，这种适应性来源于其丰富的基因型，可能是柳枝稷在长期的进化过程中，与不同环境相互作用的结果。柳枝稷的适应性主要表现在两个方面，一是地理分布范围广，二是能够适应多种土壤环境。柳枝稷地理分布范围广，它起源于北美，在美国大部分地区均可种植，此外，阿根廷、英国、中国、印度、日本、希腊、意大利等许多国家都开展了引种试验，结果表明柳枝稷在这些国家也可以种植。两种生态型的柳枝稷地理分布不同，低地生态型喜欢温暖潮湿的环境，适合在低纬度地区种植，高地生态型则喜欢稍微干燥的环境，适合在中高纬度地区种植，这主要是因为两种生态型的柳枝稷起源地理位置不同。不同起源的柳枝稷品种只有种植在与其起源位置相近的地区才能表现出较高的产量和生态适应性。例如，起源于北美东部地区的品种种植到西部地区产量就会降低，反之亦然。

柳枝稷可适应砂土、黏壤土等多种土壤类型，且具有较强的耐旱性，甚至在岩石类土壤中也能生长良好，其适宜生长的土壤 pH 为 4.9~7.6，在中性条件下生长最好。柳枝稷能够适应苛刻的土壤条件，并且有较高的水肥利用效率，其原因是柳枝稷根系与真菌互惠共生形成菌根，菌根可以调节柳枝稷对干旱、养分贫瘠、病原菌、重金属污染等不良环境的反应。盆栽试验和大田试验都证明菌根有利于养分吸收，可以提高柳枝稷的产量和抗性，减少生产过程中的化肥投入，这对以能源为目标的柳枝稷生产非常有利。

## （二）芒草

芒草为禾本科芒属草本类植物的简称，大约有 13 种，分布于中国和日本，我国有 2 种 8 变种，分别为荻（*M. sacchariflorus*）和南荻（*Miscanthus lutarioriparius*），南荻又分为南荻（原变种）（*Miscanthus lutarioriparius* var. *lutarioriparius* L. Liu）、突节荻

（*Miscanthus lutarioriparius* var. *elevatinodis* L. Liu et P. F. Chen）、岗柴（*Miscanthus lutarioripariup* var. *gongchai* L. Liu）、平节荻（*Miscanthus lutarioriparius* var. *planiodis* L. Liu）、刹柴（*Miscanthus lutarioriparius* var. *shachai* L. Liu）、茅荻（*Miscanthus lutarioriparius* var. *gracilior* L. Liu et P. F. Chen）和君山荻（*Miscanthus lutarioriparius* var. *junshanensis* L. Liu）7 个变种。荻高 1.0～1.5m，直径约 5mm，具十多节，具有发达的长匍匐根状茎，产于黑龙江、吉林、辽宁、山西、河南、山东、甘肃及陕西等省，生于山坡草地和平原岗地、河岸湿地；南荻高 3～6m，最高可达 7.2m，直径 1.5～2.5cm，最大可达 4.7cm，具 30～42 节，具有十分发达的根状茎，分布于长江中下游以南的湖泊、淤滩及江河岸边。

芒属能源草的染色体基数为 19。芒的染色体为二倍体（$2n=2x=38$），荻种内的染色体有二倍体、三倍体、四倍体和五倍体，荻属种间和种内都有多倍化现象。芒属为异花传粉，自交不亲和，而个体间、变种间及种间杂交的结实率高，在自然条件下很容易产生种间杂种（解新明等，2008）。三倍体的奇岗就是一个天然杂交种（$2n=54$），可能是由四倍体的荻（$2n=4x=76$）和二倍体的芒（$2n=2x=38$）天然杂交而产生的，比亲本具有更强的生命力。

芒属能源草的光合途径为 $C_4$ 途径。荻光合速率日变化为一典型的双峰曲线，午后光合作用有一低谷。5～6 月荻的光合速率最高，7 月中下旬至 8 月上旬明显减弱，9 月初又有回升。荻的最高光合速率可达 $50mgCO_2/(dm^2·h)$，比水稻高出 50%以上，同玉米比较接近。最上位完全抽出叶的光合速率最高，降低一个叶位，光合速率降低 8%～15%，未完全抽出的幼叶的光合速率低于已完全抽出的上位叶，同一叶片以中部的光合速率最高。芒是长日照作物（Lewandowskia et al.，2003），辐射利用率较高，生长速率很快，拔节期可达 3cm/d，分蘖期为 0.5～1.0cm/d。芒的叶面积指数夏季最高，可达 6.5～10.0，秋季由于叶子枯萎变黄，叶面积指数开始下降。

芒属能源草均为多年生，生育期的划分还没有明确的界定，一般可以分为苗期（返青期）、拔节期、分蘖期、抽穗开花期、成熟期。荻在江汉平原，3 月初返青，9 月中旬至 10 月中旬开花结实，10 月下旬枯萎；在山东省微山县，4 月上旬播种，下旬出苗（日均气温为 12℃时），6 月中旬开始拔节（从出苗到拔节历时 40～45d），7 月上旬开始开始产生第二分蘖（从拔节到分蘖约需 20d，第 5 节形成时开始产生第一分蘖），9 月抽穗开花（5～8 月是生长速度最快的时期），10 月下旬停止生长，翌年 3 月中旬返青。

芒属能源草起源于亚洲，在我国南至台湾，北至黑龙江，东至沿海各省，西至四川、陕西等省均具有不同种的该类植物分布，适宜山地、丘陵、荒坡、原野、撂荒地、湿谷低地、河岸湿地等多种类型的生境条件。

芒属能源草在欧洲也有广泛的适应性，能够适应多种类型的土壤，在砂壤土上建植最好；侵袭、生长、繁殖、竞争和生态适应能力强，常常成为山地、丘陵、滩涂、林缘等草本群落的优势成分（Lewandowski et al.，2003）；芒草不耐长时间干旱，耐较长时间水淹，耐高温，不耐寒，在欧洲的德国、丹麦、爱尔兰、英国和希腊、意大利、西班牙等国家均可种植（Lewandowski et al.，2003；谢光辉等，2008；Clifton-Brown and Lewandowski，2000）。

## （三）芦竹

芦竹（*Arundo donax* L.）又称荻芦竹、江苇和旱地芦苇等，属禾本科芦竹属多年生高大丛生草本植物。茎直立中空，粗壮挺拔，秆壁厚而硬，高 3～6m，粗 1～3cm，具 20～40 节，节间长 10～20cm，可分枝，形似芦苇，底部茎秆硬度和刚度大，是典型的各向异性、非均质和非线性材料；叶片扁平，长 30～60cm，宽 3～5cm，宽大鲜绿，呈条状披针形，上面与边缘微粗糙，基部白色，抱茎，叶鞘长于节间，无毛或颈部具长柔毛；芦竹花呈极大型圆锥花序，长 30～60cm，宽 3～6cm，分枝稠密，斜升，小穗长 10～12mm，含 2～4 个小花，小穗轴节长约 1mm，外稃中脉延伸成 1～2mm 的短芒，背面中部以下密生长柔毛，毛长 5～7mm，基盘长约 0.5mm，两侧上部具短柔毛，第一外稃长约 1cm，内稃长约为外稃之半，雄蕊 3，颖果细小黑色，花果期 9～12 月，染色体 $2n=12$，$2n=60$，$2n=110$，为 5 倍、6 倍和 9 倍的非整倍染色体；芦竹的根为须根，由根状茎上的根源茎发展形成。

芦竹属在全世界共有 6 种，我国有两种，即芦竹与特产于台湾省的台湾芦竹，其中芦竹除原变种外，还有产自台湾的两个变种毛鞘芦竹和变叶芦竹，国内学者所说的花叶芦竹即变叶芦竹。芦竹是 $C_3$ 光合途径的草本植物，为芦竹属唯一广泛分布的种。

芦竹无法形成正常配子，因此自然条件下难以通过有性生殖产生种子，即芦竹为自然不育。

芦竹起源于亚洲，由于具有多种经济用途（如纸浆、人造丝、乐器、手工编制篮、篱笆和装饰物等），因此被世界许多国家引种，目前遍布于世界亚热带和温带地区（Lewandowski et al.，2003），在我国辽宁至广西一带均有分布，生产最多的是江苏、浙江两省。芦竹根茎为民间常用的中药，味苦，性寒，能清热泻火、生津除烦、利尿，可用于治疗热病烦渴、虚劳蒸骨、吐血、热淋、小便不利、风火牙痛，某药业公司以芦竹为主要原料生产纯中药制剂芦黄冲剂、去感热口服液和去感热注射液，临床上广泛应用于治疗急性上呼吸道感染、化脓性扁桃体炎、流感等病变及各种原因引起的高热等症状，疗效显著。在欧洲与印度等地芦竹被用作结瘢剂、止血药、回乳剂、利尿药，或用于治疗牙疼、支气管炎等。芦竹主要含生物碱类成分，还含有三萜类和甾醇类成分，芦竹碱属中等毒性物质，不产生透皮吸收、刺激性、累积性和过敏作用，它能阻断5-HT2A 受体引起的血管舒张作用，同时芦竹碱及其衍生物还有降低体温的作用，芦竹碱盐酸注入下腔静脉能降低蛙心收缩的程度和频率，也能阻止 5-HT 对犬颈动脉的刺激作用。

## （四）杂交狼尾草

杂交狼尾草（*Pennisetum americanum* × *Pennisetum purpureum*），又名皇竹草、巨菌草、王草等，是美洲狼尾草（*Pennisetum americanum*）与象草（*Pennisetum purpureum*）的种间杂交种，植株高大，根系发达，须根系，扩展范围广，下部茎有气生根；茎秆直立，粗壮，丛生，圆形，有节，呈圆形，一般株高 3.5m 左右，最高可达 5m 以上，分蘖多，单株分蘖 30 个以上，多次刈割后，分蘖可成倍增加；叶片长剑状，长 60～80cm，宽 2.5cm 左右，叶面有稀毛，中脉明显突起。叶鞘和叶片连接处有紫纹；圆锥花序，密集呈柱状，小花不能形成花粉，或者雌蕊发育不良，不结种子；穗黄褐色，长 20～30cm，穗径 2～3cm，每穗由 200 个左右小穗组成，小穗披针形，近于无柄，2～3 枚簇生成一束，每簇下围以刚毛组成总苞，其中有一根较长而粗壮、具向上的糙刺（陈志彤等，2006；陈士良，1989；郑安检和杨地龙，2003）。杂交狼尾草 $F_1$ 代种子形状不规则，由卵圆形向狭长形过渡，以卵圆形为主，颜色微黄，而收获较早未完全成熟的种子明显呈黄色。杂交种千粒重为 $(6.46 \pm 0.31)$g，低于 10℃ 不能萌发，15℃ 以上时发芽率显著提高，最适萌发温度为 25～30℃（周洋等，2008）。

杂交狼尾草属于 $C_4$ 作物，光能潜力大，光合效率高，在高光强度和适宜的温度条件下，其光合速率为 60～100μmolCO$_2$/(m$^2$·s)，最大生长速率达到 48g/(m$^2$·d)（陈锦新等，1998）；喜温暖湿润气候，日平均气温 12～15℃ 时开始生长，25～35℃ 生长迅速；耐寒性差，低于 10℃ 时生长明显受抑，低于 0℃ 时或遇霜冻时死亡（陈志彤等，2006；陈士良，1989；章浚平，1995）；抗倒伏、抗旱、耐湿、耐盐碱，干旱少雨、长期根部淹水、土壤氯盐含量 0.3%时，仍可生长良好（陈志彤等，2006），其耐盐方式为拒盐，耐盐阈值为 0.57%（约 100mmol/L）（王殿等，2012）；病虫害少（郑安俭和杨地龙，2003）。

杂交狼尾草是美洲狼尾草与象草的种间杂交种，为三倍体，细胞染色体数为 $3n=21$，其后代一般不结实（白淑娟和张运昌，1996；张德荣等，2008），但江苏省农业科学院从 1981 年自美国引进的 2 个狼尾草的杂交种株系中（23A×N51、23A×N67）偶然获得了一定数量的二代杂交种，于 1982 年播种后产生了众多变异类型，成为重要的育种材料，但同一批种子，在 1982 年再重复播种，未获得第二代种子，其中原因尚不清楚（杨运生等，1984；顾洪如和陈礼伟，1989）。

## 第三节　常见能源草在我国北方地区的生物质产量
## 和品质特性

### 一、引言

　　随着社会发展，能源的需求量不断增加，不可再生的化石能源消耗殆尽，能源危机不断加剧，寻找可再生的替代能源成为当今社会的研究热点。生物质能源有希望成为全球最有前景的可再生替代能源（石元春，2005；Hoogwijk et al.，2003），其中抗逆性强、水肥利用率高、种植成本低、生态效应好的多年生能源草在生物质能源的发展中具有非常重要的地位，一些欧美的发达国家已经对其进行了广泛的研究和应用（Hoogwijk et al.，2003；Berndes et al.，2003；Bransby et al.，1998）。我国人均能源占有量严重不足，在2004年已成为第二大石油消费国和第三大石油进口国（谢光辉等，2007），而我国以能源开发为目的的能源草研究尚未开展（解新明等，2008）。因此，及时开展能源草的适应性、生产潜力和品质特性研究，对我国，尤其是北方干旱半干旱地区，合理利用这些草本植物发展生物质能产业具有重要意义。

　　美国能源部早在1984年就启动了"草本能源植物研究计划项目"（1990年更名为"生物质能原料发展计划项目"），对能源草进行了集中筛选，把柳枝稷（*Panicum virgatum*）作为模式植物进行了重点研究（Lewandowski et al.，2003；Prine et al.，1997）。柳枝稷原产北美，属禾本科黍属，是多年生高大丛生的 $C_4$ 草本植物；适应范围广、种植投入低、易于收获、生物质产量高（McLaughlin and Kszos，2005）；抗逆性强，能在多种边际土壤中生长良好（Wolf and Fiske，1995），能抵抗高温、低温和干旱等多种逆境胁迫（Sanderson et al.，1996）；用途广，可直燃或共燃发电、压制成型燃料、转化气体或液体燃料等（Tillman，2000）；净能产量高，温室气体排放量低（Schmer et al.，2008）；生态价值好，能吸收空气中 $CO_2$，改良土壤（Ma et al.，2000），改善动物栖息地环境（McLaughlin and Walsh，1998）。

　　欧洲自1989年开始先后启动了"欧洲JOULF计划""欧洲AIR计划"和"欧洲FAIR计划"，在全欧范围内主要针对与荻（*Miscanthus saccharflorus*）相近的芒属（*Miscanthus*）植物及其杂交种开展了系统的研究（Lewandowski et al.，2003）。芒草原产亚洲，属禾本科芒属，是多年生的高大 $C_4$ 草本植物；适应性广，抗旱能力强（Lewandowski et al.，2003），光合效率高，干物质产量高（Lewandowski et al.，

2000）；生物质灰熔点较低，软化温度高（Kristensen，1995）；热值和净能产出高（Ercoli et al.，1999）；同柳枝稷一样，可与煤共燃或气化进行能量生产（Visser，1996）；水分含量低（Lewandowski et al.，1995），点火稳定性优于煤炭（Lewandowski et al.，1995），燃烧稳定性优于农作物秸秆（Kristensen，1995）；可以连续利用 15 年以上（Price et al.，2004）。

欧洲国家也对芦竹（*Arundo donax* L.）进行了研究。芦竹在全球热带及亚热带均有分布，属禾本科芦竹属，是多年生高大 $C_3$ 草本植物（中国科学院中国植物志编辑委员会，1997）；根系发达，适应性强，生物质产量高，对重金属耐受能力强（Papazoglou，2007）；灰分低，燃烧特性好（Andrea et al.，2008）。杂交狼尾草是美洲狼尾草 [*Pennisetum americanum*（L.）Leeke] 和象草（*P. purpureum* Schum.）的种间杂交种，于 1981 年从美国引入我国（杨运生等，1984）。国内外对杂交狼尾草的研究主要集中在其牧草产量和营养价值上（Spitaleri et al，1995；刘丽丹，2009），以生产生物质能源为目的的研究较少。

荻和芦竹是我国的本土植物，而柳枝稷和杂交狼尾草也已经在我国引种多年（杨运生等，1984；李代琼等，1999），但是国内对这些植物的研究目的主要集中在水土保持、饲料和造纸原料上（刘丽丹，2009；吴全忠等，2005；王会梅等，2005；马文奎，2006；高捍东等，2009），而关于这几种典型的能源草在我国是否具有开发利用价值，能否为生物质能产业提供优质原料研究较少，所以值得探讨。

本节系统地研究了柳枝稷、荻、芦竹和杂交狼尾草在北京地区的生长状况、生物质产量及生物质品质特性，为北京及我国华北地区合理利用这些能源植物提供依据。

## 二、材料与方法

### 1. 试验时间与地点

试验于 2006～2009 年在北京草业与环境研究发展中心试验基地进行，该基地位于北京市昌平区小汤山镇（39°34′N，116°28′E），属典型的暖温带大陆性季风气候，平均海拔 50m，年均气温 12～17℃，年降水量 400～600mm，年无霜期 90～200d，≥10℃的年积温 4200d·℃左右。试验期间该基地的月平均气温和降水情况见表 1-2，气象资料由试验点 AR5 型自动气象站测定，30 年（1979～2008）的平均气象资料由中国气象局提供。试验区为砂壤土，前茬作物为小麦/玉米长期轮作，地力均匀，pH 为 7.62，有机质含量 1.52%，速效氮 84.0mg/kg，速效磷 16.5mg/kg，速效钾 129.0mg/kg。

表 1-2 试验期间（2006～2009 年）月平均气温和降水量

| 月份 | 2006 年 | 2007 年 | 2008 年 | 2009 年 | 30 年 |
|---|---|---|---|---|---|
| | 平均气温/℃ | | | | |
| 1 月 | −2.70 | −2.50 | −5.20 | −4.70 | −3.20 |
| 2 月 | −1.80 | 2.70 | −1.10 | −0.30 | 0.00 |
| 3 月 | 7.40 | 5.30 | 7.50 | 5.90 | 6.50 |
| 4 月 | 13.30 | 14.20 | 14.70 | 15.00 | 14.60 |
| 5 月 | 20.20 | 21.50 | 19.40 | 21.70 | 20.50 |
| 6 月 | 25.20 | 25.20 | 22.50 | 25.30 | 24.80 |
| 7 月 | 25.30 | 26.10 | 26.50 | 26.20 | 26.50 |
| 8 月 | 25.70 | 25.30 | 25.30 | 24.60 | 25.30 |
| 9 月 | 20.70 | 20.50 | 21.00 | 19.70 | 20.50 |
| 10 月 | 15.20 | 11.80 | 14.60 | 13.20 | 13.50 |
| 11 月 | 5.70 | 3.30 | 5.60 | 0.80 | 5.00 |
| 12 月 | −2.10 | −1.70 | −3.10 | −3.60 | −1.20 |
| 平均 | 12.70 | 16.30 | 12.30 | 13.90 | 12.70 |
| | 降水量/mm | | | | |
| 1 月 | 1.40 | 0.00 | 0.00 | 0.00 | 2.30 |
| 2 月 | 3.80 | 0.00 | 0.00 | 11.20 | 4.80 |
| 3 月 | 1.30 | 43.40 | 14.20 | 2.50 | 9.70 |
| 4 月 | 5.00 | 2.00 | 46.60 | 20.70 | 25.50 |
| 5 月 | 36.10 | 48.50 | 39.80 | 34.20 | 38.00 |
| 6 月 | 97.40 | 41.40 | 108.20 | 60.70 | 75.10 |
| 7 月 | 200.60 | 179.10 | 144.00 | 146.00 | 159.60 |
| 8 月 | 128.30 | 64.70 | 125.30 | 64.80 | 144.70 |
| 9 月 | 12.20 | 69.40 | 118.90 | 49.20 | 47.20 |
| 10 月 | 12.00 | 59.50 | 31.10 | 10.70 | 21.70 |
| 11 月 | 0.80 | 3.60 | 0.00 | 22.60 | 8.40 |
| 12 月 | 3.80 | 1.50 | 1.00 | 1.60 | 2.40 |
| 总量 | 502.70 | 460.00 | 629.30 | 422.60 | 539.40 |

## 2. 试验材料

供试能源草有 4 种，为柳枝稷、荻、芦竹和杂交狼尾草。其中柳枝稷于 2005 年从美国引进（品种为'Alamo'）；荻和芦竹由我国野生种驯化而来，荻野生种来源于山西省运城市郊区，芦竹野生种来源于江苏省东台市郊区；杂交狼尾草于2004年从哥伦比亚引进。

### 3. 试验设计与安排

试验区总面积为 $0.84hm^2$，南北长 140m，东西宽 60m，自南向北等分为 4 个大区，分别种植柳枝稷、荻、芦竹和杂交狼尾草各 $0.21hm^2$。每个大区自西向东等分为 4 个小区，作为 4 次重复。2006 年一次施入复合肥（N∶P∶K=20∶12.5∶10）$375kg/hm^2$ 作为底肥；每年 6～7 月对试验区追施尿素 $150kg/hm^2$；种植成活后，4 种草均不进行灌溉。4 种草均采用穴植，株行距均为 0.8m，具体种植时间和方式为：柳枝稷，2006 年 4 月 5 日育苗，5 月 10～12 日移栽，苗龄 5 叶期，每穴种植 1 株；荻，2006 年 5 月 5～7 日从基地草圃中采集根茎作种苗，每穴种植 1 段，长度约 20cm，含 2～3 个芽点；芦竹，2006 年 5 月 8～10 日从基地草圃中采集根茎作种苗，每穴种植 1 段根茎，含 3～5 个芽点；杂交狼尾草，2006～2009 年，每年 4 月底或 5 月初把储备的种茎移植到大田，每穴种植 2 段，长度约为 20cm，含 1～2 个芽点。

### 4. 试验调查内容与方法

农艺性状：自 2006 年开始，每年 7～11 月逐月调查一次株高和分蘖数。柳枝稷、芦竹和杂交狼尾草每小区调查代表性植株 10 株；荻在 2006 年每小区调查 10 株，2007 年以后，由于地下根茎繁殖无法区分单株，每小区调查 $1m^2$。

生物质产量：每年 10 月底或 11 月初测定生物质产量，每小区取样面积约为 $5m^2$，留茬 15cm，刈割后先测量鲜重，再随机抽取 2～4kg 鲜样测量含水量，据此折算干物质产量。

含水量：2008 年 7～12 月，每月 10～15 日取样测定含水量，每小区取鲜样 2～4kg，然后将样品置于鼓风干燥箱内，105℃杀青 30min，75℃烘干至恒重，称取干重计算含水量。

生物质成分：从 2008 年 10 月的样品中随机抽取一部分粉碎过 1mm 筛，测定灰分、灰熔点、热值、纤维素、半纤维素、木质素和 C、H、N 含量。元素含量采用 Vario ELⅢ元素分析仪进行分析；纤维素、半纤维素、木质素含量采用范氏（Van Soest）分析法测定（冯继华等，1994）；热值用 XPY-1C 型氧弹式热量计测定；灰分含量用干灰化法测定（林益明等，2000），灰熔点用 ZRC98 型灰熔点测定仪测定，记录变形温度、软化温度、半球温度和流动温度 4 个熔融特征温度。

## 三、结果与分析

### 1. 4 种能源草的株高、分蘖数和生物质产量研究

柳枝稷、荻和芦竹 3 种草的株高、分蘖数和生物质产量在前 3 个生长季均逐年增加，在第 4 生长季趋于稳定（表 1-3）。3 种草各项指标间差异较大，株高从高到低依次为芦竹、荻、柳枝稷，芦竹显著高于荻，荻显著高于柳枝稷，4 个生长季表现一致；分蘖能力从高到低依次为柳枝稷、荻、芦竹，柳枝稷显著高于荻，荻显著高于芦竹（第 1 生长季除外）；生物质产量从高到低依次为芦竹、荻、柳枝稷，柳枝稷和荻之间无显著差异，芦竹显著高于柳枝稷和荻，芦竹在种植当年的生物质产量就与柳枝稷和荻在第 2 生长季的产量相当，但这种差距在第 3、第 4 生长季有所减小。一年生杂交狼尾草受降雨、温度等环境因素影响，不同年份间其株高、分蘖数和生物质产量有一定差异。杂交狼尾草的株高低于芦竹，但高于荻和柳枝稷，分蘖数比其他 3 种多年生草低，但生物质产量显著比其他 3 种多年生草高，尤其在 2006 年、2007 年。

**表 1-3　4 种能源草的株高、分蘖和生物质产量**

| 草种 | 2006 年 | 2007 年 | 2008 年 | 2009 年 |
|---|---|---|---|---|
| | 株高/m | | | |
| 柳枝稷 | 2.12d | 2.37d | 2.98d | 2.85d |
| 荻 | 2.46c | 2.90c | 3.83c | 3.72c |
| 芦竹 | 4.01b | 4.68a | 4.86a | 4.75a |
| 杂交狼尾草 | 4.19a | 4.27b | 4.30b | 4.12b |
| | 分蘖数/(个/m²) | | | |
| 柳枝稷 | 115.2a | 234.4a | 283.9a | 287.7a |
| 荻 | 30.2c | 84.7b | 115.3b | 117.6b |
| 芦竹 | 23.4b | 41.4c | 53.6c | 67.8c |
| 杂交狼尾草 | 23.9b | 25.0d | 26.7d | 25.3d |
| | 生物质产量/(t/hm²) | | | |
| 柳枝稷 | 6.77c | 15.41c | 28.33c | 27.90c |
| 荻 | 7.00c | 17.67c | 29.67c | 28.28c |
| 芦竹 | 16.17b | 30.48b | 34.46b | 34.37b |
| 杂交狼尾草 | 40.14a | 42.19a | 48.54a | 45.03a |

注：同列数据字母不同者差异显著（$P<0.05$）

　　柳枝稷、荻和芦竹 3 种草在北京地区可以安全越冬，为多年生，杂交狼尾草不能越冬，为一年生（表 1-3）。芦竹和柳枝稷在 2008 年冬季部分植物有冻害发生，这可能与 2008 年冬季气温较低、降水较少有关。2009 年的年降水总量比 2008 年大约少 200mm，这可能是造成 4 种草的株高和生物质产量在 2009 年低于 2008 年的一个主要原因。

**2. 4 种能源草的热值分析**

　　4 种草的热值从高到低依次为芦竹＞荻＞柳枝稷＞杂交狼尾草，大小为 17.02～18.29MJ/kg，柳枝稷、荻和芦竹 3 种多年生草之间无显著性差异，但三者均显著高于杂交狼尾草（图 1-1）。

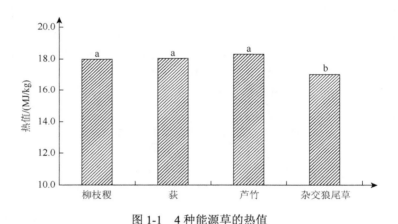

图 1-1　4 种能源草的热值

图中数据为 4 次重复的均值，不同小写字母表示 0.05 水平上草种间差异显著

**3. 4 种能源草的生物质成分分析**

　　4 种草的生物质组分主要为纤维素、半纤维素和木质素，3 种物质的总含量在 66.08%以上，生物质中 C、H 两元素总含量在 50%左右，灰分含量只有 3.58%～9.26%（表 1-4）。4 种草的生物质组分之间也存在一定差异，纤维素含量从高到低依次为柳枝稷＞荻＞杂交狼尾草＞芦竹，含量为 35.68%～39.80%，荻和柳枝稷显著高于杂交狼尾草和芦竹；半纤维素含量从高到低依次为芦竹＞荻＞柳枝稷＞杂交狼尾草，含量为 21.01%～27.23%，杂交狼尾草显著低于芦竹、荻和柳枝稷，柳枝稷显著低于芦竹，柳枝稷和荻、荻和芦竹间无显著差异；木质素含量从高到低依次为杂交狼尾草＞芦竹＞荻＞柳枝稷，含量为 5.84%～8.92%，杂交狼尾和芦竹显著高于柳枝稷和荻，杂交狼尾草和芦竹之间无显著差异，灰分含量从低到高依次为荻≈柳枝稷＜芦竹＜杂交狼尾草，柳枝稷和荻显著低于芦

竹和杂交狼尾草，芦竹也显著低于杂交狼尾草。

表1-4　4种能源草的生物质组成成分（%）

| 草种 | 纤维素 | 半纤维素 | 木质素 | 灰分 | 碳 | 氢 | 氮 | 碳/氮 |
|---|---|---|---|---|---|---|---|---|
| 柳枝稷 | 39.80a | 24.12b | 5.84b | 3.58c | 44.37a | 6.08a | 0.99b | 44.82a |
| 荻 | 39.38a | 25.42ab | 6.60b | 3.56c | 44.52a | 6.10a | 1.00b | 44.52a |
| 芦竹 | 35.68b | 27.23a | 8.12a | 4.79b | — | — | — | — |
| 杂交狼尾草 | 36.15b | 21.01c | 8.92a | 9.26a | 41.86a | 5.62a | 1.52a | 27.54b |

注：同列数据字母不同者差异显著（$P<0.05$），"—"表示未测得数据

柳枝稷、荻和杂交狼尾草 3 种草碳含量之间差异不显著，含量为41.86%~44.52%；氢含量差异也不显著，含量为5.62%~6.10%；氮含量差异显著，从高到低的顺序为杂交狼尾草>荻>柳枝稷，杂交狼尾草显著高于柳枝稷和荻；碳/氮差异显著，柳枝稷和荻显著高于杂交狼尾草（表1-4）。

### 4. 4种能源草的灰熔点分析

4 种草的灰熔点的变形温度、软化温度、半球温度和流动温度 4 个熔融特征温度从高到低均为柳枝稷、荻、芦竹和杂交狼尾草。柳枝稷的 4 个灰熔点熔融特征温度显著高于其他 3 种草；荻略高于芦竹，但无显著差异；杂交狼尾草显著低于其他 3 种草（表1-5）。

表1-5　4种能源草的灰熔点比较　　（单位：℃）

| 草种 | 变形温度 | 软化温度 | 半球温度 | 流动温度 |
|---|---|---|---|---|
| 柳枝稷 | 1200.83a | 1222.08a | 1235.92a | 1287.67a |
| 荻 | 1136.58b | 1181.83b | 1196.25b | 1246.50b |
| 芦竹 | 1127.50b | 1167.00b | 1194.50b | 1224.25b |
| 杂交狼尾草 | 942.00c | 980.75c | 1010.25c | 1054.75c |

注：同列数据字母不同者差异显著（$P<0.05$）

### 5. 4种能源草的生物质含水量季节性动态研究

试验结果表明，4 种草的生物质含水量在 7 月都很高，达到 70%以上，之后含水量逐渐降低。4 种草生物质含水量的下降速率差异较大，荻最快，11 月降至10%，12 月为7%；柳枝稷的生物质含水量的下降速率略低于荻，11 月降至26%，12 月为15%；芦竹的生物质含水量的下降速率较慢，11 月仍高达50%，12 月为37%；杂交狼尾草的生物质含水量的下降速率最慢，12 月仍然高达54%（图1-2）。

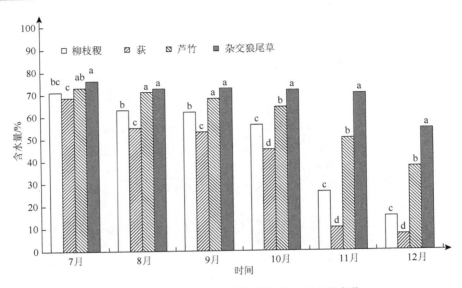

图 1-2　4 种能源草不同季节生物质水分含量变化

图中数据为 4 次重复的均值，同一个月份，不同小写字母表示在 0.05 水平上草种间差异显著

## 四、讨论与结论

### 1. 能源草在华北地区的生产潜力

生物质产量是衡量能源草最重要的一个指标，相同投入条件下，生物质产量越高单位土地面积的能量产出就越大。多年生的能源草一般在第 2～3 年生物质产量达到最大（Lewandowski et al.，2003）。北京地区柳枝稷、荻、芦竹 3 种多年生草的生物质产量均在第 3 年达到最大，分别为 28.33t/hm²、29.67t/hm² 和 34.36t/hm²，处于国外报道的相关草种生物质产量范围的上限（Lewandowski et al.，2003）；一年生的杂交狼尾草在北京地区的干物质产量可以达到 40.14～48.54t/hm²，显著高于柳枝稷、荻、芦竹 3 种多年生草。研究表明，荻的生物质产量可以通过合理运用施肥、灌溉等栽培措施进一步提高（黄杰等，2008）。但 4 种草在相应试验条件下的产量比在同一个试验基地的草圃中低（左海涛和武菊英，2007），这可能是草圃中 4 种草的种植面积较小（约 100m²），边际效应较大所致。

4 种草中杂交狼尾草的干物质产量最高，但杂交狼尾草在北京地区不能越冬，每年都需要种植，而多年生草种植成功后可持续利用数年，所以杂交狼尾草的种植成本高于多年生草，不适合在边际土地上种植；杂交狼尾草和芦竹的茎秆较粗（数据未列出），木质素含量较高，比较坚硬，不能使用传统农业中的收割机械进行收割，而柳枝稷和荻茎秆较细可以利用，所以杂交狼尾草和芦竹的收割成本会高于柳枝稷和荻。4种草在北京地区的能量投入产出和经济效益有待进一步分析。

根据我国国情,在非农土地(边际土地)上发展非粮能源植物,才是我国生物质能产业的真正出路(解新明等,2008)。通过小面积的田间试验对能源植物的生态适应性、生产潜力和生物质品质特性进行研究,是为其在边际土地上推广种植提供基础数据的重要手段。但4种草在边际土地上的实际生长情况和产量水平值得进一步研究。

**2. 北京地区4种草的生物质特性**

纤维素类生物质的组成成分多种多样,主要有纤维素、半纤维素、木质素等碳水化合物,可以通过致密成型、直接燃烧、与煤混燃、热解气化、沼气发酵和乙醇发酵等多种途径加以利用(袁振宏等,2005)。不同种类的生物质,其成分差异很大,不同组成成分的化学结构和反应特性也有所不同,了解生物质组成成分及反应特性对生物质能源原料的转化利用十分重要。

热值:在利用生物质能源时,生物质的热值是非常重要的评价指标,生物质的热值取决于生物质中各组成成分的比例,一般来讲碳氢含量越高,热值就越高(王革华和原鲲,2007;程备久等,2008)。热值较干物质产量更直接地反映了植物对太阳能的固定和累积情况,是评价植物化学能累积率高低的重要指标(毕玉芬和车伟光,2002),研究热值的变化对于提高作物产量和作物生产系统能量输出效率非常重要(孙国夫等,1993)。北京地区第3生长季柳枝稷、荻、芦竹和杂交狼尾草4种草的热值分别达到17.98MJ/kg、18.03MJ/kg、18.29MJ/kg和17.02MJ/kg。其中3种多年生草的热值高于一年生的农作物秸秆(解新明等,2008;王革华和原鲲,2007;程备久等,2008),接近或高于国外报道的相同植物的上限(Lewandowski et al.,2003);一年生的杂交狼尾草的热值低于3种多年生草,与一年生农作物秸秆的热值相当或略高(解新明等,2008;王革华和原鲲,2007;程备久等,2008)。

纤维素、半纤维素和木质素含量:生物质原料用于生产纤维素燃料乙醇时要求纤维素、半纤维素含量高,木质素含量低,因为纤维素、半纤维素可以被强酸水解为单糖,进而发酵生产乙醇,而木质素不能被水解为单糖,而且会在纤维素周围形成保护层,影响纤维素水解(Nigan,2001;赵怀礼和贺延龄,2002)。相应的试验条件下4种草的纤维素、半纤维素总含量从高到低依次为荻>柳枝稷>芦竹>杂交狼尾草,含量为57.16%~64.80%,与延迟收获的玉米秸秆相当(刘吉利等,2009);木质素含量从低到高依次为柳枝稷<荻<芦竹<杂交狼尾草,含量为5.84%~8.92%,均低于成熟后的玉米秸秆(15%左右)(刘吉利等,2009)。从纤维素燃料乙醇生产角度考虑,4种草中柳枝稷和荻的纤维素、半纤维素总含量高,

木质素含量低，最有利于水解发酵；芦竹纤维素、半纤维素总含量与柳枝稷和荻相当，但木质素含量高，存在一定劣势；杂交狼尾草的纤维素、半纤维素总含量最低，而木质素含量最高，最不利于水解发酵。

碳元素、氢元素和氮元素含量：纤维素类生物质在燃烧过程中，各元素发挥的作用不同。碳是燃料中的主要元素，其含量多少决定着燃料热值的高低（袁振宏等，2005）；氢常以碳氢化合物的形式存在，其含量越多越容易燃尽（袁振宏等，2005）；氮在燃烧过程中易形成二氧化氮等环境污染物（Lewandowski and Kicherer，1997）。本试验条件下，柳枝稷和荻两种多年生草的碳、氢元素总含量高于一年生的杂交狼尾草，而氮含量低于杂交狼尾草，故二者的燃烧品质优于杂交狼尾草；但是柳枝稷和荻两种草的 C/N 较高，分别为 44.82 和 44.52，杂交狼尾草只有 27.54，沼气发酵原料的最佳 C/N 为（20～30）：1，所以杂交狼尾草比柳枝稷和荻更适于沼气发酵。

水分含量和适宜收获时间：生物质中水分含量过高不利于生物质原料的储藏和运输，运输成本也会随着含水量的增加而增加，含水量低于 25%时才能安全储藏（Clausen，1994）；水分在燃烧过程中产生水蒸气，吸收热量，会降低燃烧效率（Heaton et al.，2004），燃烧不充分容易产生一氧化碳、焦油等化合物（Struschka，1993）。本研究表明，4 种草中，荻的生物质含水量下降最快，在 11 月就降低到 10%以下，12 月降低到 7%左右；柳枝稷在 12 月可降低到 15%左右；芦竹 12 月的含水量在 35%以上；杂交狼尾草含水量下降最慢，在 12 月中旬仍高达 50%以上。况且，12 月以后北京地区的平均气温降到在 0℃以下，不利于生物质中的水分进一步降低。综合以上分析，柳枝稷和荻更有利于生物质原料的储运和加工，11 月以后就可以收割利用；芦竹和杂交狼尾草生物质中含水量过高，水分散失较慢，不利于储运、加工，应该适当推迟收割时间。

灰分及灰熔点：灰分是生物质燃料在燃烧后形成的固体残渣，是不可燃的矿物质经高温分解和氧化形成的，对生物质燃烧过程有一定影响。如果灰分含量高，将减少燃料的热值，降低燃烧温度（程备久等，2008），也易引起燃炉堵塞（Lewandowski et al.，2003）。本研究表明，4 种草中柳枝稷和荻的灰分含量较低，为 3.58%和 3.56%，与棉花秸秆和大豆秸秆相当；芦竹灰分含量为 4.79%，略低于玉米秸秆（程备久等，2008）；杂交狼尾草灰分含量最高，达到 9.26%，高于小麦秸秆（程备久等，2008）。

灰分在高温状态下，会变成熔融状态，在任意冷的表面或炉壁会形成结渣（程备久等，2008）。生物质灰分的熔融特性对热化学处理过程起着决定性作用，灰熔点的高低不但影响熔融的能耗，而且决定了熔融工艺的难易程度和设备损耗等诸多方面（乐园和李龙生，2006）。研究表明，柳枝稷灰分的各熔融特征温度最高，与木屑、废弃木材和锯末（王革华和原鲲，2007）相近或略高；荻和芦竹的灰熔点熔融特征温度略低于柳枝稷，但均高于一年生的玉米、水稻、小麦等农作物秸秆（王革华和原鲲，2007；乐园和李龙生，2006）；杂交狼尾草最低，其灰分的各熔融特征温度与一年生的农作物秸秆（王革华和原鲲，2007；乐园和李龙生，2006）相当。

仅考虑灰分和灰熔点对燃烧品质的影响，4种草中燃烧品质最好的为柳枝稷，其次为荻，再次为芦竹，最差的是杂交狼尾草。

综合以上分析，柳枝稷等能源草均适宜作为优良的能源草在北京及周边地区推广应用，它们不但生物质产量高，而且品质优良，在我国北方地区的应用前景极为广阔。

## 参 考 文 献

白淑娟，张运昌，陈德新.1996. 杂交狼尾草亲本花期及主要植物学性状. 中国草地，3：49-52.

毕玉芬，车伟光.2002. 几种苜蓿属植物植株热值研究. 草地学报，10（4）：265-269.

陈锦新，张国平，赵国平.1998. 密度和氮肥对杂交狼尾草产量和品质的影响. 浙江农业大学学报，24（2）185-188.

陈士良.1989. 一种高产优质牧草——杂交狼尾草. 农业科技通讯，（12）：21.

陈志彤，黄勤楼，潘伟彬，等.2009. 热研4号王草的适应性及其在福建的推广应用. 热带农业科学，29（7）：25-27.

陈志彤，应朝阳，林永生，等.2006. 杂交狼尾草的栽培技术与利用价值. 福建农业科技，2：44-45.

程备久，卢向阳，蒋立科，等.2008. 生物质能学. 北京：化学工业出版社：83-84.

范希峰，侯新村，左海涛，等.2010. 三种草本能源植物在北京地区的产量和品质特性. 中国农业科学，43（16）：3316-3322.

范希峰，侯新村，朱毅，等.2012. 杂交狼尾草作为能源植物的产量和品质特性. 中国草地学报，24（1）：48-52.

冯继华，曾静芬，陈茂椿.1994. 应用Van Soest法和常规法测定纤维素及木质素的比较. 西南民族学院学报（自然科学版），20（1）：55-56.

高捍东，蔡伟建，朱典想，等.2009. 荻草的栽培与利用. 中国野生植物资源，28（3）：65-67.

顾洪如，陈礼伟.1989. 狼尾草新品种选育的研究. 草业科学，6（3）：31-34.

侯新村，范希峰，武菊英，等.2012. 草本能源植物修复重金属污染土壤的潜力. 中国草地学报，31（4）：59-63.

黄杰，黄平，左海涛.2008. 栽培管理对荻生长特性及生物质成分的影响. 草地学报，16（6）：646-651.

李代琼，刘国彬，黄谨，等.1999. 安塞黄土丘陵区柳枝稷的引种及生物生态学特性试验研究. 土壤侵蚀与水土保持学报，5（增刊）：125-128.

林益明，林鹏，王通.2000. 几种红树植物木材热值和灰分含量的研究. 应用生态学报，11（2）：181-184.

刘吉利，程序，谢光辉，等.2009. 收获时间对玉米秸秆产量与燃料品质的影响. 中国农业科学，42（6）：2229-2236.

刘丽丹.2009. 优质牧草杂交狼尾草的利用研究初探. 内蒙古农业科技，（5）：86-87.

马文奎.2006. 芦竹的栽培和综合利用. 中国野生植物资源，25（2）：64-65.

石元春.2005. 发展生物质产业. 发明与创新，5：4-6.

孙国夫，郑志明，王兆骞.1993. 水稻热值的动态变化研究. 生态学杂志，12（1）：1-4.

王殿，袁芳，王宝山，等.2012. 能源植物杂交狼尾草对NaCl胁迫的响应及其耐盐阈值. 植物生态学报，36（6）：572-577.

王革华，原鲲.2007. 生物质燃料用户手册. 北京：化学工业出版社：17-18.

王会梅，徐炳成，李凤民，等.2005. 黄土丘陵区白羊草和柳枝稷适应性生长的比较. 干旱地区农业研究，23（5）：

35-40.

吴全忠，常欣，程序. 2005. 黄土丘陵区柳枝稷生物量与土壤水分的动力学研究. 扬州大学学报（农业与生命科学版），26（4）：70-73.

谢光辉，郭兴强，王鑫，等. 2007. 能源作物资源现状与发展前景. 资源科学，29（5）：74-80.

谢光辉，卓岳，赵亚丽，等. 2008. 欧美根茎能源植物研究现状及其在我国北方的资源潜力. 中国农业大学学报，13（6）：11-18

解新明，周峰，赵燕慧，等. 2008. 多年生能源禾草的产能和生态效益. 生态学报，28（5）：2329-2342.

杨运生，洪汝兴，李荣，等. 1984. 狼尾草的杂交种引进及其特性研究. 江苏农业科学，（2）：35-37.

乐园，李龙生. 2006. 秸秆类生物质燃烧特性的研究. 能源工程，4：30-33.

袁振宏，吴创之，马隆龙，等. 2005. 生物质能源利用原理与技术. 北京：化学工业出版社：46.

张德荣，母军，王洪滨，等. 2008. 杂交狼尾草制造刨花板工艺研究. 北京林业大学学报，30（3）：136-139.

章浚平. 1995. 优质高产青绿饲料杂交狼尾草的开发利用. 中国水土保持，2：38-39.

赵怀礼，贺延龄. 2002. 植物纤维废弃物生产酒精燃料的研究. 西南造纸，（4）：46-49.

郑安俭，杨地龙，叶晓青，等. 2003. 杂交狼尾草高产栽培技术. 种子世界，3：31.

中国科学院中国植物志编辑委员会. 1997. 中国植物志. 北京：科学出版社：19-26.

周洋，丁成龙，赵丹，等. 2008. 温度对杂交狼尾草及其母本种子萌发的影响. 安徽农业科学，36（23）：9935-9936.

左海涛，武菊英. 2007. 草本能源植物在北京地区的生产潜力（简报）//中国草学会青年工作委员会学术研讨会论文集：474-478.

Andrea M，Nieola DV，Gianpietro V. 2008. Mineral composition and ash content of six major energy crops. Biomass and Bioenergy，32（3）：216-223.

Berndes G，Hoogwijk M，Van BR. 2003. The contribution of biomass in the future global energy supply：a review of 17 studies. Biomass and Bioenergy，25（1）：1-28.

Bransby DI，McLaughlin SB，Parrish DJ. 1998. A review of carbon and nitrogen balances in switchgrass grown for energy. Biomass and Bioenergy，14（4）：379-384.

Clifton-Brown JC，Lewandowski I. 2000. Winter frost tolerance of juvenile *Miscanthus* plantations：studies on five genotypes at four European sites. New Phytologist，148：287-294.

Ercoli L，Mariotti M，Masoni A，et al. 1999. Effect of irrigation and nitrogen fertilization on biomass yield and efficiency of energy use in crop production of *Miscanthus*. Field Crops Research，63（1）：3-11.

Heaton E，Viogt T，Long SP. 2004. A quantitative review comparing the yields of two candidate $C_4$ perennial biomass crops in relation to nitrogen，temperature and water. Biomass and Bioenergy，27（1）：21-30.

Hoogwijk M，Faaij A，van den Broek R，et al. 2003. Exploration of the ranges of the global potential of biomass for energy. Biomass and Bioenergy，25（2）：119-133.

Kristensen EF. 1995. *Miscanthus*，harvesting technique and combustion of *Miscanthus sinensis* "Giganteus" in farm heating plants. *In*：Chartier P，Beenackers AACM，Grassi G. Biomass for Energy，Environment，Agriculture and Industry：Proceedings of the Eighth European Biomass Conference，Vienna，Austria，3-5 October 1994. Oxford：Pergamon：548-555.

Lewandowski I，Clifton-Brown JC，Scurlock JMO，et al. 2000. *Miscanthus*：European experience with a novel energy crop. Biomass and Bioenergy，19（4）：209-227.

Lewandowski I，Kicherer A. 1997. Combustion quality of biomass：practical relevance and experiments to modify the biomass quality of *Miscanthus* × *giganteus*. European Journal of Agronomy，6（3-4）：163-177.

Lewandowski I，Kicherer A，Vonier P. 1995. $CO_2$ balance for the cultivation and combustion of *Miscanthus*. Biomass and Bioenergy，8（2）：81-90.

Lewandowski I, Scurlockb JMO, Lindvall E, et al. 2003. The development and current status of perennial rhizomatous grasses as energy crops in the US and Europe. Biomass and Bioenergy, 25 (4): 335-361.

Ma Z, Wood CW, Bransby DI. 2000. Carbon dynamics subsequent to establishment of switchgrass. Biomass and Bioenergy, 18 (2): 93-104.

McLaughlin SB, Kszos LA. 2005. Development of switchgrass(*Panicum virgatum*)as a bioenergy feedstock in the United States. Biomass and Bioenergy, 28 (6): 515-535.

McLaughlin SB, Walsh ME. 1998. Evaluating environmental consequences of producing herbaceous crops for bioenergy. Biomass and Bioenergy, 14 (4): 317-324.

Nigan IN. 2001. Ethanol production from wheat straw hemicellulose hydrolysate by *Pichia stipitis*. Journal of Biotechnology, 87 (1): 17-27.

Papazoglou EG. 2007. *Arundo donax* L. stress tolerance under irrigation with heavy metal aqueous solutions. Desalination, 211 (1-3): 304-313.

Price L, Bullard M, Lyons H, et al. 2004. Identifying the yield potential of *Miscanthus×giganteus*: an assessment of the spatial and temporal variability of *M.×giganteus* biomass productivity across England and Wales. Biomass and Bioenergy, 26 (1): 3-13.

Prine GM, Stricker JA, McConnell WV. 1997. Opportunities for bioenergy development in lower South USA. *In*: Proc. 3rd Biomass Conf. of the Americas held in Montreal Canada: 227-235.

Sanderson MA, Reed RL, McLaughlin SB, et al. 1996. Switchgrass as a sustainable bioenergy crop. Bioresource Technology, 56 (1): 83-93.

Schmer MR, Vogel KP, Mitchel RB, et al. 2008. Net energy of cellulosic ethanol from switchgrass. Proceedings of the National Academy of Sciences of the United States of America, 105 (2): 464-469.

Spitaleri RF, Sollenberger IE, Staples CR, et al. 1995. Harvest management effects on ensiling characteristics and silage nutritivevalue of seeded pennisetum hexaploid hybrids. Biology and Technology, 5 (4): 353-362.

Tillman DA. 2000. Biomass cofiring: the technology, the experience, the combustion consequences. Biomass and Bioenergy, 19 (6): 385-394.

Visser I. 1996. $CO_2$ combustion of Miscanthus and coal. *In*: Chartier P, Ferrero GL, Henius UM, et al. Biomass for Energy and the Environment: Proceedings of the Ninth European Bioenergy Conference, Copenhagen Denmark. New York: Pergamon: 1460-1461.

Wolf DD, Fiske DA. 1995. Planting and Managing Switchgrass for Forage, Wildlife and Conservation. Virginia: Virginia Cooperative Extension Publication: 418-423.

# 第二章　柳枝稷生物量形成与分配

## 第一节　12 份柳枝稷在北京地区的产量特性研究

### 一、引言

为研究柳枝稷在我国北京地区的产量潜力，于 2010～2013 年在北京市昌平区小汤山镇，通过田间试验系统调查和分析了 12 份柳枝稷在不同生长年份的生物质产量及其构成因素。

### 二、材料与方法

试验地位于北京市昌平区小汤山镇（39°34′N，116°28′E），属典型的暖温带大陆性季风气候，海拔 50m，年均气温 12～17℃，年降水量 400～600mm，年无霜期为 220d，≥10℃的年积温在 4200d·℃左右。试验地土壤理化性状见表 2-1。

表 2-1　试验地土壤理化性状指标

| 指标 | 单位 | 数值 |
| --- | --- | --- |
| 体积密度 | kg/dm$^3$ | 1.28 |
| 有机质 | % | 1.52 |
| pH | — | 7.62 |
| 总氮 | % | 0.066 |
| 碱解氮 | mg/kg | 84.00 |
| 速效磷 | mg/kg | 16.52 |
| 速效钾 | mg/kg | 129.00 |

供试柳枝稷品种或种质材料（表 2-2）于 2009 年采集于小汤山资源圃，2010 年 3 月进行温室育苗，5 月移栽到试验田，株行距均为 0.8m（土壤基础理化性质见表 2-1），试验区宽 5.0m，长 8.0m，重复 4 次，完全区组设计。2010～2013 年，每年 11 月底取样调查，每小区取中间两行测产，留茬 15cm，刈割后测量鲜重，

然后随机取 3～4kg 鲜样置于鼓风干燥箱中，105℃杀青 30min，75℃下烘干至恒重，计算相对含水量，据此折算生物质产量。

表 2-2 柳枝稷种质的生态型、倍性和起源

| 品种 | 生态型 | 倍性 | 起源 |
|------|--------|------|------|
| Alamo | 低地型 | 四倍体 | 得克萨斯州 28°N |
| Kanlow | 低地型 | 四倍体 | 俄克拉何马州 35°N |
| New York | 低地型 | 四倍体 | — |
| Ranlow | 高地型 | 四倍体 | — |
| Rise | 高地型 | 四倍体 | — |
| Ansai | 高地型 | 四倍体 | — |
| Japan | 高地型 | 四倍体 | — |
| Forestburg | 高地型 | 八倍体 | 南达科他州 44°N |
| Pathfinder | 高地型 | 八倍体 | 内布拉斯加州/堪萨斯州 40°N |
| Blackwell | 高地型 | 八倍体 | 俄克拉何马州 37°N |
| Trailblazer | 高地型 | 八倍体 | 内布拉斯加州 40°N |
| Cave-in-rock | 高地型 | 八倍体 | 伊利诺伊州 38°N |

注："—"表示起源不详；Rise 代表 Rise-Reed-Canary-Grass

# 三、结果与分析

## 1. 柳枝稷的生物量

柳枝稷建植当年生物量较低，北京地区 12 份柳枝稷建植当年的平均生物量只有 3.70t/hm²，第二年迅速增长到 11.09t/hm²，第 3 年达到 23.50t/hm²，第 4 年略低于第 3 年（数据未列出）。

不同柳枝稷品种的生物量差异显著，并且这种差异在建植初期就很明显（图 2-1）。

2010～2013 年平均产量最高的品种是'Alamo'，达到 27.23t/hm²；其次是'Kanlow'，为 17.54t/hm²；最低的是'Ranlow'，只有 8.96t/hm²，是'Alamo'最高产量的 1/3。柳枝稷的不同生态类型中，低地型品种的生物量显著高于高地型品种（图 2-1），且年度间规律一致。低地型品种一般起源于低纬度地区，高地型品种一般起源于高纬度地区。柳枝稷在北京地区的生物量与其起源纬度有显著的负相关关系（图 2-1）。

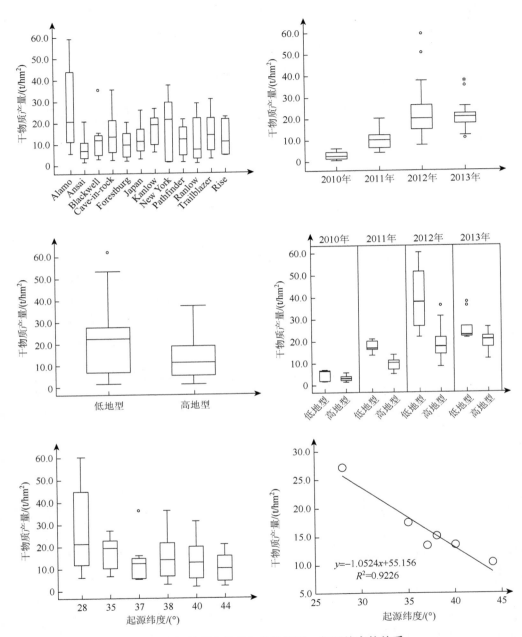

图 2-1　柳枝稷生物量与品种类型、起源纬度的关系

。表示温和的异常值；＊表示极端的异常值，后同

### 2. 柳枝稷的株高

建植初期柳枝稷的株高逐年增加，一般到第 3 年达到较稳定的状态。不同品种柳枝稷的株高差异显著，其中'Alamo'的平均株高最高，为 220cm；其次是'Kanlow'，为 210.6cm；'Blackwell'最低，只有 154.5cm（图 2-2）。低地型品种的株高显著高于高地型品种，建植当年除外。株高与生物量之间有显著的正相关关系，$R^2$=0.923。

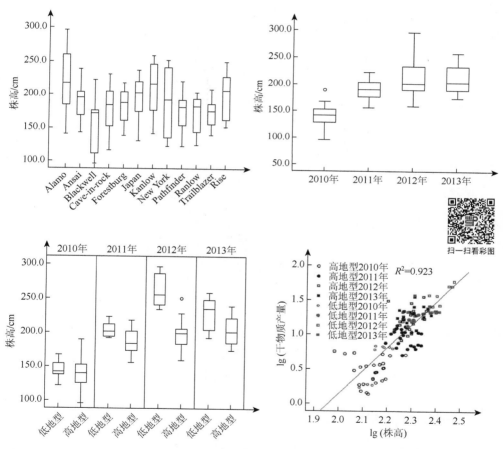

图 2-2　不同柳枝稷品种株高间的差异

### 3. 柳枝稷的分蘖

建植初期，柳枝稷分蘖数的变化趋势与株高相似。北京地区，分蘖数最多的品总是'Japan'，为 250.9 个/m²；其次是'Trailblazer'，为 206.8 个/m²；最少的是'Kanlow'，只有 115.4 个/m²。与株高和产量不同，低地型品种的分蘖数显著低于高地型品种，但是这种趋势在建植当年表现并不明显（图 2-3）。柳枝稷的分蘖数与生物量呈显著正相关，$R^2$=0.620。

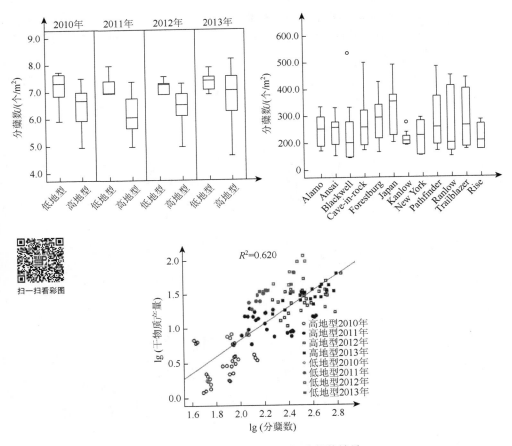

扫一扫看彩图

图 2-3    不同类型柳枝稷间分蘖数差异

### 4. 柳枝稷的节数

柳枝稷的节数比较稳定，建植初期与后期无明显差异，但品种间有一定差异（图 2-4）。高地型品种的节数明显低于低地型品种。

### 5. 柳枝稷的节干重

柳枝稷的节干重与生物量呈显著正相关。建植初期的节干重较低，随后有所增加，一般在第 3 年达到较高的稳定水平（图 2-5）。总体而言，低地型品种的节干重显著高于高地型。

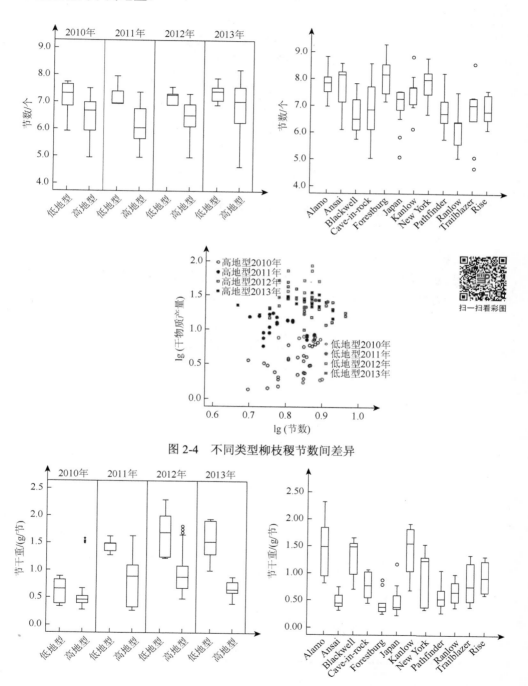

图 2-4　不同类型柳枝稷节数间差异

扫一扫看彩图

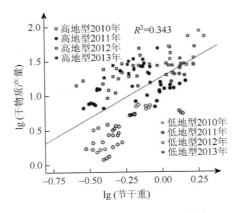

图 2-5　不同类型柳枝稷节干重间差异

## 6. 柳枝稷各农艺指标与产量间线性相关关系

多元线性回归分析表明（表 2-3），柳枝稷的株高、分蘖数、节数、节干重等农艺性状指标与生物量之间的线性关系明显，其单一性状对生物量的拟合系数（$R^2$）分别为 0.672、0.620、0.006 和 0.343，其多元方程拟合系数显著提高，最高为 0.997，说明以上农艺性状与产量间的关系非常密切。

表 2-3　农艺指标与产量之间的线性相关关系

| lg（株高） | lg（分蘖数） | lg（节数） | lg（节干重） | 拟合系数（$R^2$） |
|:---:|:---:|:---:|:---:|:---:|
| √ | | | | 0.672 |
| | √ | | | 0.620 |
| | | √ | | 0.006 |
| | | | √ | 0.343 |
| √ | √ | | | 0.762 |
| √ | | √ | | 0.675 |
| √ | | | √ | 0.758 |
| | √ | √ | | 0.620 |
| | √ | | √ | 0.976 |
| | | √ | √ | 0.388 |
| √ | √ | √ | | 0.764 |
| √ | √ | | √ | 0.979 |
| √ | | √ | √ | 0.760 |
| | √ | √ | √ | 0.997 |
| √ | √ | √ | √ | 0.997 |

通径分析表明，株高、分蘖数、节数、节干重 4 个农艺性状对产量的直接通径系数存在很大差异，其中株高的通径系数最小，为 0.020，说明其对产量的直接作用最小，分蘖数、节干重和节数的直接通径系数分别为 0.769、0.620 和 0.144，说明其对产量的直接作用较大（表 2-4）。但就产量构成因素而言，柳枝稷的产量构成因素为分蘖数、节数和节干重，不包括株高（表 2-5）。

### 表 2-4　农艺指标与产量之间的直接通径系数

| 模型 | | 非标准化系数 | | 通径系数 | $t$ | Sig. |
|---|---|---|---|---|---|---|
| | | $B$ | 标准误差 | | | |
| 1 | （常量） | −6.589 | 0.475 | | −13.886 | 0.000 |
| | lg（株高） | 3.366 | 0.210 | 0.820 | 16.060 | 0.000 |
| 2 | （常量） | −5.023 | 0.466 | | −10.783 | 0.000 |
| | lg（株高） | 2.164 | 0.251 | 0.527 | 8.626 | 0.000 |
| | lg（分蘖数） | 0.537 | 0.078 | 0.419 | 6.860 | 0.000 |
| 3 | （常量） | −1.754 | 0.164 | | −10.670 | 0.000 |
| | lg（株高） | 0.401 | 0.089 | 0.098 | 4.526 | 0.000 |
| | lg（分蘖数） | 0.931 | 0.026 | 0.727 | 36.479 | 0.000 |
| | lg（节干重） | 0.885 | 0.024 | 0.559 | 36.224 | 0.000 |
| 4 | （常量） | −1.911 | 0.065 | | −29.497 | 0.000 |
| | lg（株高） | 0.082 | 0.037 | 0.020 | 2.232 | 0.027 |
| | lg（分蘖数） | 0.986 | 0.010 | 0.769 | 96.374 | 0.000 |
| | lg（节干重） | 0.983 | 0.010 | 0.620 | 95.532 | 0.000 |
| | lg（节数） | 0.939 | 0.036 | 0.144 | 26.131 | 0.000 |

### 表 2-5　不同品种柳枝稷农艺指标对产量的直接通径系数

| 品种 | lg（分蘖数） | lg（节数） | lg（节干重） | 拟合系数（$R^2$） |
|---|---|---|---|---|
| Alamo | 0.667** | 0.132** | 0.440** | 0.989 |
| Ansai | 0.852** | 0.124** | 0.324** | 0.998 |
| Blackwell | 1.514** | 0.197* | 0.518** | 0.997 |
| Cave-in-rock | 0.746** | 0.181** | 0.372** | 0.975 |
| Forestburg | 0.850** | 0.110** | 0.484** | 1.000 |
| Japan | 0.830** | NS | 0.620** | 0.993 |
| Kanlow | 0.434** | 0.120** | 0.701** | 0.986 |
| New York | 0.984** | NS | NS | 0.968 |
| Pathfinder | 0.742** | 0.135** | 0.414** | 1.000 |
| Ranlow | 0.860** | NS | 0.239** | 0.996 |
| Trailblazer | 0.957** | 0.190** | 0.558** | 0.975 |
| Rise | 0.716** | NS | 0.296** | 0.988 |
| 合计 | 0.783** | 0.148** | 0.629** | 0.997 |

注：*代表在 $P<0.05$ 水平上差异显著，**代表在 $P<0.01$ 水平上差异显著，NS 表示差异不显著

## 四、讨论与结论

通过对 12 份柳枝稷材料在北京地区产量潜力系统研究，发现：①起源纬度、生态型与产量关系密切（指导育种材料选择），起源纬度越低获得高产的概率越大，低地型显著高于高地型，在建植初期就表现出来；②株高、分蘖数、节干重与产量呈显著正相关，单个指标对产量的影响最高可达 66.9%；③产量=分蘖数×蘖节数×节干重，3 个指标对产量的综合决定系数为 0.997。

# 第二节　柳枝稷生物量及分配差异研究

## 一、引言

在柳枝稷实际生产过程中，为降低运输成本和提高生物质品质而提倡延迟收获（Kering et al., 2013），这导致大量的柳枝稷种子、穗和叶片脱落，从而造成生物质资源浪费，因此柳枝稷植株中生物量的分配直接影响其利用效率。有研究表明，穗能够显著增加柳枝稷生物量及其茎生物量的分配比例（Zhao et al., 2015）。盐胁迫显著降低了柳枝稷的生物量，显著增加了种子的生物量分配比例（赵春桥等，2015）。不同水分条件处理显著增加了柳枝稷的根系数目和根冠比，使根系的生物量分配比例增高（王银柱等，2015）。对'Sunburst'和'Dacotah'两个柳枝稷品种生物量分配的研究结果表明，柳枝稷生物量及其在不同器官间的分配在不同生长时期及不同生长年份均有所不同（Frank et al., 2004）。因此前人对单一品种或较少品种柳枝稷的生物量进行了初步的研究，对柳枝稷生物量分配的研究较少，而对不同品种柳枝稷生物量及分配规律的研究更是鲜见报道。

基于此，本节采用 14 份柳枝稷开展室外盆栽试验，研究了在北京地区条件下其生物量差异及分配规律，以期为柳枝稷高产、遗传资源引种和品种选育提供依据。

## 二、材料与方法

### 1. 试验材料与地点

采用 14 份不同品种（品系）柳枝稷（表 2-6）于北京草业与环境研究发展中心开展试验。14 份柳枝稷种植于小汤山能源草种植基地（39°34′N，116°28′E），试验所用种子均于 2013 年 10 月底进行人工采集，搓种去除颖和稃后置于通风干燥处备用。

表 2-6　14 份柳枝稷品种名、生态型、倍性和起源

| 品种（品系） | 生态型 | 倍性 | 起源 |
|---|---|---|---|
| Alamo | 低地型 | 四倍体（4$n$） | 得克萨斯州 28°N |
| CIR | 低地型 | 八倍体（8$n$） | 伊利诺伊州 38°N |
| Pathfinder | 高地型 | 八倍体（4$n$） | 内布拉斯加州/堪萨斯州 40°N |
| Forestburg | 高地型 | 八倍体（4$n$） | 南达科他州 44°N |
| Trailblazer | 高地型 | 八倍体（8$n$） | 内布拉斯加州 40°N |
| Kanlow | 低地型 | 四倍体（4$n$） | 俄克拉荷马州 35°N |
| Blackwell | 高地型 | 八倍体（8$n$） | 俄克拉荷马州 37°N |
| Nebraska | 高地型 | — | 内布拉斯加州 44°N |
| S1 | 高地型 | 四倍体（4$n$） | — |
| S2 | 高地型 | 四倍体（4$n$） | — |
| Ranlow | 高地型 | 四倍体（4$n$） | — |
| S3 | 高地型 | 四倍体（4$n$） | — |
| S4 | 高地型 | 四倍体（4$n$） | — |
| Rise | 低地型 | 四倍体（4$n$） | — |

注：CIR 代表 Cave-in-rock；Rise 代表 Rise-Reed-Canary-Grass；"—"代表未知信息

### 2. 生长条件

于 2014 年 3 月中旬进行柳枝稷温室内播种、育苗。温室温度控制在白天为 25～35℃，夜间为 15～20℃，相对湿度为 60%～70%。采用微喷方式保持育苗基质湿润，育苗基质 pH 为 7.53，有机质含量为 55.36g/kg，速效氮含量为 142mg/kg，速效钾含量为 81.33mg/kg，速效磷含量为 22.90mg/kg。

试验地属于暖温带大陆性季风气候，平均海拔 50m，年平均温度 12～17℃，年降水量为 400～600mm，≥10℃积温为 4200d·℃。2014 年 4 月底，待柳枝稷长至 3 叶期时进行移栽，移栽过程中携带营养土块，去除育苗钵。移栽后柳枝稷生长土壤有机质含量为 47.94g/kg，速效氮含量为 115.56mg/kg，速效钾含量为 150.06mg/kg，速效磷含量为 20.45mg/kg，pH 为 7.44。移栽后一次性浇足安家水，之后均采用滴灌方式进行灌溉，晴朗天气条件下每 5d 滴灌一次，每次滴灌 4h。在柳枝稷整个生育期内，适时去除杂草。

### 3. 试验设计与方法

采用室外盆栽方法开展试验。所用盆盆口直径为 30cm，高 25cm，底部留有 3 个 1cm 左右小孔。于盆底部铺垫 3 层纱布以防止土壤遗漏，然后将充分混匀的土壤基质填入盆中，每盆填装约 13kg 混合土壤，使盆内土壤平面距盆沿 3cm。将

盆连带托盘置于事前挖好的坑中，盆周围用土壤填实。每品种（品系）柳枝稷设4重复，株间距为80cm，行间距为100cm。

**4. 测定项目与方法**

于2014年10月底对柳枝稷进行取样，留茬高度约为1cm。取样后首先将样品用自来水洗净后迅速置于105℃下杀青20min，然后将柳枝稷根、根茎、茎、叶、鞘、穗和种子进行分离，均置于50℃烘箱中烘干至恒重，称重。

**5. 统计分析**

采用SPSS 19.0进行One-Way ANOVA方差显著性分析，差异显著性水平为$P=0.05$，并进行相关性分析，采用Origin 8.5作图。

## 三、结果与分析

**1. 柳枝稷不同器官的生物量**

柳枝稷不同器官间进行比较，其生物量体现出较大的差异（表2-7）。柳枝稷各器官生物量按照平均值进行排序：根＞茎＞叶＞根茎＞鞘＞穗＞种子，其中根平均生物量达到85.19g/株，种子则为13.22g/株。不同柳枝稷品种（品系）间比较，各器官生物量差异也比较明显（表2-7）。茎、叶、鞘、穗、种子、根和根茎生物量均以'Kanlow'最高，分别达到139.83g/株、54.82g/株、35.65g/株、44.29g/株、24.60g/株、135.28g/株、40.21g/株，以'Nebraska'最低，分别为20.53g/株、14.26g/株、9.33g/株、9.16g/株、4.81g/株、64.92g/株、17.51g/株。按照不同生态类型进行比较，低地型柳枝稷'Alamo'和'Kanlow'各器官生物量整体高于高地型，但高地型柳枝稷品种中'Trailblazer'生物量较高，甚至高于低地型品种'Rise'。按照不同倍性进行比较，各器官生物量并未体现出明显的变化规律，说明倍性对柳枝稷生物量的影响可能并不明显。

表2-7　柳枝稷不同器官的生物量

| 品种（品系） | 茎/(g/株) | 叶/(g/株) | 鞘/(g/株) | 穗/(g/株) | 种子/(g/株) | 根/(g/株) | 根茎/(g/株) |
|---|---|---|---|---|---|---|---|
| Alamo | 79.45±<br>5.79c | 30.43±<br>3.47cd | 23.23±<br>4.02bc | 17.23±<br>2.15cd | 20.14±<br>1.98b | 94.09±<br>8.95b | 22.04±<br>1.52bc |
| S3 | 32.89±<br>2.37e | 32.01±<br>2.09c | 19.24±<br>2.92cd | 22.55±<br>2.64b | 19.09±<br>1.51b | 89.15±<br>9.66bc | 37.64±<br>2.64a |
| Blackwell | 29.81±<br>3.62ef | 22.93±<br>5.12efg | 13.32±<br>2.85ef | 12.56±<br>1.5efgh | 12.65±<br>1.47cd | 68.87±<br>6.37d | 35.59±<br>3.27a |
| S2 | 21.92±<br>1.99fg | 17.82±<br>1.03gh | 8.40±<br>0.63g | 7.47±<br>0.61i | 4.67±<br>0.48g | 67.34±<br>2.43d | 20.85±<br>0.82bcd |

| 品种（品系） | 茎/(g/株) | 叶/(g/株) | 鞘/(g/株) | 穗/(g/株) | 种子/(g/株) | 根/(g/株) | 根茎/(g/株) |
|---|---|---|---|---|---|---|---|
| CIR | 42.21± 5.46d | 18.33± 1.37fgh | 11.19± 1.26fg | 20.44± 2.48bc | 13.63± 2.85cd | 74.69± 3.64cd | 21.15± 1.36bcd |
| Forestburg | 28.18± 2.22efg | 23.03± 2.33ef | 12.30± 1.90fg | 12.84± 1.44efg | 8.64± 0.86ef | 68.90± 3.43d | 25.15± 2.20b |
| S4 | 28.91± 3.71efg | 24.62± 1.73de | 17.19± 2.67de | 15.05± 1.88def | 12.21± 1.12cde | 72.13± 9.34d | 23.31± 2.14bc |
| Kanlow | 139.83± 7.03a | 54.82± 3.31a | 35.65± 2.36a | 44.29± 4.52a | 24.60± 3.09a | 135.28± 8.17a | 40.21± 3.34a |
| Nebraska | 20.53± 2.67g | 14.26± 2.42h | 9.33± 0.95fg | 9.16± 0.55ghi | 4.81± 0.58g | 64.92± 6.08d | 17.51± 1.43d |
| S1 | 46.16± 8.27d | 22.06± 1.20efg | 17.08± 1.72de | 14.43± 1.01def | 14.80± 1.69c | 98.98± 10.41b | 17.35± 1.68cd |
| Pathfinder | 27.96± 1.35efg | 22.53± 4.98efg | 11.16± 1.61fg | 11.32± 1.87fghi | 10.17± 0.78de | 71.39± 4.71d | 34.40± 2.50a |
| Ranlow | 21.62± 3.86fg | 17.80± 2.15gh | 12.08± 0.97fg | 8.47± 0.94hi | 6.48± 1.31fg | 70.40± 6.47d | 25.20± 1.83b |
| Rise | 49.22± 5.27d | 25.37± 4.23de | 18.50± 2.54d | 15.81± 1.18de | 14.00± 1.53cd | 78.17± 6.34cd | 18.22± 2.27cd |
| Trailblazer | 100.21± 6.79b | 40.52± 3.01b | 25.82± 2.25b | 18.12± 1.71cd | 19.18± 2.22b | 138.38± 11.48a | 24.00± 1.94bc |
| 平均 | 47.78± 42.92 | 26.18± 14.28 | 16.75± 10.28 | 16.41± 16.86 | 13.22± 8.89 | 85.19± 35.51 | 25.90± 13.58 |

注：同列数据后不同小写字母表示差异显著（$P<0.05$），CIR 代表 Cave-in-rock，Rise 代表 Rise-Reed-Canary-Grass

根据不同功能将柳枝稷各器官划分为营养器官（茎、叶和鞘）、有性繁殖器官（穗和种子）、地下部（根和根茎）和地上部（茎、叶、鞘、穗和种子）。柳枝稷地上部、地下部、营养器官和有性繁殖器官平均生物量分别为 120.33g/株、111.09g/株、90.70g/株、29.63g/株（表 2-8）。地上部生物量为 58.8～299.18g/株，地下部生物量为 82.43～175.48g/株，营养器官生物量为 44.11～230.29g/株，有性繁殖器官生物量为 13.97～68.89g/株，总生物量为 140.51～474.66g/株。根冠比也体现出较大的差异，其中以'Kanlow'最低，为 0.67，S3 最高，为 1.90。按照地上部生物量大小对不同品种（品系）柳枝稷进行排序为：'Nebraska'＜S2＜'Ranlow'＜'Pathfinder'＜'Forestburg'＜'Blackwell'＜S4＜'CIR'＜S1＜'Rise'＜S3＜'Alamo'＜'Trailblazer'＜'Kanlow'。

表 2-8　柳枝稷不同部分生物量

| 品种<br>（品系） | 地上部/(g/株) | 地下部/(g/株) | 营养器官<br>/(g/株) | 有性繁殖器官<br>/(g/株) | 总生物质<br>/(g/株) | 根冠比 |
|---|---|---|---|---|---|---|
| Alamo | 170.48±<br>12.51c | 116.12±<br>13.44bc | 133.11±<br>12.84c | 37.37±<br>3.21bc | 286.60±<br>22.89c | 0.68±<br>0.11gh |
| S3 | 125.77±<br>14.48d | 126.78±<br>14.49b | 84.13±<br>6.37d | 41.64±<br>4.59b | 252.55±<br>24.88d | 1.90±<br>0.19de |
| Blackwell | 91.26±<br>8.75g | 104.46±<br>9.19cde | 66.06±<br>5.51e | 25.20±<br>2.25ef | 195.72±<br>20.88fg | 1.23±<br>0.16cd |
| S2 | 60.27±<br>4.53h | 88.18±<br>7.73ef | 48.14±<br>4.23g | 12.14±<br>1.16g | 148.46±<br>7.12i | 1.47±<br>0.07a |
| CIR | 105.79±<br>6.27ef | 95.84±<br>8.9def | 71.72±<br>8.34e | 34.07±<br>2.96cd | 201.63±<br>15.15fg | 1.22±<br>0.11ef |
| Forestburg | 84.98±<br>4.15g | 94.05±<br>4.88def | 63.50±<br>5.77ef | 21.48±<br>1.84f | 179.03±<br>11.28gh | 1.12±<br>0.09cde |
| S4 | 97.97±<br>9.03fg | 95.44±<br>13.83def | 70.71±<br>6.39e | 27.26±<br>2.11ef | 193.41±<br>21.51g | 1.02±<br>0.12def |
| Kanlow | 299.18±<br>28.34a | 175.48±<br>16.58a | 230.29±<br>20.11a | 68.89±<br>7.13a | 474.66±<br>50.08a | 0.67±<br>0.09h |
| Nebraska | 58.8±<br>10.30h | 82.43±<br>9.39f | 44.11±<br>4.29g | 13.97±<br>1.22g | 140.51±<br>10.65i | 1.41±<br>0.19ab |
| S1 | 114.52±<br>12.99de | 116.33±<br>10.80bc | 85.29±<br>9.64d | 29.23±<br>3.01de | 230.85±<br>18.43de | 1.09±<br>0.08de |
| Pathfinder | 83.14±<br>9.15g | 105.79±<br>8.27cd | 61.65±<br>5.53ef | 21.49±<br>2.58f | 188.93±<br>16.23g | 1.28±<br>0.12bc |
| Ranlow | 66.44±<br>5.10h | 95.60±<br>6.71def | 51.50±<br>4.79fg | 14.94±<br>1.02g | 162.03±<br>18.04hi | 1.58±<br>0.09ab |
| Rise | 122.89±<br>12.69d | 96.38±<br>8.64def | 93.08±<br>8.82d | 29.80±<br>2.24de | 219.27±<br>17.24ef | 0.77±<br>0.08fg |
| Trailblazer | 203.85±<br>18.41b | 162.38±<br>14.55a | 166.55±<br>15.23b | 37.30±<br>3.09bc | 366.23±<br>27.26b | 0.82±<br>0.07fg |
| 平均值 | 120.33±<br>87.57 | 111.09±<br>41.93 | 90.70±<br>65.73 | 29.63±<br>24.05 | 231.42±<br>117.47 | 1.16±<br>0.73 |

注：同列数据后不同小写字母表示差异显著（$P < 0.05$），CIR 代表 Cave-in-rock，Rise 代表 Rise-Reed-Canary-Grass

## 2. 柳枝稷不同器官、部分生物量分配比例

柳枝稷在不同器官间的生物量分配比例差异较大（表 2-9），按照分配比例平均值由大到小排序为：根＞茎＞根茎＞叶＞鞘＞穗＞种子，其中根生物量分配比例达到 38.18%，种子生物量分配比例仅为 5.6%。不同品种（品系）柳枝稷间进行比较，其向不同器官的生物量分配比例差异也比较大（表 2-9）。茎生物量分配比例以 'Kanlow' 最高，达到 29.62%，S3 最低，为 13.02%；叶生物量分配比例以 'Forestburg' 最高，达到 12.86%，CIR 最低，为 9.09%；鞘生物量分配比例以 S4 最高，达到 8.91%，CIR 最低，为 5.59%；穗生物量分配比例以 CIR 最高，达

到 10.14%，'Trailblazer'最低，为 4.95%；种子生物量分配比例以 S3 最高，达到 7.55%，S2 最低，为 3.14%；根生物量分配比例以'Nebraska'最高，达到 47.16%，'Kanlow'最低，为 28.44%；根茎生物量分配比例以'Blackwell'最高，达到 18.29%，Trailblazer 最低，为 6.56%。与高地型柳枝稷相比，低地型柳枝稷向茎、鞘生物量分配比例整体较高，而向根和根茎的生物量分配比例则整体较小。但高地型柳枝稷'Trailblazer'向茎和鞘的生物量分配比例也比较高，且明显高于低地型柳枝稷品种'Rise'。按照不同倍性进行比较，不同倍性柳枝稷在生物量分配比例方面并未体现出明显的变化规律。

**表 2-9 柳枝稷不同器官生物质分配（%）**

| 品种（品系） | 茎 | 叶 | 鞘 | 穗 | 种子 | 根 | 根茎 |
|---|---|---|---|---|---|---|---|
| Alamo | 27.78±3.54a | 10.24±0.7bcd | 8.13±0.65abc | 6.06±1.12def | 7.07±0.88a | 32.99±2.73cd | 7.74±0.84fg |
| S3 | 13.02±1.08c | 12.65±1.62a | 7.61±0.78abc | 8.93±0.66ab | 7.55±0.99a | 35.36±4.20c | 14.89±1.99bc |
| Blackwell | 15.31±0.68c | 11.25±0.71abc | 6.84±0.29bcde | 6.46±0.90de | 6.49±0.31abc | 35.35±3.03c | 18.29±2.77a |
| S2 | 14.74±0.70c | 12.00±0.21ab | 5.65±0.18e | 5.02±0.23f | 3.14±0.19g | 45.38±0.62a | 14.07±0.72bc |
| CIR | 20.76±1.87b | 9.09±0.68d | 5.59±0.62e | 10.14±0.38a | 6.71±0.82ab | 37.21±2.15c | 10.51±1.76def |
| Forestburg | 15.74±1.00c | 12.86±0.38a | 6.87±1.01bcde | 7.18±0.29cd | 4.84±0.87ef | 38.43±2.45bc | 14.09±2.52bc |
| S4 | 14.94±0.62c | 12.74±0.78a | 8.91±0.96a | 7.81±0.86bc | 6.34±0.55abcd | 37.16±2.93c | 12.11±0.97cd |
| Kanlow | 29.62±2.18a | 11.59±0.92ab | 7.47±0.77abc | 9.30±0.95a | 5.15±0.58def | 28.44±1.12d | 8.43±0.54efg |
| Nebraska | 14.86±1.27c | 10.32±1.08bcd | 6.7±1.05cde | 6.68±0.61cd | 3.47±0.13g | 47.16±2.99a | 10.81±1.67de |
| S1 | 20.03±0.84b | 9.57±0.68cd | 7.37±1.48abcd | 6.26±0.46def | 6.43±0.73abcd | 42.78±2.49ab | 7.55±0.98fg |
| Pathfinder | 14.77±0.78c | 11.93±1.32ab | 5.86±1.02de | 5.98±0.98def | 5.58±0.87bcde | 37.60±4.27c | 18.28±2.14a |
| Ranlow | 13.43±1.58c | 11.10±1.94abc | 7.49±0.94abc | 5.23±0.60ef | 3.97±0.61fg | 43.27±4.41ab | 15.51±2.31ab |
| Rise | 22.47±0.86b | 11.52±1.47abc | 8.43±0.72ab | 7.23±0.88cd | 6.39±0.73abcd | 35.63±0.82c | 8.32±0.95efg |
| Trailblazer | 27.35±1.39a | 11.06±0.62abc | 7.04±0.46bcde | 4.95±0.64f | 5.23±0.92cde | 37.80±2.01c | 6.56±1.09g |
| 平均 | 18.91±5.79 | 11.28±1.53 | 7.14±1.28 | 6.95±1.71 | 5.6±1.49 | 38.18±5.6 | 11.94±4.18 |

注：同列数据后不同小写字母表示差异显著（$P<0.05$），CIR 代表 Cave-in-rock，Rise 代表 Rise-Reed-Canary-Grass

　　柳枝稷向不同部分的生物量分配比例差异也比较明显（表 2-10）。地上部生物量分配比例为 40.55%～63.13%，按照不同品种（品系）由小到大排序为：S2＜'Ranlow'＜'Nebraska'＜'Pathfinder'＜'Blackwell'＜'Forestburg'＜S1＜S3＜S4＜'CIR'＜'Trailblazer'＜'Rise'＜'Alamo'＜'Kanlow'。地下部生物量分配比例为 36.87%～59.45%，有性繁殖器官生物量分配比例为 8.16%～16.84%，营养器官生物量分配比例为 31.88%～48.67%。

表 2-10　柳枝稷不同部分生物质分配（%）

| 品种（品系） | 地上部 | 地下部 | 有性繁殖器官 | 营养器官 |
|---|---|---|---|---|
| Alamo | 59.27±2.84ab | 40.73±2.84gh | 13.13±1.76bcd | 46.14±2.96ab |
| S3 | 49.75±3.43def | 50.25±3.43cde | 16.48±1.45a | 33.27±3.18cde |
| Blackwell | 46.35±0.30fg | 53.65±0.30bc | 12.96±0.92bcd | 33.40±1.02cde |
| S2 | 40.55±1.16h | 59.45±1.16a | 8.16±0.40g | 32.39±1.02de |
| CIR | 52.28±2.66cd | 47.72±2.66ef | 16.84±1.11a | 35.44±2.05cde |
| Forestburg | 47.48±1.83efg | 52.52±1.83bcd | 12.02±1.09cde | 35.46±2.18cde |
| S4 | 50.73±2.71de | 49.27±2.71de | 14.15±1.19b | 36.58±1.62cd |
| Kanlow | 63.13±1.63a | 36.87±1.63h | 14.45±1.38b | 48.67±2.36a |
| Nebraska | 42.04±2.03h | 57.96±2.03a | 10.15±0.53ef | 31.88±2.46e |
| S1 | 49.67±2.47def | 50.33±2.47cde | 12.69±0.71bcd | 36.98±2.39c |
| Pathfinder | 44.11±2.22gh | 55.89±2.22ab | 11.55±1.04de | 32.56±1.48de |
| Ranlow | 41.22±4.28h | 58.78±4.28a | 9.20±0.97fg | 32.02±4.27e |
| Rise | 56.05±0.28bc | 43.95±0.28fg | 13.62±1.23bc | 42.43±1.12b |
| Trailblazer | 55.64±1.79bc | 44.36±1.79fg | 10.19±0.43ef | 45.45±1.64ab |
| 平均值 | 49.88±7.05 | 50.12±7.05 | 12.54±2.69 | 37.33±6.08 |

注：同列数据后不同小写字母表示差异显著（$P<0.05$），CIR 代表 Cave-in-rock，Rise 代表 Rise-Reed-Canary-Grass

　　将柳枝稷地上部作为整体进行分析，结果（表 2-11）表明，柳枝稷向茎生物量分配比例最高，达到 37.31%。然后依次为叶、鞘、穗，种子生物量分配比例最低，为 11.23%。不同品种（品系）间比较，茎生物量分配比例以'Trailblazer'最高，达到 49.13%，S3 最低，为 26.18%；叶生物量分配比例以 S2 最高，达到 29.61%，'Alamo'最低，为 17.37%；鞘生物量分配比例以'Ranlow'最高，达到 18.14%，'CIR'最低，为 10.72%；穗生物量分配比例以'CIR'最高，达到 19.42%，'Trailblazer'最低，为 8.91%；种子生物量分配比例以 S3 最高，达到 15.23%，S2 最低，为 7.73%；茎和鞘生物量分配比例以'Trailblazer'最高，达到 61.78%，S3 最低，为 41.44%；茎叶比以'Alamo'最高，达到 2.75，S3 最低，为 1.04。

表 2-11　柳枝稷地上部生物量分配

| 品种（品系） | 茎/% | 叶/% | 鞘/% | 穗/% | 种子/% | 茎叶比 |
|---|---|---|---|---|---|---|
| Alamo | 46.71± 3.97a | 17.37± 1.99d | 13.76± 1.5cde | 10.2± 1.74gh | 11.97± 1.74bcde | 2.75± 0.53a |
| S3 | 26.18± 1.56f | 25.35± 2.13b | 15.26± 0.55bcd | 17.98± 1.35ab | 15.23± 2.05a | 1.04± 0.11e |
| Blackwell | 33.03± 1.41cd | 24.27± 1.46b | 14.75± 0.65cd | 13.95± 1.94cdef | 14± 0.7ab | 1.37± 0.12de |
| S2 | 36.34± 0.8c | 29.61± 0.65a | 13.93± 0.18cde | 12.39± 0.57fg | 7.73± 0.37f | 1.23± 0.05de |
| CIR | 39.67± 2.35b | 17.38± 0.98d | 10.72± 1.3f | 19.42± 0.85a | 12.81± 1.19abc | 2.3± 0.25bc |
| Forestburg | 33.12± 0.97cd | 27.11± 1.28ab | 14.41± 1.68cde | 15.13± 0.62cde | 10.22± 2.02cdef | 1.22± 0.08de |
| S4 | 29.53± 2.02e | 25.1± 0.5b | 17.52± 1.06ab | 15.36± 1.08cd | 12.48± 0.77abcd | 1.18± 0.09de |
| Kanlow | 46.88± 2.56a | 18.33± 0.99cd | 11.87± 1.48ef | 14.76± 1.63cdef | 8.17± 0.98f | 2.56± 0.17ab |
| Nebraska | 35.29± 1.34cd | 24.56± 2.46b | 15.9± 2.03abc | 15.97± 2.01bc | 8.28± 0.43f | 1.45± 0.18d |
| S1 | 40.35± 0.99b | 19.26± 0.45cd | 14.79± 2.57cd | 12.59± 0.32ef | 13.01± 1.81abc | 2.1± 0.08c |
| Pathfinder | 33.48± 1.03cd | 26.98± 1.78ab | 13.38± 2.65cdef | 13.47± 1.62cdef | 12.68± 2.15abc | 1.25± 0.08de |
| Ranlow | 32.53± 0.69d | 26.78± 2.78ab | 18.14± 0.69a | 12.76± 1.46ef | 9.79± 2.16def | 1.23± 0.11de |
| Rise | 40.1± 1.54b | 20.56± 2.67c | 15.04± 1.25bcd | 12.89± 1.52def | 11.41± 1.32bcde | 1.99± 0.33c |
| Trailblazer | 49.13± 1.28a | 19.89± 1.24cd | 12.65± 0.6def | 8.91± 1.12h | 9.41± 1.63ef | 2.48± 0.23ab |
| 平均值 | 37.31± 6.82 | 23.04± 4.31 | 14.44± 2.44 | 13.99± 3.01 | 11.23± 2.7 | 1.72± 0.62 |

注：同列数据后不同小写字母表示差异显著（$P<0.05$），CIR 代表 Cave-in-rock，Rise 代表 Rise-Reed-Canary-Grass

### 3. 柳枝稷生物量及分配与起源纬度的相关关系

不同品种（品系）柳枝稷各器官、部分生物量及其分配比例与起源纬度间呈现出不同的相关关系（图 2-6）。就生物量而言，柳枝稷各器官、部分生物量与起源纬度均呈现出不同程度的负相关关系（图 2-6A），其中有性繁殖器官、种子和茎达到显著水平，相关系数分别为-0.414、-0.37 和-0.358。就生物量分配而言，柳枝稷向不同器官、部分生物量分配比例与起源纬度间呈现出不同的相关关系（图 2-6B）。茎、鞘、种子、地上部、有性繁殖器官、营养器官生物量分配比例与

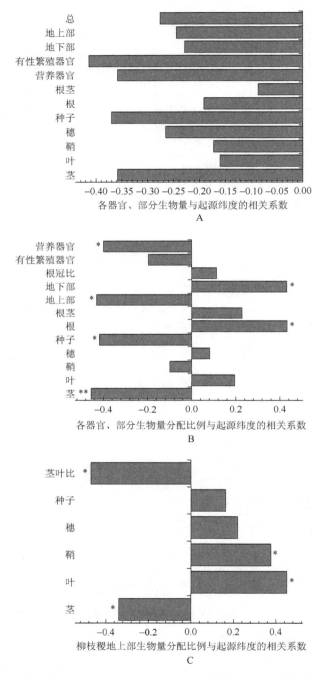

图 2-6　柳枝稷各器官、部分生物量及分配比例与起源纬度间相关性分析

*代表在 $P < 0.05$ 水平上差异显著，**代表在 $P < 0.01$ 水平上差异显著

起源纬度间呈负相关关系，且营养器官、地上部和茎达到了显著水平，分别为-0.4、-0.432 和-0.454；其余器官或部分生物量分配比例与起源纬度间则呈正相关关系，且地下部和根达到了显著水平，相关系数分别为 0.432 和 0.433。就地上部生物量分配而言，茎生物量分配比例、茎叶比与起源纬度间呈显著负相关关系（图 2-6C），相关系数分别达到-0.339 和-0.471；种子、穗、叶、鞘则与起源纬度间呈不同程度正相关关系，且鞘和叶达到了显著水平，相关系数分别为 0.376 和 0.452。

## 四、讨论与结论

　　柳枝稷生物质产量高，可为我国生物能源发展提供大量的生物质原材料，有效缓解原材料供应不足的问题（Hou et al.，2014）。不同柳枝稷种质资源生物质产量差异巨大，Lemus 等（2002）对 20 份柳枝稷生物质产量和生长特征的研究结果表明，低地型柳枝稷品种‘Alamo’和‘Kanlow’生物质产量较高，远高于在美国地区普遍种植的‘CIR’，且各生长特征明显优于其余柳枝稷品种。本研究结果表明，14 份柳枝稷地上部生物量差异较大，整体而言，低地型柳枝稷品种（品系）地上部生物量高于高地型，但高地型品种‘Trailblazer’表现出明显的不一致性，地上部生物量也比较高，甚至高于低地型品种‘Rise’。一般而言，低地型柳枝稷品种生物质产量要高于高地型柳枝稷品种（de Foff and Tyler，2012），本研究同时发现，起源纬度与柳枝稷生物量间存在明显负相关关系，再次印证了这一结论。就不同品种（品系）而言，‘Kanlow’‘Alamo’和‘Rise’地上部生物量显著高于其余品种（品系），在北京地区表现出良好的生产潜力。引种地的纬度对柳枝稷生物质产量也会产生重要影响，只有将柳枝稷引种到与其起源纬度相近或较高的地区才会使其达到最大生物质产量（Casler et al.，2004）。本研究结果表明，‘Alamo’和‘Kanlow’地上部生物量明显高于其余各品种（品系），其起源纬度均明显低于北京地区，属于南种北引，这可能是造成其生物量较高的另一重要因素。其余各柳枝稷品种（品系）在种质资源和引种纬度的双重影响下表现出了较大的差异性。

　　柳枝稷在实际生产过程中提倡延迟收获，但在雨雪和风霜的作用下其种子、穗和叶片大量脱落，从而使生物质产量大大降低（Adler et al.，2006）。因此，降低柳枝稷向种子、穗、叶片的生物量分配比例有利于其实际生物质产量的提高。本研究结果表明，就地上部生物量分配而言，‘Alamo’‘Kanlow’和‘Trailblazer’向茎秆生物量分配比例均明显高于其余各品种，在延迟收获过程中生物质的损失较低，地上部生物质利用效率较高。多年生植物在不同的生态环境条件下会表现出不同的生殖行为，生殖投资与生殖配置也是不同的（苏智先等，1998）。本研究结果表明，起源纬度与柳枝稷生物量的分配体现出明显的相关关系，起源纬度与地下部生物量分配比例间呈明显正相关关系，与地上部总生物量、种子和茎生物量分配比例间呈明显负相关关系，就地上部生物量分配而言，起源纬度与茎生物量分配比例及茎叶比呈显著负相关关系，而与鞘和叶呈显著正相关关系。反映出随着起源纬度的升高，柳枝稷营养生长被削弱，无性繁殖得到增强，有性繁殖被减弱，这是柳枝稷对生态环境长期适应的一种可遗传的生长与生殖策略。

我国边际土地面积众多，开展柳枝稷在边际土地的规模化种植与应用一方面可通过柳枝稷发达的根系有效改善当地土壤条件、生态环境状况；另一方面可为生物能源的发展提供大量木质纤维素类原材料（Tang et al.，2010）。在对柳枝稷进行引种和规模化种植时，一方面需充分考虑不同品种（品系）柳枝稷生物量及其分配的差异，选择合适的品种进行规模化种植，以获取最大木质纤维素类物质产量；另一方面根据不同品种（品系）柳枝稷生物量分配规律进行遗传育种或基因改良，获取高生物质产量、优生物量分配的柳枝稷品种，能够提供大量木质纤维素类物质的同时，又能够通过更为发达的根系很好地改善土壤环境，从而提高柳枝稷投入产出比。

14 份柳枝稷中，'Alamo''Kanlow'和'Trailblazer'生物量表现较好，且向茎秆的生物量分配比例及茎叶比均较高。起源纬度显著影响了柳枝稷的生物量及其分配，随着起源纬度的增加，柳枝稷生物量逐渐降低，且向有性繁殖器官和营养器官生物量分配比例减小，向无性繁殖及根生物量分配比例增加，体现出柳枝稷长期生态适应过程中产生的可遗传的生长与生殖策略。本研究为柳枝稷遗传资源引种和品种选育提供了依据。

## 第三节　不同生态型柳枝稷细胞壁组成结构与降解效率的差异

## 一、引言

木质纤维素降解效率的高低直接决定了其纤维素乙醇的转化难易，而细胞壁组成结构严重阻碍了木质纤维素材料的降解（Demartini et al.，2013）。研究不同生态型柳枝稷降解效率和细胞壁组成结构的差异，探明影响柳枝稷降解效率的关键因素，对柳枝稷品种选育和转化应用具有重要意义。

木质纤维素材料的细胞壁主要由纤维素、半纤维素和木质素组成，三者相互交联共同形成细胞壁错综复杂的三维网络结构（Sticklen，2010）。植物细胞壁的这种结构被认为是阻碍生物质降解的天然屏障，因此木质纤维素材料降解效率的高低在一定程度上取决于对生物质抗降解屏障的深入了解（Himmel et al.，2007）。Xu 等（2012）认为芒草半纤维素对纤维素的结晶度产生不利影响，从而导致其降解效率的增高，Wu 等（2013）对小麦和玉米突变体的研究及 Li 等（2013）对芒草的研究表明，半纤维素中阿拉伯糖的替代程度是影响降解效率的主要因素，而Li 等（2010）认为提高木质素单体紫丁香基（S）的比例能够提高拟南芥的降解效率。纤维素的聚合度和结晶度对纤维素的降解效率有重要影响。前人对芒草、小麦、水稻及拟南芥等植物细胞壁中影响降解效率的主要因素及机制进行了研究，但对不同生态型柳枝稷细胞壁组成结构的差异，尤其相互作用关系对降解效率的影响鲜见报道。

本研究从细胞壁组成结构出发，通过对不同生态型柳枝稷降解效率差异的研究，揭示影响柳枝稷降解效率的机制，直接为高降解效率柳枝稷品种的选育和遗传改良提供必要条件。

## 二、材料与方法

### 1. 试验时间、地点

试验于 2014 年在北京草业与环境研究发展中心进行。

### 2. 试验材料

供试柳枝稷材料为'Alamo'（低地型）和'Cave-in-rock'（CIR）（高地型）（表 2-12）地上部茎秆，于 2013 年 11 月初在北京草业与环境研究发展中心能源草种植基地（39°34′N，116°28′E）获取。柳枝稷于 2012 年种植，2013 年取样。柳枝稷所生长土壤肥力均匀，pH 为 7.62，有机质含量为 15.2g/kg，速效氮含量为 84.0mg/kg，速效磷含量为 16.5mg/kg，速效钾含量为 129.0mg/kg。随机取样，每 6 株作为 1 重复，取 3 重复。柳枝稷留茬高度为 5～10cm。取样后迅速将样品洗净，置于 105℃下杀青 20min，之后剥除叶、叶鞘和穗，留取茎秆，置于50℃下烘干，粉碎，重复内单株样品充分混匀，过 40 目筛，存放于干燥器中待测。

表 2-12 两个柳枝稷品种的生态型、倍性和起源

| 品种 | 生态型 | 倍性 | 起源 |
| --- | --- | --- | --- |
| Alamo | 低地型 | 四倍体 | 美国 |
| CIR | 高地型 | 八倍体 | 美国 |

注：CIR 代表 Cave-in-rock

### 3. 试验方法

1）酸、碱预处理：称取柳枝稷茎秆粉末 0.5g 于 15mL 离心管中，向离心管中加入 1%（$V:V$）$H_2SO_4$ 溶液 10.00mL 用作酸预处理，1%（$m:V$）NaOH 溶液 10.00mL 用作碱预处理，充分摇匀。酸预处理将离心管放入高压灭菌锅中，120℃保持 20min，然后置于 50℃，150r/min 摇床中，振荡 2h。碱预处理直接将离心管置于 50℃，150r/min 摇床中振荡 2h；取出后，4000$g$ 离心，取上清液，测定五碳糖和六碳糖含量。

2）酶解：将上述预处理后残渣弃上清液，用蒸馏水洗 4 遍，再用 pH4.8、0.2mol/L 乙酸钠缓冲液洗 2 遍，然后向其中加入 4.00g/L 纤维素复合酶溶液 5mL，并用上述缓冲液定容至 10mL。置于 50℃、150r/min 摇床中，酶解 48h 后取出，沸水灭酶活，冷却，4000$g$ 离心，取上清液，测定五碳糖和六碳糖含量。

3）细胞壁组成成分提取及测定：细胞壁组成成分的提取参照 Peng 等（2000）的方法，GC/MS 测定半纤维素单糖组成（Li et al., 2013），铜乙二胺法测定纤维素聚合度（Kokubo et al., 1991），X 射线衍射法测定纤维素结晶度（Segal et al., 1959），碱硝基苯氧化法测定木质素单体组成（Lapierre et al., 1995），硫酸蒽酮法测定六碳糖含量（Leyva et al., 2008），苔黑酚法测定五碳糖含量（Fry, 1988），硫酸水解法测定 Klason 木质素含量（Yoo et al., 2013）。

### 4. 精密仪器和药品规格

756PC 型紫外分光光度计，X 射线衍射仪，蒽酮、苔黑酚、硫酸、盐酸，药品均为分析纯规格。纤维素复合酶中 β-葡聚糖酶活力≥6×10⁴U，纤维素酶活力≥600U，木聚糖酶活力≥10×10⁴U。

### 5. 统计分析

采用 Excel 2007 对原始数据进行整理、分析，采用 SPSS One-Way ANOVA 进行方差显著性分析，采用 Oringin 8.0 作图。

## 三、结果与分析

### 1. 不同处理下两种生态型柳枝稷产糖效率的差异

不同处理下两种生态型柳枝稷总产糖效率的差异：酸预处理后酶解（ACE）、碱预处理后酶解（ALE）和直接酶解（DE）处理下，两种生态型柳枝稷总产糖效率差异显著（$P<0.05$）（图 2-7），'Alamo'总产糖效率显著高于'CIR'，分别高 16.87%、13.48% 和 24.94%。ACE 处理下'Alamo'预处理和酶解产糖效率分别显

著高于'CIR'17.13%和25.69%；ALE 处理下两种生态型柳枝稷预处理总产糖效率差异极显著，而'Alamo'酶解总产糖效率显著高于'CIR'16.69%。不同处理间比较，ACE 处理下预处理步骤产糖效率高于预处理后酶解产糖效率，而 ALE 处理下情况则恰恰相反。

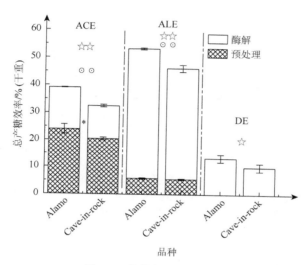

图 2-7　柳枝稷总产糖效率

\*代表预处理产糖效率差异显著（$P<0.05$），○ ○代表酶解产糖效率差异极显著（$P<0.01$），☆代表总产糖效率差异显著（$P<0.05$），☆☆代表总产糖效率差异极显著（$P<0.01$），ACE 代表酸预处理后酶解，ALE 代表碱预处理后酶解，DE 代表直接酶解

不同处理下两种生态型柳枝稷总六碳糖产糖效率的差异：ACE、ALE 和 DE 处理下，两种生态型柳枝稷总六碳糖产糖效率存在较大差异（图 2-8），'Alamo'总六碳糖产糖效率分别显著高于'CIR'38.93%、17.46%和40.52%。ACE 处理下，'Alamo'预处理和酶解六碳糖产糖效率分别显著高于'CIR'41.70%和37.39%；ALE 处理下，两种生态型柳枝稷预处理六碳糖产糖效率差异不显著，'Alamo'酶解六碳糖产糖效率显著高于'CIR'20.19%；DE 处理下，'Alamo'六碳糖产糖效率显著高于'CIR'40.52%。ACE 和 ALE 处理下，六碳糖主要产生于酶解步骤，预处理步骤六碳糖产糖效率较低。3 种处理间比较，ALE 处理下六碳糖产糖效率高于其余两种处理。

不同处理下两种生态型柳枝稷总五碳糖产糖效率的差异：ACE、ALE 和 DE 处理下，两种生态型柳枝稷五碳糖产糖效率差异较小（图 2-9），ACE 和 ALE 处理下，'Alamo'总五碳糖产糖效率分别显著高于'CIR'9.71%和13.07%，DE 处理下两种生态型柳枝稷五碳糖产糖效率差异不显著。ACE 处理下，两种生态型柳枝稷预处理五碳糖产糖效率差异不显著；ALE 处理下'Alamo'预处理和酶解五碳糖产糖效率

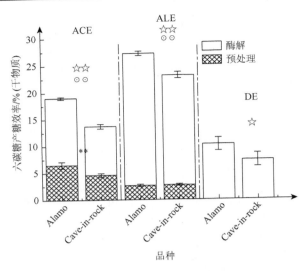

图 2-8　柳枝稷总六碳糖产糖效率

**代表差异极显著（P＜0.01），○○代表酶解产糖效率差异极显著（P＜0.01），☆代表总产糖效率差异显著
（P＜0.05），☆☆代表总糖效率差异极显著（P＜0.01），ACE 代表酸预处理后酶解，ALE 代表碱
预处理后酶解，DE 代表直接酶解

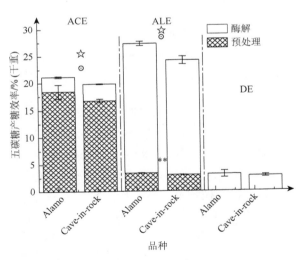

图 2-9　柳枝稷总五碳糖产糖效率

**代表差异极显著（P＜0.01），○代表酶解产糖效率差异显著（P＜0.05），☆代表总产糖效率差异显著（P＜0.05），
ACE 代表酸预处理后酶解，ALE 代表碱预处理后酶解，DE 代表直接酶解

分别显著高于'CIR'12.72%和 13.11%。3 种处理间比较，ALE 处理五碳糖总产
糖效率最高，而 DE 处理五碳糖总产糖率最低。ACE 处理下五碳糖主要产生于预
处理步骤，而 ALE 处理下则主要产生于酶解步骤。

不同处理下两种生态型柳枝稷纤维素降解效率的差异：不同处理下柳枝稷酶解产生的六碳糖主要来源于纤维素，因此本研究采用酶解产生的六碳糖占纤维素总含量的百分含量（图 2-10）来反映柳枝稷细胞壁中纤维素的降解效率。ACE、ALE 和 DE 处理下，'Alamo'纤维素降解效率分别显著高于'CIR'21.86%、6.59% 和 24.68%。其中以 DE 处理下差异最大，ALE 处理下差异最小。3 种处理间比较，ALE 处理下柳枝稷纤维素降解效率高于其余两种处理。

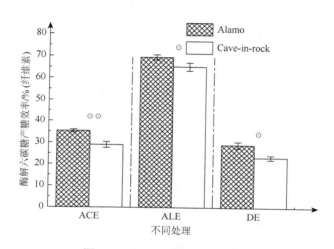

图 2-10　柳枝稷酶解六碳糖产率

○代表酶解产糖效率差异显著（$P<0.05$），◎代表酶解产糖效率差异极显著（$P<0.01$），ACE 代表酸预处理后酶解，ALE 代表碱预处理后酶解，DE 代表直接酶解

## 2. 两种生态型柳枝稷细胞壁组成结构的差异

为揭示不同生态型柳枝稷降解效率差异的原因，本研究进一步对两种生态型柳枝稷的细胞壁组成、结构进行了详细地分析。

两种生态型柳枝稷纤维素、半纤维素和木质素含量的差异：两种生态型柳枝稷细胞壁组分含量存在一定的差异（图 2-11）。'Alamo'细胞壁中纤维素含量显著高于'CIR'11.31%，而半纤维素和木质素含量略低于'CIR'，但并未达到显著水平。

两种生态型柳枝稷半纤维素单糖组成的差异：两种生态型柳枝稷半纤维素单糖种类相同（图 2-12），均由阿拉伯糖（Ara）、木糖（Xyl）、鼠李糖（Rha）、甘露糖（Man）、半乳糖（Gal）、果糖（Fru）和葡萄糖（Glu）组成，且以 Xyl 和 Ara 为主，未检测出 Fru。'Alamo'半纤维素中 Ara 百分含量显著低于'CIR'6.25%，而木糖含量显著高于'CIR'1.53%，Xyl/Ara 值显著高于'CIR'。

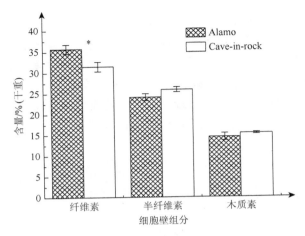

图 2-11　柳枝稷细胞壁组分含量

*代表预处理产糖效率差异显著（$P<0.05$）

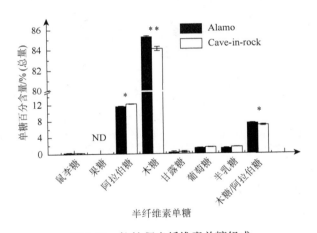

图 2-12　柳枝稷半纤维素单糖组成

*代表在 $P<0.05$ 水平上差异显著，**代表在 $P<0.01$ 水平上差异显著，ND 代表未检测到

　　两种生态型柳枝稷木质素单体组成：木质素主要由香豆基（H）、松柏醇基（G）、紫丁香基（S）3 种单体组成（图 2-13），3 种单体苯环上甲氧基含量不同，从而导致单体间相互交联的结合位点不同及甲氧基所造成的空间位阻不同。

　　两种生态型柳枝稷木质素单体组成差异较小（表 2-13）。'Alamo'木质素中 S 单体含量显著高于'CIR'16.40%，其他两种单体含量差异不显著，S/G 差异不显著。

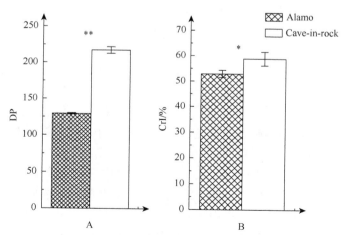

图 2-13 木质素单体结构（Davin et al.，2005）

**表 2-13 柳枝稷木质素单体组成**

| 种类 | 'Alamo' | 'Cave-in-rock' |
|---|---|---|
| H/(μmol/g) | 115.00±11.48 | 105.32±18.02 |
| G/(μmol/g) | 257.64±6.23 | 244.86±26.00 |
| S/(μmol/g) | 185.52±7.40* | 159.38±5.08 |
| S/G | 0.72±0.04 | 0.65±0.05 |

注：H 代表香豆基，G 代表松柏醇基，S 代表紫丁香基，*代表在 $P<0.05$ 水平上差异显著

两种生态型柳枝稷纤维素聚合度和结晶度的差异：两种生态型柳枝稷纤维素聚合度与结晶度存在显著差异（图 2-14），'Alamo'纤维素聚合度显著低于'CIR'40.54%（图 2-14A），结晶度显著低于'CIR'11.22%（图 2-14B）。这说明'Alamo'纤维素结构特征与'CIR'差异较大。

图 2-14 柳枝稷纤维素聚合度（A）和结晶度（B）

DP 代表纤维素聚合度，CrI 代表纤维素结晶度，*代表在 $P<0.05$ 水平上差异显著，

**代表在 $P<0.01$ 水平上差异显著

## 四、讨论与结论

前人研究表明，植物细胞壁中有诸多因素，如木质素、半纤维素含量及木质素和半纤维素结构等，共同影响着细胞壁的降解（Jordan et al.，2012）。降低木质素含量，有利于纤维素的积累（Hu et al.，1999），本研究表明，'Alamo'细胞壁中木质素含量略低于'CIR'6.08%，同时发现'Alamo'半纤维素含量同样略低于'CIR'7.47%，推测可能由于分配于木质素和半纤维素的同化物相对较少共同导致了'Alamo'较高的纤维素含量。酸预处理步骤主要去除了细胞壁中部分半纤维素，对木质素作用较小（Zhang et al.，2011）。'Alamo'在 ACE 处理下，总六碳糖产糖效率显著高于'CIR'，ACE 处理后酶解六碳糖产糖效率显著高于'CIR'，而且 DE 作用下'Alamo'六碳糖产糖效率显著高于'CIR'，这表明，较高的纤维素含量是'Alamo'高产糖效率的因素之一。除了纤维素含量对细胞壁的产糖效率有影响外，纤维素结晶度和聚合度的增加导致纤维素酶或化学试剂所能接触到的纤维素作用面积减少，从而影响着纤维素本身的降解（Ioelovich，2009；Zeng et al.，2010）。纤维素的聚合度反映了纤维素链的长短，而纤维素结晶度反映出纤维素链和链之间的聚合程度。本研究发现'Alamo'纤维素结晶度显著低于'CIR'11.22%，聚合度显著低于 40.54%。在 3 种处理下，'Alamo'纤维素降解效率均显著高于'CIR'，'Alamo'较低的纤维素结晶度和聚合度显著影响了纤维素的降解，且较低的纤维素聚合度可能为主要因素。

Pauly 等（1999）的实验结果表明，半纤维素的分支可能对其结合到纤维素链上有所帮助，但半纤维素的分支结合到纤维素微纤丝表面或嵌入纤维素微纤丝中，严重干扰了纤维素微纤丝的聚合，影响了纤维素的结晶度和聚合度（Hayashi et al.，1987），本研究表明'Alamo'半纤维素侧链数目显著高于'CIR'，可能对纤维素的结晶度和聚合度产生了显著的影响，且对纤维素聚合度的影响更为明显，从而导致'Alamo'较高的纤维素降解效率。

木质素的 3 种单体 H、G、S 通过 C—C 或 C—O 等共价键相互连接，从而形成一种高度复杂无规则的疏水网络结构，严重阻碍了纤维素的降解（Li et al.，2010）。但不同单体组成比例对细胞壁的降解产生怎样的影响，目前仍存在争议（Grabber，2005）。本研究表明，'Alamo'木质素单体中 S 单体含量显著高于'CIR'，且在 DE 处理下，'Alamo'六碳糖产糖效率和纤维素降解效率显著高于'CIR'，推测可能由于 S 单体中含有较多甲氧基，阻碍了 S 单体与其他单体间形成更多的共价键，从而导致木质素对纤维素的包裹作用减弱和产糖效率的相对较高。木质素不仅阻碍了纤维素酶与纤维素的接触，还对纤维素酶产生不可逆的吸附作用，致使纤维素酶失活（Zhao，2011）。本研究发现，较低含量的 S 单体，可能导致木质素整体结构的相对疏松和疏水作用的减弱，减弱了木质素对纤维素酶的不可逆吸附作用，这可能也是导致'Alamo'较高产糖效率的原因。

低地型柳枝稷品种'Alamo'细胞壁中较高的纤维素含量、较低的纤维素结晶度和聚合度是其较高产糖效率的直接原因，而半纤维素侧链对纤维素结晶度尤其是聚合度的影响及木质素单体S对纤维素包裹作用和对纤维素酶不可逆吸附作用的减弱是'Alamo'较高产糖效率的根本原因。

# 参 考 文 献

苏智先，张素兰，钟章成. 1998. 植物生殖生态学研究进展. 生态学杂志，17（1）：39-46.

王银柱，王冬，刘玉，等. 2015. 不同水分梯度下能源植物芒草和柳枝稷生物量分配规律. 草业科学，32（2）：236-240.

赵春桥，李继伟，范希峰，等. 2015. 不同盐胁迫对柳枝稷生物量、品质和光合生理的影响. 生态学报，35（19）：6489-6495.

Adler PR，Sanderson MA，Boateng AA，et al. 2006. Biomass yield and biofuel quality of switchgrass harvested in fall or spring. Agronomy Journal，98（6）：1518-1525.

Casler MD，Vogel KP，Taliaferro CM，et al. Latitudinal adaptation of switchgrass populations. Crop Science，2004，44（1）：293-303.

Davin LB，Lewis NG. 2005. Lignin primary structures and dirigent sites. Current Opinion in Biotechnology，16（4）：407-415.

de Koff JP，Tyler DD. 2012. Improving switchgrass yields for bioenergy production. Fiber Cell Systems，40：2.

Demartini JD，Pattathil S，Miller JS，et al. 2013. Investigating plant cell wall components that affect biomass recalcitrance in poplar and switchgrass. Energy & Environmental Science，6（3）：898-909.

Frank AB，Berdahl JD，Hanson JD，et al. 2004. Biomass and carbon partitioning in switchgrass. Crop Science，44（4）：1391-1396.

Fry SC. 1988. The Growing Plant Cell Wall：Chemical and Metabolic Analysis. London：Longman：97-99.

Grabber JH. 2005. How do lignin composition，structure，and cross-linking affect degradability? A review of cell wall model studies. Crop Science，45（3）：820-831.

Hayashi T，Marsden MP，Delmer DP. 1987. Pea xyloglucan and cellulose：vi. xyloglucan-cellulose interactions *in vitro* and *in vivo*. Plant Physiology，83（2）：384-389.

Himmel ME，Ding SY，Johnson DK，et al. 2007. Biomass recalcitrance：engineering plants and enzymes for biofuels production. Science，315（5813）：804-807.

Hou XC，Fan XF，Zhu Y，et al. 2014. Ecological-economic values of lignocellulosic herbaceous plant on contaminated land. Advanced Materials Research，852：757-763.

Hu WJ，Harding SA，Lung J，et al. 1999. Repression of lignin biosynthesis promotes cellulose accumulation and growth in transgenic trees. National Biotechnology，17（8）：808-812.

Ioelovich M. 2009. Accessibility and crystallinity of cellulose. Bioresources，4（3）：1168-1177.

Jordan DB，Bowman MJ，Braker JD，et al. 2012. Plant cell walls to ethanol. Biochemical Journal，442：241-252.

Kering MK，Guretzky JA，Interrante SM，et al. 2013. Harvest timing affects switchgrass production，forage nutritive value，and nutrient removal. Crop Science，53：1809-1817.

Kokubo A，Sakurai N，Kuraishi S，et al. 1991. Culm brittleness of barley（*Hordeum vulgare* L.）mutants is caused by smaller number of cellulose molecules in cell wall. Plant Physiology，97（2）：509-514.

Lapierre C，Pollet B，Rolando C. 1995. New insights into the molecular architecture of hardwood lignins by chemical degradative methods. Research on Chemical Intermediates，21（3-5）：397-412.

Lemus R，Brummer EC，Moore KJ，et al. 2002. Biomass yield and quality of 20 switchgrass populations in southern Iowa，USA. Biomass and Bioenergy，23（6）：433-442.

Leyva A，Quintana A，Sanchez M，et al. 2008. Rapid and sensitive anthrone-sulfuric acid assay in microplate format to quantify carbohydrate in biopharmaceutical products：method development and validation. Biologicals，36（2）：134-141.

Li FC，Ren SF，Zhang W，et al. 2013. Arabinose substitution degree in xylan positively affects lignocellulose enzymatic digestibility after various NaOH/H$_2$SO$_4$ pretreatments in *Miscanthus*. Bioresource Technology，130：629-637.

Li X，Ximenes E，Kim Y，et al. 2010. Lignin monomer composition affects *Arabidopsis* cell-wall degradability after liquid hot water pretreatment. Biotechnol Biofuels，3（1）：27.

Pauly M，Albersheim P，Darvill A，et al. 1999. Molecular domains of the cellulose/xyloglucan network in the cell walls of higher plants. Plant Journal，20（6）：629-639.

Peng L，Hocart CH，Redmond JW，et al. 2000. Fractionation of carbohydrates in *Arabidopsis* root cell walls shows that three radial swelling loci are specifically involved in cellulose production. Planta，211（3）：406-414.

Segal L，Creely J，Martin A，et al. 1959. An empirical method for estimating the degree of crystallinity of native cellulose using the X-ray diffractometer. Textile Research Journal，29（10）：786-794.

Sticklen MB. 2010. Plant genetic engineering for biofuel production：towards affordable cellulosic ethanol. Nature Reviews Genetics，11（4）：308.

Tang Y，Xie JS，Geng S. 2010. Marginal land-based biomass energy production in China. Journal of Integrative Plant Biology，52：112-121.

Wu ZL，Zhang ML，Wang LQ，et al. 2013. Biomass digestibility is predominantly affected by three factors of wall polymer features distinctive in wheat accessions and rice mutants. Biotechnology for Biofuels，6（1）：1-14.

Xu N，Zhang W，Ren SF，et al. 2012. Hemicelluloses negatively affect lignocellulose crystallinity for high biomass digestibility under NaOH and H$_2$SO$_4$ pretreatments in *Miscanthus*. Biotechnology for Biofuels，5（1）：58-70.

Yoo CG，Wang C，Yu CX，et al. 2013. Enhancement of enzymatic hydrolysis and klason lignin removal of corn stover using photocatalyst-assisted ammonia pretreatment. Applied Biochemistry and Biotechnology，169（5）：1648-1658.

Zeng M，Gao HN，Wu YQ，et al. 2010. Effects of ultra-sonification assisting polyethylene glycol pre-treatment on the crystallinity and accessibility of cellulose fiber. Journal of Macromolecular Science Part a-Pure and Applied Chemistry，47（10）：1042-1049.

Zhang R，Lu XB，Sun YS，et al. 2011. Modeling and optimization of dilute nitric acid hydrolysis on corn stover. Journal of Chemical Technology and Biotechnology，86（2）：306-314.

Zhao C，Fan X，Hou X，et al. 2015. Tassel removal positively affects biomass production coupled with significantly increasing stem digestibility in switchgrass. Public Library of Science One，10（4）：e0120845.

Zhao J. 2011. Fractionation and characterization of lignin from corn stover before and after diluted acid pretreatment and their cellulase adsorption. American Chemical Society，241：1.

# 第三章　柳枝稷多倍体育种技术研究

## 第一节　柳枝稷再生体系的建立

### 一、引言

自 20 世纪 80 年代起，国内外有关柳枝稷育种的研究主要集中在以资源收集为基础进行单株选择、有性杂交等研究工作上。然而由于柳枝稷具有自交不亲和、多倍体等遗传特性，应用传统育种方法对其进行遗传改良难度比较大。随着分子生物学技术的发展，基因工程和细胞工程在柳枝稷育种领域的应用开始崭露头角，其再生体系的建立显得尤为重要。目前，国内外关于柳枝稷再生体系的研究已有不少报道，多以柳枝稷的 1 个或少数几个品种为试验材料，以种子或幼穗作为外植体建立再生体系，但缺少一个整体的评价体系。本研究在前人的基础上，用两种生态型的 8 个不同柳枝稷品种的幼穗作为外植体，通过组织培养建立其再生技术体系，探讨不同品种间的组织培养差异，并对其进行了聚类分析。

### 二、材料与方法

选取柳枝稷两种生态型的 8 个品种：'Alamo''Kanlow''Blackwell''Trailblazer''Forestburg''Pathfinder''New York''Cave-in-rock'（表 3-1）。均来自北京草业与环境研究发展中心小汤山基地资源圃。该资源圃地理坐标为 116°29′E，40°17′N，属暖温带半湿润大陆性季风气候。

**表 3-1　实验材料**

| 品种 | 生态型 | 倍性 | 起源 |
|---|---|---|---|
| Alamo | 低地型 | 四倍体 | 得克萨斯州 28°N |
| Kanlow | 低地型 | 四倍体 | 俄克拉何马州 35°N |
| New York | 高地型 | 四倍体 | — |
| Forestburg | 高地型 | 八倍体 | 南达科他州 44°N |
| Cave-in-rock | 高地型 | 八倍体 | 伊利诺伊州 38°N |
| Blackwell | 高地型 | 八倍体 | 俄克拉何马州 37°N |
| Trailblazer | 高地型 | 八倍体 | 内布拉斯加州 40°N |
| Pathfinder | 高地型 | 八倍体 | 内布拉斯加州/堪萨斯州 40°N |

注："—"表示起源不详

## 1. 外植体的制备

5 月下旬至 6 中旬，当柳枝稷生长至孕穗期时，将含苞未成熟幼穗的生殖枝剪下，用保鲜膜包裹置于冰盒内带回实验室，放在 4℃冰箱冷藏保存。使用时先剥去外层苞叶和叶鞘，然后用手术刀切取含内层苞叶的幼穗，将其切成 2cm 左右小段，置于超净工作台上。

## 2. 外植体的灭菌

用 70%乙醇对幼穗进行表面消毒 30s，无菌蒸馏水冲洗 2 次后，再用 20%NaClO 灭菌 10min，最后用无菌蒸馏水洗涤 3～4 次，放置在灭菌滤纸上，吸干表面水分。将幼穗切成 1cm 左右的小段，并将幼穗纵切为两半，留取最内层苞叶与幼穗，接种于诱导培养基中。每个培养皿中放 6 个幼穗，每个品种放 6 个培养皿。

## 3. 培养基的制备

（1）激素的配制

1）6-BA：用少许 1mol/L KOH 溶解后，加蒸馏水配成 1mg/mL 的母液，4℃冰箱保存备用。

2）2,4-D：用少许 1mol/L KOH 溶解后，加蒸馏水配成 1mg/mL 的母液，4℃冰箱保存备用。

3）GA3：先用少量 95%乙醇溶解后，加蒸馏水配成 0.5mg/mL 的母液，4℃冰箱保存备用。

（2）MS 培养基的配制　　实验以 MS（Murashige and Skoog, 1962）培养基为基本培养基，制备 1L MS 培养基，需母液Ⅰ 50mL、母液Ⅱ 5mL、母液Ⅲ 5mL、母液Ⅳ 5mL（表 3-2），加 30g 麦芽糖，用浓度为 1mol/L KOH 将 pH 调至 5.8，再加 8g 植物凝胶。

表 3-2　MS 培养基成分表

| 母液 | 成分 | 浓度/(mg/L) |
|---|---|---|
| | $NH_4NO_3$ | 33 000 |
| | $KNO_3$ | 38 000 |
| 母液Ⅰ（大量元素，20×） | $CaCl_2 \cdot 2H_2O$ | 8 800 |
| | $MgSO_4 \cdot 7H_2O$ | 7 400 |
| | $KH_2PO_4$ | 3 400 |

续表

| 母液 | 成分 | 浓度/(mg/L) |
|---|---|---|
| 母液Ⅱ（微量元素，200×） | KI | 166 |
| | $H_3BO_3$ | 1 240 |
| | $MnSO_4·4H_2O$ | 2 230 |
| | $ZnSO_4·7H_2O$ | 1 720 |
| | $NaMoO_4·2H_2O$ | 50 |
| | $CuSO_4·5H_2O$ | 5 |
| | $CoCl_2·6H_2O$ | 5 |
| 母液Ⅲ（铁盐，200×） | $Na_2EDTA$ | 7 460 |
| | $FeSO_4·7H_2O$ | 5 560 |
| 母液Ⅳ（有机物，200×） | 肌醇 | 20 000 |
| | 烟酸 | 100 |
| | 盐酸吡哆醇 | 100 |
| | 盐酸硫胺素 | 20 |
| | 甘氨酸 | 400 |

（3）柳枝稷组织培养所需培养基　　制备 1L 培养基，除了 MS 培养基外，还需添加 30g 麦芽糖和不同浓度的 2,4-D、6-BA 或 L-脯氨酸（表 3-3），用浓度为 1mol/L KOH 将 pH 调至 5.8，再加 8g 植物凝胶。

**表 3-3　柳枝稷组织培养所需培养基**

| 培养基类型 | 基本培养基 | 生长调解物质 | 其他 |
|---|---|---|---|
| 诱导培养基 | MS 培养基 | 5mg/L 2,4-D, 1.2mg/L 6-BA | — |
| 继代培养基 | MS 培养基 | 5mg/L 2,4-D, 1.2mg/L 6-BA | 2g/L L-脯氨酸 |
| 分化培养基 | MS 培养基 | 0.5mg/L GA3 | |
| 生根培养基 | 1/2 MS 培养基 | | |

注："—"表示不需添加对应物质

（4）培养基的分装与灭菌

1）平板培养基的分装与灭菌：将 1L 培养基倒入 1000mL 螺口实验瓶中，在高温高压灭菌锅中，115℃条件下灭菌 20min。在超净工作台内将培养基倒入灭过菌的培养皿中，使之在培养皿中形成一个约 3mm 厚的凝胶层，静置冷却后使用。

2）锥形瓶的分装与灭菌：分装时，将 1L 培养基倒入 100mL 锥形瓶中，每个锥形瓶倒入 30～40mL 培养基，1L 培养基，可分装 25～30 瓶。分装完毕后，用封口膜封住瓶口，放入高温高压灭菌锅中，115℃灭菌20min。

### 4. 柳枝稷组织培养

　　将灭菌的柳枝稷幼穗接种到诱导培养基上，每个培养皿放6个幼穗，每个品种放6个培养皿（图3-1A），在温度(25±2)℃、24h黑暗条件下培养，观察统计出愈率（培养7d后，每天观察并记录出愈情况，包括愈伤组织生长速度、数目、形态特征、颜色变化等，统计愈伤组织数）。诱导培养10d后，将幼穗和已出愈伤组织转接到愈伤诱导培养基上继续培养（图3-1B），之后每两周继代一次。继代2～3次后，将愈伤组织转接到继代培养基上进行增殖培养（图3-1C），培养条件与诱导培养相同。连续继代4～5次后，挑取生长良好的愈伤组织转接至分化培养基上诱导芽和根（图3-1D），于温度(25±2)℃条件下光照培养，光照时间为12h/d。当幼苗长至1～2cm时，将其移入装有生根培养基的锥形瓶中（图3-1E），于温度(26±2)℃条件下光照培养，光照时间为16h/d，诱导根的伸长。

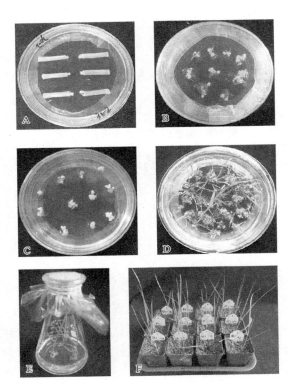

扫一扫看彩图

图3-1　柳枝稷再生体系的建立

A. 外植体制备；B. 愈伤组织诱导；C. 愈伤增殖；D. 愈伤分化；E. 诱导芽和根；F. 再生苗移栽

### 5. 炼苗与移栽

当生根培养基上的幼苗长至 6～8cm、根 2～4cm 时，打开封口膜，让其在原培养环境下进行炼苗处理 1～2d。从培养基中取出小苗时，要彻底清洗掉根部黏着的培养基，要全部除去，以防残留培养基导致杂菌滋生。将其移栽到直径约 7cm 的小钵内（图 3-1F），以等分量的花土与蛭石为培养基质。栽前基质要浇透水，栽后轻浇薄水。在温度(27±2)℃、湿度 80%条件下光照培养，光周期为 16h/d。

## 三、结果与分析

### 1. 愈伤组织的诱导

将幼穗接入培养基中，随时间推移幼穗膨大，逐渐散开，颜色变暗，中途继代一次剥掉所有苞叶，约 2 周后在膨大处开始长出白色愈伤组织，愈伤逐渐膨大后可继代移除老化的幼穗。启动期的长短与植物的种类、外植体的生理状况、激素种类及外部环境有关。不同柳枝稷品种在启动时间上各不相同，其中 'Alamo' 和 'Trailblazer' 在启动时间上较早，约为 14d，其次依次是 'Blackwell' 'Cave-in-rock' 'Forestburg' 'New York' 和 'Kanlow'，'Pathfinder' 启动时间最迟缓，达到 18d（图 3-2）。

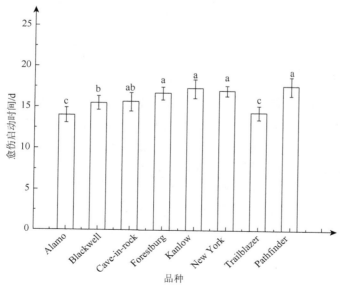

图 3-2 柳枝稷不同品种愈伤启动时间

不同小写字母表示各品种间差异显著（$P<0.05$）

　　柳枝稷品种'Alamo'在愈伤诱导率指标上表现最好，第25天时诱导率就可达到100%（图3-3）。其次是'Trailblazer'和'Cave-in-rock'，30d时诱导率达到100%。'Kanlow'和'Blackwell'在35d时诱导率能达到100%。'Forsetburg''New York'和'Pathfinder'诱导率相对较低，在35d时分别达到91.66%、80.5%和75%。研究结果表明，以幼穗为外植体柳枝稷愈伤组织的诱导率很高，但不同品种之间存在较大差异。

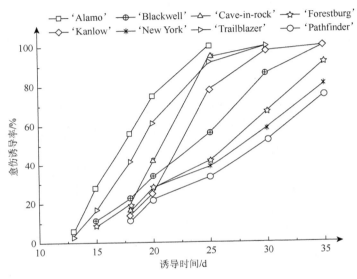

图3-3　柳枝稷不同品种的愈伤诱导率比较

### 2. 愈伤组织的形态

　　柳枝稷愈伤组织颜色多为白色、微黄色或浅褐色，不同品种颜色、质地均不一致。'Alamo'愈伤组织为黄色，质地疏松；'Blackwell'愈伤组织为土黄色，结构致密，增殖较慢；'Cave-in-rock'愈伤组织颜色较浅，粒径较为均一，长势较好；'Forestburg'愈伤组织呈灰褐色，质地紧密；'Kanlow'愈伤组织为土黄色，粒径较小，结构致密、易碎；'New York'愈伤组织为微黄色，粒径大小不均一，长势较好；'Trailblazre'愈伤组织呈黄褐色，结构紧密、易碎，长势较弱；'Pathfinder'愈伤组织为土黄色，结构相对疏松（图3-4）。

### 3. 愈伤组织的增殖

　　增殖是愈伤组织不断增生子细胞而形成更多愈伤组织的过程，这个阶段愈伤外部细胞分裂迅速，中央细胞常不分裂，形成了大量结构松散的愈伤组织。在增

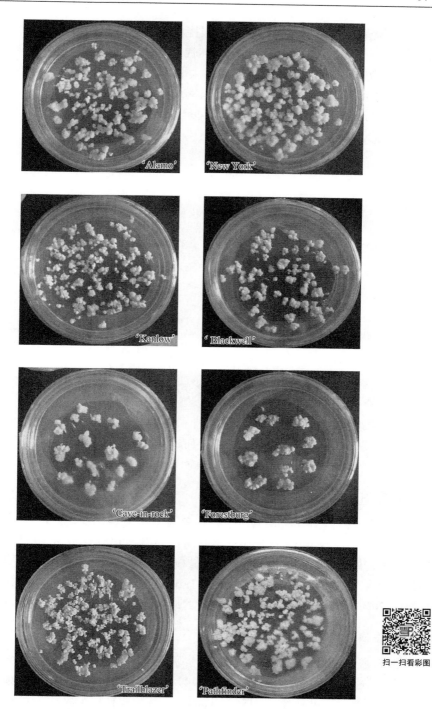

图 3-4　柳枝稷不同品种愈伤组织的形态特征

殖期间要经常更换培养基来保持愈伤维持在增殖阶段而不进入分化阶段。将长势良好的愈伤组织接入继代培养基中，继代培养 20d，并且称量继代前后的重量，得到愈伤增殖率。由图 3-5 可以看出，不同品种柳枝稷之间增殖率差别较大，为60%～190%。其中'Cave-in-rock'增殖率最高，为 180.3%，其次是'New York'，为 167%。'Alamo''Kanlow''Pathfinder'增殖率在 114%～123%。'Trailblazer'增殖率较低，为 64%。

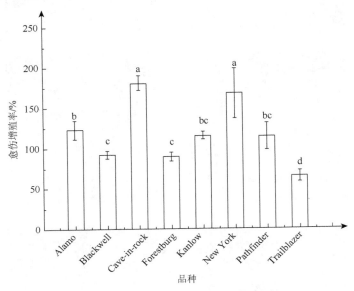

图 3-5　柳枝稷不同品种的愈伤增殖率

不同小写字母表示各品种间差异显著（$P<0.05$）

### 4. 愈伤组织的分化

愈伤组织分化培养 3d 后，少数培养皿中出现绿色芽点，约 7d 后，几乎每个培养皿中都出现绿色芽点，14d 后部分绿色芽点已分化成苗，愈伤组织颜色变深，质地紧致坚硬。从图 3-6 可以看出柳枝稷各个品种愈伤分化率差别较大，'Alamo'愈伤分化率为 76%，而'Pathfinder''Trailblazer''Blackwell'愈伤分化率较低，均低于 20%，'Cave-in-rock''Kanlow''New York'的愈伤分化率则为 60%～70%。

### 5. 生根与移栽

柳枝稷在不加激素的 1/2 MS 培养基上培养 10d，各个品种生根率均可达到 90%以上，但在生根数目和长度上有差异（表 3-4）。统计同一时期 8 个品种的株平均根长和株平均生根数目，可以看出，尽管'Kanlow'平均每株根系数目可达到 6 条，但其根长为 2.2cm，低于'Alamo''Cave-in-rock''New York'和'Trailblazer'。其中，

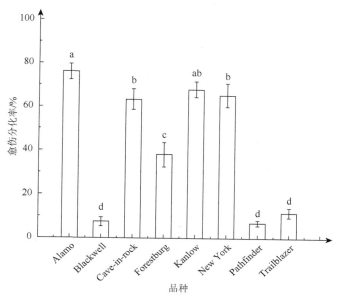

图 3-6　柳枝稷不同品种的愈伤分化率

不同小写字母表示各品种间差异显著（$P < 0.05$）

表 3-4　柳枝稷不同品种的根系长度和数目

| 品种 | 平均根数 | 平均根长/cm |
|---|---|---|
| Alamo | 4.2±1.3bc | 2.28±0.62ab |
| Blackwell | 5.4±1.7b | 1.88±0.33b |
| Cave-in-rock | 4.4±1.1bc | 2.98±1.10a |
| Forestburg | 3.2±1.3c | 1.70±0.32ab |
| Kanlow | 6.2±1.9a | 2.20±0.61b |
| New York | 4.6±1.4bc | 2.96±0.67ab |
| Pathfinder | 4.6±1.5bc | 1.90±0.41b |
| Trailblazer | 4.6±1.1bc | 2.42±0.63ab |

注：不同小写字母表示各品种间差异显著（$P < 0.05$）

'Cave-in-rock''New York'株平均根长接近 3cm。当幼苗长度为 6cm 左右时，将其移栽到小钵中，各个品种移栽成活率均可达到 90%以上。

## 6. 聚类分析

研究采用欧氏距离聚类分析法，对柳枝稷各个品种启动时间、愈伤诱导率、愈伤分化率、增殖率、根长和根条数 6 个指标进行分析，在 SPSS 中进行分析后，得到聚类分析图（图 3-7）。根据聚类分析结果，可将 8 种柳枝稷分为两类。第一

类是'Alamo''Kanlow''Cave-in-rock''New York'；第二类是'Blackwell'
'Forestburg''Trailblazer''Pathfinder'，即第一类在该再生体系中表现较好，第
二类相对表现不佳。

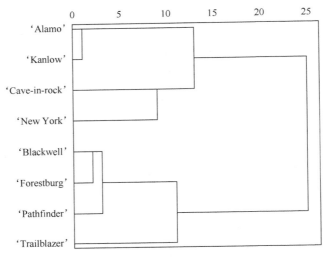

图 3-7　柳枝稷再生体系的聚类分析图

## 四、结论与讨论

　　关于柳枝稷再生体系的建立已有相关报道，多以种子和幼穗为主，其再生过
程所采用的消毒方法和培养基成分存在一定差异。

　　以柳枝稷种子作为外植体时，研究者采用的消毒灭菌方式也各不相同。Conger
（2002）将柳枝稷种子作为外植体，先用 70%乙醇消毒 2min，再用含有 1%曲拉通
的 75% NaClO 溶液灭菌 20min。Li 和 Qu（2011）用柳枝稷种子作外植体时，先
用 6%的 NaClO 浸泡 2.5h，无菌蒸馏水清洗后在 26℃黑暗条件下放置过夜，次日
用 6% NaClO 消毒 80min。孙元元等（2014）与杨冉等（2014）在 Xi 等（2009）
研究的基础上，用 5%的 NaClO 溶液处理 2.5h 后，次日再用 5%的 NaClO 溶液处
理 1.5h，消毒效果较好。柴乖强等（2012）对柳枝稷幼穗进行消毒时，先用 70%
的乙醇消毒 1min，再用 5%的 NaClO 溶液灭菌 1~2min，消毒效果较好。本研究
借鉴孟敏等（2009）的消毒方法，先用 70%的乙醇对柳枝稷幼穗处理 30s，再用
20% NaClO 消毒 10min，效果较好。

　　Li 和 Qu（2011）将柳枝稷种子接种至含 5mg/L 2, 4-D、1mg/L 6-BA 和 30g/L
麦芽糖的 MS 培养基（MB）上进行愈伤组织诱导，然后在 MB+2mg/L L-脯氨
酸的培养基上进行增殖培养，在 0.2mg/L NAA、1mg/L 6-BA、0.5mg/L GA 和

30g/L 麦芽糖的 MS 培养基进行分化培养，最后移入含 150mg/L 特美汀（复方替卡西林）、30g/L 麦芽糖的 1/2 MS 培养基上进行生根诱导。孟敏等（2009）用含有 5mg/L 2, 4-D、0.15mg/L 6-BA 和 30g/L 蔗糖的 MS 培养基对柳枝稷的幼穗进行愈伤组织诱导，在添加 4mg/L 2, 4-D 和 30g/L 蔗糖的 MS 培养基进行愈伤组织增殖，在含有 0.2mg/L KT 和 30g/L 蔗糖的 MS 培养基进行芽分化诱导，最后使用含 30g 蔗糖的 1/2 MS 培养基进行生根诱导，成功获得柳枝稷的再生苗。杨冉等（2014）用不同浓度配比的激素诱导柳枝稷愈伤组织，诱导率差异较大，以 MS 培养基为基本培养基，添加 6mg/L 2, 4-D、1mg/L 6-BA、0.6mg/L NAA 进行愈伤组织诱导，愈伤诱导率可高达 82%。在此培养基上进行分化培养，将分化出的新生芽转接至含有不同浓度 NAA 的生根培养基上，当 NAA 浓度为 0.8mg/L 时，生根时间最短，生根率最高。

本研究借鉴 Xu 等（2011）、许文志等（2012）、孙元元等（2014）和 Yang 等（2014）的报道，以柳枝稷幼穗为外植体，在含有 5mg/L 2, 4-D、1.2mg/L 6-BA 和 30g/L 麦芽糖的 MS 培养基进行愈伤组织诱导，并得到生长状况良好的愈伤组织；在诱导培养基上添加 2g/L L-脯氨酸进行愈伤组织的增殖培养；然后将愈伤组织转接在含有 0.5mg/L GA3 和 30g/L 麦芽糖的 MS 培养基上诱导生芽；生根培养基则采用 1/2 MS 培养基。研究结果表明，柳枝稷的 8 个品种在愈伤启动时间、诱导率、增殖率、愈伤分化率等指标上存在较大差异。其中，'Alamo' 在各个指标中均表现较好，其愈伤诱导启动时间最短，在 25d 时，其愈伤诱导率达到 100%，愈伤分化率也最高，为 76%。其他品种中 'Cave-in-rock' 'New York' 在增殖率和愈伤分化率上相对较高；'Kanlow' 在愈伤分化率和生根数目上表现较突出，而 'Pathfinder' 'Trailblazer' 'Blackwell' 在各项指标均表现一般。研究通过聚类分析法将柳枝稷 8 个品种分为两类，第一类是 'Alamo' 'Kanlow' 'Cave-in-rock' 'New York'，第二类是 'Blackwell' 'Forestburg' 'Trailblazer' 'Pathfinder'；第一类较第二类更适合该再生体系。

## 第二节　八倍体低地型柳枝稷的诱导

### 一、引言

柳枝稷的染色体基数为 9，大部分品种为四倍体（2n=4x=36）、六倍体（2n=6x=54）和八倍体（2n=8x=72）（Riley and Vogel，1982）。低地型柳枝稷多为四倍体，高地型柳枝稷品种多为六倍体或八倍体（Riley and Vogel，1982；Gunter et al.，1996）。研究表明，不同倍性两种生态型的柳枝稷品种之间相互杂交的难度非常大，即使通过胚拯救技术得到杂种植株，该植株也生长弱小，并且高度不育（Martinez-Reyna and Vogel，2002；Taliaferro and Das，2002），而倍性相同的柳枝稷品种之间进行杂交可以得到杂交种子，为柳枝稷新品种的培育创造了条件（Taliferro et al.，1996；Yang et al.，2014）。

多倍体育种源于 20 世纪初，于 30 年代逐渐广泛应用于农作物品种的培育中，并且取得巨大进展，获得了大量作物、果蔬和园林植物等多倍体新品种。而多倍体育种作为种质创新与品种选育的一种重要方法在柳枝稷育种领域的应用尚处于初始阶段。通过人工诱导技术将低地型柳枝稷由四倍体加倍成八倍体，为今后八倍体低地型柳枝稷品种的选育及其与八倍体高地型柳枝稷的杂交育种奠定了基础。

## 二、材料与方法

取再生体系建立阶段筛选出来的两个四倍体低地型柳枝稷品种'Alamo'和'Kanlow'，进行秋水仙素诱导八倍体研究。

### 1. 秋水仙素溶液的制备

称取 1g 秋水仙素，先用少量蒸馏水溶解，待溶解完全后，用蒸馏水定容至50mL，制备 2%秋水仙素母液。在超净工作台内用注射器吸取秋水仙素溶液，插上一次性针头式过滤器，手推注射器实现过滤灭菌，灭菌完毕后放入 4℃冰箱内避光保存备用。

### 2. 培养基的制备

1）激素的配制：方法同本章第一节。
2）MS 培养基的配制：方法同本章第一节。
3）诱导多倍体所需培养基：柳枝稷诱导多倍体所需的培养基与柳枝稷组织培养所需培养基基本相同，其中，配制液体诱导培养基时参照柳枝稷愈伤组织继代培养基，但不添加植物凝胶。
4）培养基的分装与灭菌：方法同本章第一节。

### 3. 柳枝稷多倍体诱导

将无菌秋水仙素溶液加入液体诱导培养基中，使培养基中秋水仙素的浓度分别为 0、0.04%、0.08%和 0.12%，然后将生长良好的柳枝稷愈伤组织分别接入，每个处理组处理 6 瓶，每瓶内放入约 3g 愈伤组织。在温度(25±2)℃，黑暗条件振荡处理 24h、48h、72h 和 96h 等（表 3-5），转速为 120r/min。

表 3-5　不同的秋水仙素浓度和时间处理

| 处理组 | 秋水仙素浓度/% | 处理时间/h |
|---|---|---|
| CK | 0 | 24 |
| CK | 0 | 48 |
| CK | 0 | 72 |
| CK | 0 | 96 |
| A1 | 0.04 | 24 |
| A2 | 0.04 | 48 |
| A3 | 0.04 | 72 |
| A4 | 0.04 | 96 |
| B1 | 0.08 | 24 |
| B2 | 0.08 | 48 |
| B3 | 0.08 | 72 |
| B4 | 0.08 | 96 |
| C1 | 0.12 | 24 |
| C2 | 0.12 | 48 |
| C3 | 0.12 | 72 |
| C4 | 0.12 | 96 |

处理完毕后用已灭菌的液体诱导培养基反复冲洗 2～3 次,用无菌滤纸将溶液吸干后转入分化培养基上诱导芽,观察愈伤生长及分化状况,并记录数据。待诱导芽长至 1～2cm,用手术刀切下转接至生根培养基诱导生根。

**4. 炼苗移栽**

方法同本章第一节。

**5. 多倍体的鉴定**

(1)细胞学鉴定　　上午 10 时左右,取生长健壮待检测的柳枝稷加倍多倍体组培苗,用剪刀剪下叶片中部,长度取 1cm 左右。在叶片背面涂一层薄薄的指甲油,以获得气孔和表皮细胞层痕迹。20min 后,待指甲油干掉,用镊子小心地将薄层剥掉,放入 10 倍光学显微镜下观察气孔的长度、宽度和视野内气孔数目,并详细记录。

(2)流式细胞仪鉴定　　研究中使用 FACSCalibr 流式细胞仪,所得数据用Modfit 软件进行分析。

操作步骤如下。

1)细胞提取液与染液的配制。

细胞提取液 Galbraith's buffer：45mmol/L MgCl$_2$，30mmol/L 柠檬酸钠，20mmol/L 3-（$N$-吗啡啉）丙磺酸（pH7.0），0.1% Triton X-100，50μg/mL RNase A，4℃保存。

染液：50μg/mL 碘化丙啶（PI）溶液，4℃保存。

2）利用刀片将叶片细细切碎，然后再加入 1mL 细胞提取液，静置处理 5min。

3）过滤。用 400 目的滤膜将上述提取液过滤到 1.5mL 离心管中。

4）离心。于 4℃条件下离心 6min，转速 1100r/min。

5）染色。弃除上清液，加入 200μL 碘化丙啶染色液，于 4℃条件下避光染色 20min。

6）检测。将染色的样品用流式细胞仪（BD Accuri C6）进行检测。

## 三、结果与分析

### 1. 秋水仙素诱导效应

将在液体培养基中诱导的愈伤组织在超净工作台内取出吸干水分，放入分化培养基中诱导芽，记录其愈伤分化率。如图 3-8 所示，在秋水仙素浓度为 0.08%情况

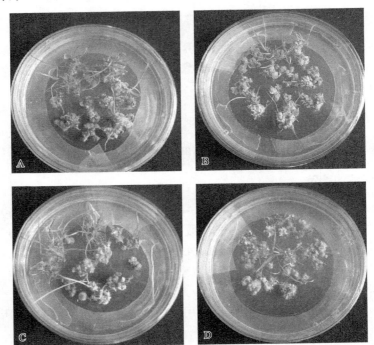

扫一扫看彩图

图 3-8　柳枝稷愈伤分化

A 为 CK；B、C、D 分别为 0.08%秋水仙素处理 48h、72h、96h

下，随着处理时间的加长，其愈伤分化率逐渐降低，未分化的愈伤组织颜色变深，褐化，说明秋水仙素对愈伤组织有毒害作用，抑制了其正常的增殖与分化，且与CK相比，出苗数较少，长势较慢。

'Alamo'（图 3-9）和'Kanlow'（图 3-10）的愈伤组织在秋水仙素浓度分别

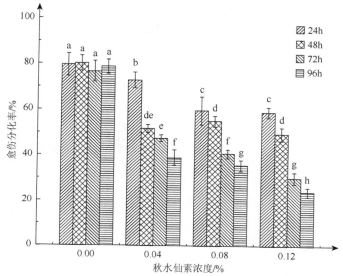

图 3-9　不同秋水仙素浓度和时间处理对'Alamo'愈伤分化的影响

不同小写字母表示各品种间差异显著（$P<0.05$）

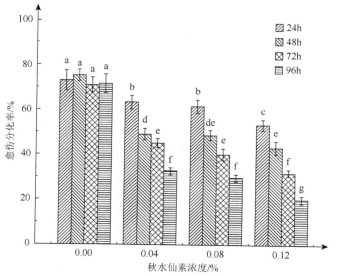

图 3-10　不同秋水仙素浓度和时间处理对'Kanlow'愈伤分化的影响

不同小写字母表示各品种间差异显著（$P<0.05$）

为 0.04%、0.08%和 0.12%下分别处理 24h、48h、72h 和 96h，愈伤分化率皆随着浓度的增大和时间的加长而呈线性递减。在不加入秋水仙素的液体培养基，液体培养时间的长短对于愈伤分化率没有显著影响。'Alamo'用低浓度 0.04%处理最短时间 24h，愈伤分化率为 72.77%，用浓度为 0.12%处理 96h 后，愈伤分化率仅为 23.87%。同样，在处理96h 后，'Kanlow'的愈伤分化率也由对照处理下的 73.4%降为 0.12%处理下的 19.33%。

愈伤出苗后将其放入生根培养基中诱导根，苗长约 10cm 时移入小钵内，用流式细胞仪检测再生苗并记录其八倍体再生苗，具体实验数据见表 3-6。实验共检测 729 株再生苗，得到八倍体植株 53 株，其中在秋水仙素浓度为 0.08%的时候诱导 72h 获得的多倍体苗数最多，共得到 11 株八倍体柳枝稷。

表 3-6　不同秋水仙素浓度和处理时间的诱导结果

| 品种 | 处理组 | 秋水仙素浓度/% | 处理时间/h | 检测苗数 | 多倍体苗数 |
|---|---|---|---|---|---|
| | A1 | 0.04 | 24 | 27 | 0 |
| | A2 | 0.04 | 48 | 38 | 2 |
| | A3 | 0.04 | 72 | 32 | 4 |
| | A4 | 0.04 | 96 | 28 | 1 |
| | B1 | 0.08 | 24 | 34 | 3 |
| | B2 | 0.08 | 48 | 38 | 4 |
| Alamo | B3 | 0.08 | 72 | 33 | 6 |
| | B4 | 0.08 | 96 | 37 | 3 |
| | C1 | 0.12 | 24 | 25 | 2 |
| | C2 | 0.12 | 48 | 32 | 2 |
| | C3 | 0.12 | 72 | 21 | 0 |
| | C4 | 0.12 | 96 | 23 | 1 |
| | 合计 | | | 368 | 28 |
| | A1 | 0.04 | 24 | 36 | 0 |
| | A2 | 0.04 | 48 | 32 | 0 |
| | A3 | 0.04 | 72 | 34 | 4 |
| | A4 | 0.04 | 96 | 31 | 5 |
| | B1 | 0.08 | 24 | 27 | 3 |
| | B2 | 0.08 | 48 | 33 | 3 |
| Kanlow | B3 | 0.08 | 72 | 37 | 5 |
| | B4 | 0.08 | 96 | 30 | 2 |
| | C1 | 0.12 | 24 | 29 | 0 |
| | C2 | 0.12 | 48 | 23 | 2 |
| | C3 | 0.12 | 72 | 21 | 1 |
| | C4 | 0.12 | 96 | 28 | 0 |
| | 合计 | | | 361 | 25 |
| | 总计 | | | 729 | 53 |

**2. 多倍体鉴定**

分别用已知四倍体柳枝稷作为对照,通过调整流式细胞仪,使对照的 $G_1$ 期的 DNA 峰值位于通道值 100 附近,图 3-11 为柳枝稷两个品种('Alamo'和'Kanlow') 的倍性检测图,图中纵坐标代表细胞核数,横坐标代表荧光的通道值,即细胞核的相对 DNA 含量,出现的单坡峰,为碎片峰。经流式细胞仪分析,可以清晰鉴定柳枝稷的四倍体和八倍体,其中 DNA 峰值位于通道值 200 附近的为八倍体柳枝稷植株。

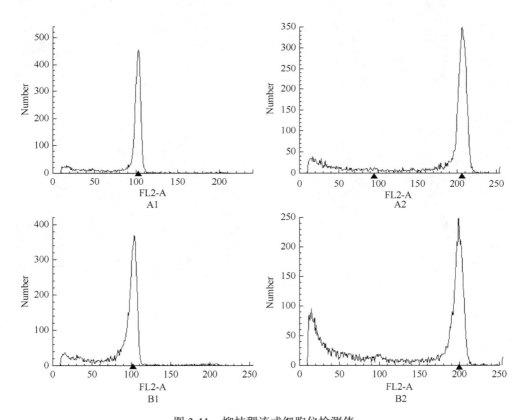

图 3-11　柳枝稷流式细胞仪检测值

A. 'Alamo';B. 'Kanlow';A1 和 B1. 四倍体;A2 和 B2. 八倍体

用电子显微镜(×20)对气孔进行观察,从图 3-12 可以看出,两个柳枝稷四倍体与其同源八倍体在气孔数目、长度和宽度上存在明显差异,加倍的八倍体植株叶片的气孔数目显著少于四倍体,但其叶片气孔的长度和宽度显著高于四倍体。

在两个柳枝稷品种中,'Alamo'八倍体植株叶片的气孔数目较四倍体减少了

23.8%，而气孔长度和宽度分别增加了 21.56%和 39.28%；'Kanlow'植株叶片的气孔数目差异最大，其八倍体较四倍体减少了 41.89%，而气孔长度和宽度分别增加了 11.16%和 42.67%（表 3-7）。

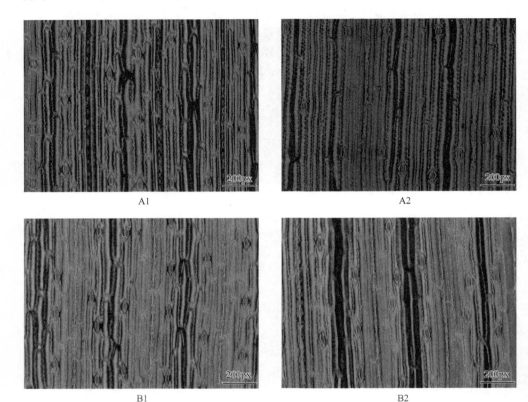

图 3-12　柳枝稷四倍体和八倍体气孔对比图

A. 'Kanlow'；B. 'Alamo'；A1 和 B1. 四倍体；A2 和 B2. 八倍体

扫一扫看彩图

表 3-7　四倍体与八倍体气孔特征比较

| 品种 | 性状 | 气孔数目 | 气孔长度 | 气孔宽度 |
|---|---|---|---|---|
| | 四倍体 | 20.00±0.82a | 158.86±10.45b | 63.24±4.95b |
| Alamo | 八倍体 | 15.25±0.96b | 193.11±24.86a | 88.08±3.86a |
| | 八倍体/四倍体 | 76.25% | 121.56% | 139.28% |
| | 四倍体 | 18.50±1.29a | 133.95±19.95b | 69.39±7.45b |
| Kanlow | 八倍体 | 10.75±0.5b | 148.90±17.33a | 99.00±10.17a |
| | 八倍体/四倍体 | 58.11% | 111.16% | 142.67% |

注：气孔特征为平均值±标准差；气孔长度和宽度单位为 px；不同小写字母表示品种间差异显著（$P<0.05$）

## 四、结论与讨论

在植物多倍体育种中，最常用的方法是用秋水仙素或胺磺灵来处理萌发的种子、幼苗、幼穗或愈伤组织等。Thao 等（2003）用 0.01%、0.05%、0.10%的秋水仙素和 0.005%、0.01%、0.05%的胺磺灵（两者均加入 1%二甲基亚砜）处理海芋，在 0.01%胺磺灵处理 24h 时得到的多倍体植株最多。伊利诺伊州立大学 Yu 等（2009）用三倍体奇岗的幼穗进行愈伤组织诱导，分别用秋水仙素和胺磺灵处理愈伤组织，得到了六倍体奇岗植株。Głowacka 等（2010）用 156.5μmol/L、313μmol/L、626μmol/L 和 1252μmol/L 秋水仙素处理二倍体和三倍体基因型的芒草 6h、18h 和 24h，发现两种基因型均在 313μmol/L 处理 18h 时诱导率最高。Quesenberry 等（2010）分别用秋水仙素、胺磺灵和氟乐灵 3 种诱导剂处理二倍体美洲雀稗的愈伤组织，成功得到四倍体植株，诱导率分别为 24%、31%和 16%。Saikat 等（2011）用体积浓度为 0.01%、0.05%、0.1%、0.5%、1%的秋水仙素处理二倍体非洲菊分化阶段的丛生芽 2h、4h 和 8h，发现秋水仙素浓度为 0.1%诱导 8h 时，诱导率最高，达 64%。弗吉尼亚理工大学 Yang 等（2014）以低地型四倍体柳枝稷 'Alamo' 的种子为外植体诱导愈伤组织，经不同浓度的秋水仙素分别在固体培养基（0.01%、0.02%和 0.03%下处理 2d、6d 和 13d）和液体培养基（0.02%、0.04%、0.06%下处理 2d、4d、6d 和 13d）条件下处理，成功获得同源八倍体植株，其中以 0.04%的秋水仙素在液体培养基中处理 13d 的诱导率最高。本研究用加有 0、0.04%、0.08%和 0.12%秋水仙素的液体培养基，对柳枝稷 'Alamo' 和 'Kanlow' 的愈伤组织在黑暗条件分别振荡处理 24h、48h、72h 和 96h，共得到八倍体再生苗 53 株，其中在秋水仙素浓度为 0.08%时处理愈伤 72h，得到了最多数量的八倍体再生苗。

流式细胞仪能够检测以单细胞液体流的形式穿过激光束的细胞，其既能分析单个细胞，也能区分群体细胞，分选纯度可达 99%以上（梁智辉等，2008）。利用流式细胞仪测定植物倍性主要是依据其能够测出细胞中的 DNA、RNA 或某种特异蛋白的含量，以及细胞流中成分不同的细胞数量，据此可判断其倍性水平。流式细胞仪鉴定快速，不受植物生长季节和生长部位限制，叶、花、果实、根茎等均可用于鉴定植物倍性。Eaton（2004）用流式细胞仪鉴定了 10 种燕麦草倍性，认为流式细胞仪通过测量细胞内 DNA 含量，提供了一种准确、快速的鉴定植物倍性的方法。Roberts 等（2009）利用流式细胞仪测定蔷薇 DNA 含量来判断植株的倍性水平。Głowacka 等（2010）用流式细胞仪鉴定芒，可以明显地从流式细胞直方图上看出细胞峰值，从而鉴定植物倍性。Lattier 等（2014）用流式细胞仪鉴定麦冬属和沿阶草属植物倍性，得到了准确的鉴定结果。在本研究中，通过流式细胞仪检测到同源八倍体柳枝稷叶片的 DNA 相对细胞核含量是其四倍体的 2 倍。

植物在加倍后，整体会呈现"巨大性"，一般来说，花和果实大小、叶片大小和气孔长度随倍性水平的增加而增加，气孔密度随着倍性水平增加而下降。Głowacka 等（2010）检测二倍体、三倍体、四倍体和六倍体芒，发现四倍体较二倍体的气孔长度和宽度分别增大了 136.5%和 133.6%，六倍体较三倍体的气孔长度和宽度分别增大了 138.9%和 142.9%。本研究通过气孔比较了同源八倍体材料和其四倍体的差异，结果表明'Alamo'和'Kanlow'的八倍体气孔长度显著高于四倍体，分别增大了 21.56%和 11.16%；八倍体气孔宽度显著高于四倍体，分别增大了 39.28%和 42.67%；八倍体气孔数目显著低于四倍体，分别减少23.75%和 41.89%。

形态学鉴定是根据不同倍性植物之间的根、茎、叶、花、果实等的差距来判断植物倍性，可以作为初步检测植物倍性的方法。一般来讲，多倍体比二倍体植株高大、粗壮，叶片变宽、变厚，花朵变大、颜色加深，这在金鱼草（郑思乡等，2003）、黄芪（吴玉香等，2003）等植物中都已得到证实，但是在芒的 5 个品种多倍体诱导实验中（Głowacka et al.，2010）只有 1 个品种多倍体较原植株株高增大，有 4 个品种茎粗发生了不同程度的增大，所有品种分蘖数均明显减少。因此，形态学鉴定尚不能完全作为区分植物倍性的指标。在本研究中，四倍体和八倍体的植株尚处于育苗阶段，形态学特征差异还不稳定。

## 参 考 文 献

柴乖强, 徐开杰, 王勇峰, 等. 2012. 柳枝稷人工穗芽高效再生体系的建立. 草业学报, 1（4）: 98-104.

梁智辉, 朱慧芬, 陈九武. 2008. 流式细胞术基本原理与实用技术. 武汉: 华中科技大学出版社.

孟敏, 李华军, 徐开杰, 等. 2009. 柳枝稷的组织培养技术研究. 安徽农业科学, 37（4）: 1477-1488.

孙元元, 钱莉莉, 刘斯佳, 等. 2014. 5 个品种柳枝稷愈伤组织的生长特点研究. 安徽农业科学, 42（13）: 3819-3822.

吴玉香, 高建平, 赵晓明. 2003. 黄芪多倍体的诱导与鉴定. 中药材, 26（5）: 315-316.

许文志, 张新全, 黄琳凯, 等. 2012. 柳枝稷种子愈伤组织诱导及分化. 草业科学, 11: 45-50.

杨冉, 黄萍, 祁珊珊, 等. 2014. 柳枝稷种子组培快繁技术. 江苏农业科学, 42（2）: 46-48.

郑思乡, 雷小云, 董志渊, 等. 2003. 离体培养条件下金鱼草多倍体诱导研究. 西部林业科学,（4）: 80-83.

Conger BV. 2002. Development of *in vitro* systems for switchgrass（*Panicum virgatum*）: final report for 1992 to 2002. ORNL/SUB-02-11XSY161/01. Oak Ridge: Oak Ridge National Laboratory.

Eaton TD, Curley J, Williamson RC, et al. 2004. Determination of the level of variation in polyploidy among *Kentucky bluegrass* cultivars by means of flow cytometry. Crop Science, 44（6）: 2168-2174.

Głowacka K, Jeżowski S, Kaczmarek Z. 2010. *In vitro* induction of polyploidy by colchicine treatment of shoots and preliminary characterisation of induced polyploids in two *Miscanthus* species. Industrial Crops and Products, 32（2）: 88-96.

Gunter LE, Tuskan GA, Wullschleger SD. 1996. Diversity among populations of switchgrass based on RAPD markers. Crop Science, 36（4）: 1017-1022.

Lattier JD, Ranney TG, Fantz PR, et al. 2014. Identification, nomenclature, genome sizes, and ploidy levels of *Liriope* and *Ophiopogon taxa*. Hortscience, 49（2）: 145-151.

Li R, Qu R. 2011. High throughput agrobacterium-mediated switchgrass transformation. Biomass and Bioenergy, 35(3): 1046-1054.

Martinez-Reyna JM, Vogel KP. 2002. Incompatibility systems in switchgrass. Crop Science, 42 (6): 1800-1805.

Murashige T, Skoog F. 1962. A revised medium for rapid growth and bioassays with tobacco tissue cultures. Physiologia Plantarum, 15 (3): 473-497.

Quesenberry KH, Dampier JM, Lee YY, et al. 2010. Doubling the chromosome number of bahiagrass via tissue culture. Euphytica, 175 (1): 43-50.

Riley RD, Vogel KP. 1982. Chromosome numbers of released cultivars of switchgrass, indianagrass, big bluestem, and sand bluestem. Crop Science, 22 (5): 1081-1083.

Roberts AV, Gladis T, Brumme H. 2009. DNA amounts of roses (*Rosa* L.) and their use in attributing ploidy levels. Plant Cell Reports, 28 (1): 61-71.

Saikat G, Nirmal M, Somnath B, et al. 2011. Induction and identification of tetraploids using *in vitro* colchicine treatment of *Gerbera jamesonii* Bolus cv. Sciella. Plant Cell Tissue Organ Culture, 106: 485-493.

Taliaferro CM, Das M. 2002. Breeding and selection of new switchgrass varieties for increased biomass production. ORNL/SUB-02-19XSY162C/01. Oak Ridge: Oak Ridge National Laboratory.

Thao NTP, Ureshino K, Miyajima I, et al. 2003. Induction of tetraploids in ornamental *Alocasia* through colchicine and oryzalin treatments. Plant Cell, Tissue And Organ Culture, 72 (1): 19-25.

Xi Y, Fu C, Ge Y, et al. 2009. Agrobacterium-mediated transformation of switchgrass and inheritance of the transgenes. Bioenergy Research, 2 (4): 275-283.

Xu B, Huang L, Shen Z, et al. 2011. Selection and characterization of a new switchgrass (*Panicum virgatum* L.) line with high somatic embryogenic capacity for genetic transformation. Scientia Horticulturae, 129 (4): 854-861.

Yang ZY, Shen ZX, Tetreault H, et al. 2014. Production of autopolyploid lowland switchgrass lines through *in vitro* chromosome doubling. Bioenergy Research, 7: 232-242.

Yu CY, Kim HS, Rayburn AL, et al. 2009. Chromosome doubling of the bioenergy crop, *Miscanthus* × *giganteus*. GCB Bioenergy, 1 (6): 404-412.

# 第四章  柳枝稷抗逆性评价

## 第一节  盐胁迫对柳枝稷种子萌发的影响

### 一、引言

我国盐碱地大多分布在长江以北地区，以及辽东半岛、渤海湾和苏北滨海狭长地带，除滨海盐碱区盐分种类以 NaCl 为主外，内陆盐碱区均以 $SO_4^{2-}$ 和 $CO_3^{2-}$ 与 NaCl 的混合盐碱为主。因此，采用混合盐（NaCl+Na$_2$SO$_4$）和混合碱（NaHCO$_3$+Na$_2$CO$_3$）协同单盐一起来研究柳枝稷耐盐性更能反映田间盐胁迫的情况，对柳枝稷育种研究及盐碱地上规模化栽培具有重要的指导意义（刘敏轩等，2012），并在协调生态环境和发展低碳经济等方面具有重要促进作用（云锦凤，2010）。

目前，国内外针对混合盐、混合碱胁迫的研究主要集中在生理指标上。徐静等（2011）研究了混合盐（NaCl+Na$_2$SO$_4$）胁迫下冰草的保护性酶活性等指标的变化情况；赵娜等（2007）研究了混合盐（NaCl+Na$_2$SO$_4$）和中度干旱双重胁迫下高丹草幼苗的抗旱性和耐盐性差异。在多重混合盐、混合碱的胁迫下，针对不同生态型柳枝稷种子萌发的抗逆性研究，国内外尚鲜有报道。根据杜菲等（2011）和朱毅等（2012）的研究发现，生态型为低地型的'Alamo'和高地型的'Pathfinder'，这两个柳枝稷品种具有较高的抗逆性，但是对于这两个品种的耐盐机制是否一致，还缺乏实验依据。本研究采用不同浓度的盐、碱胁迫两个品种（'Alamo'和'Pathfinder'）的柳枝稷种子，对其发芽率、幼苗形态和种子活力指数进行观测。试图根据这两个品种对盐的响应，探讨柳枝稷对盐胁迫的抗性，旨在为柳枝稷在盐碱地上推广利用提供科学依据。

### 二、材料与方法

#### 1. 供试材料

试验选取柳枝稷品种为'Alamo'和'Pathfinder'，种子于 2011 年 11 月采集于北京草业与环境研究发展中心小汤山试验基地。2012 年 5 月，挑选大小一致、饱满的柳枝稷种子，在光照培养箱中进行胁迫试验，温度为 30℃/25℃，相对湿度为 66%，光照时数为 12h，光照强度为 35μmol/(m²·s)。采用随机区组设计，重复 3 次，采用直径为 9cm 的培养皿，加入 4.5mL 相应的盐溶液，每皿 50 粒种子，每天记录发芽种子数（发芽标准为种子胚根长度达 1mm），并添加蒸馏水进行补水。

**2. 盐胁迫处理**

采用 6 种盐，其中 4 种为单盐：NaCl、$Na_2SO_4$、$NaHCO_3$、$Na_2CO_3$。两种为混合盐：中性混合盐（NaCl：$Na_2SO_4$=1：1）、碱性混合盐（$NaHCO_3$：$Na_2CO_3$=1：1）。设 0mmol/L（CK，去离子水）、50mmol/L、100mmol/L、200mmol/L 和 300mmol/L 5 个盐浓度处理。

**3. 测定项目与方法**

盐胁迫种子发芽第 20 天测定发芽率及幼苗株高、根长，根据每天记录的发芽种子数计算其相对种子活力指数。

第 20 天发芽率 $G_i$（%）=发芽种子数/处理种子数×100

$$相对种子活力指数 V_i = S \times \sum G_t / D_t$$

式中，$G_t$ 为在 $t$ 日的发芽数；$D_t$ 为 $t$ 日的发芽日数；$S$ 为幼苗生长势（平均芽长）。

注：$G_i$ 越大，表明发芽速度越快；$V_i$ 越大，表明发芽快，长势好。

所得的数据通过 SPSS11.5 软件进行统计分析，在置信水平 95%上用 Duncan 方法进行比较分析。

## 三、结果与分析

**1. 盐胁迫对两个柳枝稷品种种子萌发的影响**

发芽率反映了种子发芽的多少（曹光球等，2001）。由表 4-1 可知，不同的中性盐相较不同的碱性盐对柳枝稷的发芽率影响较小，整体上 6 种盐分类型对柳枝稷的盐害作用均随着盐浓度的增加而增大。中性盐中 $Na_2SO_4$ 的胁迫影响较 NaCl 大；碱性盐中 $Na_2CO_3$ 的胁迫影响较 $NaHCO_3$ 大；混合盐、混合碱的胁迫效应分别介于混合的两种盐、碱之间。其中，0～300mmol/L 的 NaCl 胁迫下柳枝稷均能发芽；300mmol/L $Na_2SO_4$ 胁迫下发芽受到抑制；中性混合盐胁迫下 'Alamo' 均能发芽，'Pathfinder' 在 300mmol/L 胁迫下受到抑制。而 $NaHCO_3$ 浓度为 200mmol/L 时能完全抑制 'Alamo' 发芽，浓度为 300mmol/L 时完全抑制 'Pathfinder' 发芽；而 100mmol/L 及以上的 $Na_2CO_3$ 和碱性混合盐胁迫下发芽率均为 0。对于柳枝稷的两个品种，50mmol/L NaCl 胁迫下 'Alamo' 的相对发芽率为 100.93%（数据未列出）。这表明，低浓度的 NaCl 对'Alamo'的发芽可能有促进作用。'Alamo'在 NaCl 和中性混合盐胁迫下发芽率整体略高于'Pathfinder'；'Pathfinder'在 3 种碱性盐胁迫下发芽率均高于'Alamo'。

表 4-1　盐胁迫对柳枝稷种子发芽率的影响（%）

| 处理 | 品种 | 0mmol/L | 50mmol/L | 100mmol/L | 200mmol/L | 300mmol/L |
|---|---|---|---|---|---|---|
| NaCl | Alamo | 70.67±4.81a | 71.33±4.81a | 65.33±4.81a | 40.67±4.81b | 9.33±4.81c |
| | Pathfinder | 75.33±6.36a | 58.67±8.35ab | 60.67±5.81ab | 43.33±3.71b | 18.00±2.00c |
| $Na_2SO_4$ | Alamo | 70.67±5.21a | 56.00±2.31b | 47.33±0.67b | 15.33±3.53c | 0±0d |
| | Pathfinder | 75.33±6.36a | 69.33±1.33ab | 60.67±6.77b | 16.00±3.06c | 0±0d |
| $NaHCO_3$ | Alamo | 70.67±5.21a | 57.33±5.46b | 10.00±2.31c | 0±0c | 0±0c |
| | Pathfinder | 75.33±6.36a | 71.33±3.71a | 18.67±0.67b | 0.67±0.67c | 0±0c |
| $Na_2CO_3$ | Alamo | 70.67±5.21a | 7.33±2.67b | 0±0b | 0±0b | 0±0b |
| | Pathfinder | 75.33±6.36a | 16.00±1.15b | 0±0c | 0±0c | 0±0c |
| $NaCl+Na_2SO_4$ | Alamo | 65.33±6.36a | 54.67±5.70a | 53.33±5.93a | 34.00±8.33b | 0.67±0.67c |
| | Pathfinder | 90.67±4.37a | 77.33±1.76b | 60.67±3.53c | 11.33±4.37d | 0±0e |
| $NaHCO_3+Na_2CO_3$ | Alamo | 65.33±6.36a | 19.33±4.06b | 0±0c | 0±0c | 0±0c |
| | Pathfinder | 90.67±4.37a | 36.67±6.36b | 0±0c | 0±0c | 0±0c |

注：不同小写字母表示同行数据差异显著（$P<0.05$）

## 2. 盐胁迫对两个柳枝稷品种幼苗形态的影响

苗高是品种地上生长性状的外在表现，根长是品种地下生长性状的外在表现，苗干重则反映了物质积累情况（曾华，2011）。这些指标能够从不同的角度反映出柳枝稷幼苗在不同盐处理下的生长状况。随胁迫程度的增高，柳枝稷幼苗生长逐步受到抑制，中性盐相对于碱性盐对柳枝稷幼苗的生长影响较小，混合盐能中和单盐对柳枝稷的影响。

从表 4-2 可以看出，低浓度（100mmol/L 及以下）的两种中性单盐对'Alamo'株高影响不显著，对'Pathfinder'则有显著抑制作用；低浓度的中性混合盐（100mmol/L 及以下）处理下两个柳枝稷品种株高没有明显变化，在 50mmol/L 浓度下的两个品种地上部长势略好于对照。在 $NaHCO_3$ 和碱性混合盐胁迫下'Alamo'的幼苗长势较'Pathfinder'弱；而在 $Na_2CO_3$ 胁迫下'Alamo'地上部长势略好于'Pathfinder'。

表 4-2　盐胁迫条件下柳枝稷苗高　　　　　（单位：cm）

| 处理 | 品种 | 0mmol/L | 50mmol/L | 100mmol/L | 200mmol/L | 300mmol/L |
|---|---|---|---|---|---|---|
| NaCl | Alamo | 2.44±0.17a | 2.27±0.28a | 1.94±0.05a | 1.32±0.12b | 0.24±0.02c |
| | Pathfinder | 4.28±0.18a | 3.75±0.30ab | 3.50±0.27b | 2.24±0.23c | 0.58±0.07d |
| $Na_2SO_4$ | Alamo | 2.44±0.17a | 2.30±0.17a | 1.38±0.09b | 0.35±0.09c | 0±0c |
| | Pathfinder | 4.28±0.18a | 3.28±0.31b | 2.66±0.15c | 0.47±0.05d | 0±0d |
| $NaHCO_3$ | Alamo | 2.44±0.17a | 1.02±0.05b | 0.50±0.15c | 0±0d | 0±0d |
| | Pathfinder | 4.28±0.18a | 3.77±0.08a | 1.39±0.36b | 0±0c | 0±0c |
| $Na_2CO_3$ | Alamo | 2.44±0.17a | 1.53±0.23ab | 0±0b | 0±0b | 0±0b |
| | Pathfinder | 4.28±0.18a | 1.16±0.35b | 0±0c | 0±0c | 0±0c |
| $NaCl+Na_2SO_4$ | Alamo | 1.82±0.13a | 2.20±0.39a | 1.86±0.10a | 0.6±0.06b | 0±0c |
| | Pathfinder | 2.73±0.14a | 3.05±0.18a | 2.73±0.13a | 1.46±0.16b | 0±0c |
| $NaHCO_3+Na_2CO_3$ | Alamo | 1.82±0.13a | 0.42±0.01b | 0±0c | 0±0c | 0±0c |
| | Pathfinder | 2.73±0.14a | 1.84±0.12b | 0±0c | 0±0c | 0±0c |

由表 4-3 可以看出，在盐胁迫下柳枝稷的根长随浓度的增加而显著降低。两个品种在不同盐的不同浓度胁迫下根长差异不显著。50mmol/L 的 NaCl 对'Alamo'的地下部生长影响不显著，50mmol/L 的中性混合盐对'Pathfinder'的地下部生长影响也不显著。

表 4-3　盐胁迫条件下柳枝稷根长　　　　　（单位：cm）

| 处理 | 品种 | 0mmol/L | 50mmol/L | 100mmol/L | 200mmol/L | 300mmol/L |
|---|---|---|---|---|---|---|
| NaCl | Alamo | 2.98±0.40a | 2.81±0.24a | 1.97±0.15b | 0.79±0.10c | 0.17±0.04c |
| | Pathfinder | 3.20±0.19a | 2.58±0.20b | 2.16±0.27b | 1.17±0.07c | 0.48±0.03d |
| $Na_2SO_4$ | Alamo | 2.98±0.40a | 1.24±0.14b | 0.52±0.06c | 0.07±0.03c | 0±0c |
| | Pathfinder | 3.20±0.19a | 1.69±0.13b | 0.46±0.07c | 0.16±0.04cd | 0±0d |
| $NaHCO_3$ | Alamo | 2.98±0.40a | 0.58±0.10b | 0.05±0.03b | 0±0b | 0±0b |
| | Pathfinder | 3.20±0.19a | 0.45±0.08b | 0.08±0.04c | 0±0c | 0±0c |
| $Na_2CO_3$ | Alamo | 2.98±0.40a | 0.08±0.02b | 0±0b | 0±0b | 0±0b |
| | Pathfinder | 3.20±0.19a | 0.13±0.01b | 0±0b | 0±0b | 0±0b |
| $NaCl+Na_2SO_4$ | Alamo | 3.91±0.48a | 2.70±0.37b | 1.80±0.32b | 0.31±0.01c | 0±0c |
| | Pathfinder | 2.84±0.27a | 2.36±0.33a | 0.89±0.12b | 0.28±0.06bc | 0±0c |
| $NaHCO_3+Na_2CO_3$ | Alamo | 3.91±0.48a | 0.11±0b | 0±0b | 0±0b | 0±0b |
| | Pathfinder | 2.84±0.27a | 0.16±0.01b | 0±0b | 0±0b | 0±0b |

由表 4-4 可知，在 3 种中性盐胁迫下，'Pathfinder' 的苗干重均略高于 'Alamo'，当中性盐浓度较低时（100mmol/L 及以下），对两个品种的苗干重没有显著影响，50mmol/L 的中性混合盐对两个柳枝稷品种的苗干重的累积略有促进作用。在 3 种碱性盐胁迫下，'Pathfinder' 的苗干重均高于 'Alamo'，50mmol/L $NaHCO_3$ 和碱性混合盐胁迫下，'Pathfinder' 的苗干重较对照均没有显著变化，'Alamo' 的相对苗干重则分别降低至 53.50% 和 30.12%；$Na_2CO_3$ 的抑制作用较其他两种碱性盐更为显著，'Alamo' 和 'Pathfinder' 相对苗干重分别降到 13.55% 和 41.98%。

表 4-4　盐胁迫条件下柳枝稷苗干重　　　　　　　　　　（单位：μg）

| 处理 | 品种 | 0mmol/L | 50mmol/L | 100mmol/L | 200mmol/L | 300mmol/L |
|---|---|---|---|---|---|---|
| NaCl | Alamo | 2.14±0.35a | 1.85±0.20ab | 1.85±0.32ab | 1.42±0.16b | 0.52±0.32c |
| | Pathfinder | 2.62±0.35a | 2.51±0.36a | 2.47±0.30a | 2.10±0.24ab | 1.88±0.09b |
| $Na_2SO_4$ | Alamo | 2.14±0.35a | 2.16±0.21a | 1.77±0.24a | 0.79±0.13b | 0±0c |
| | Pathfinder | 2.62±0.35a | 2.18±0.23ab | 2.00±0.29b | 1.72±0.30b | 0±0c |
| $NaHCO_3$ | Alamo | 2.14±0.35a | 1.15±0.17b | 0.38±0.17c | 0±0d | 0±0d |
| | Pathfinder | 2.62±0.35a | 2.28±0.17a | 1.48±0.40b | 0±0c | 0±0c |
| $Na_2CO_3$ | Alamo | 2.14±0.35a | 0.29±0.16b | 0±0b | 0±0b | 0±0b |
| | Pathfinder | 2.62±0.35a | 1.10±0.39b | 0±0c | 0±0c | 0±0c |
| $NaCl+Na_2SO_4$ | Alamo | 1.63±0.35a | 1.68±0.33a | 1.44±0.07a | 0.98±0.10b | 0±0c |
| | Pathfinder | 1.82±0.11a | 2.25±0.33a | 1.91±0.09a | 1.53±0.80a | 0±0b |
| $NaHCO_3+Na_2CO_3$ | Alamo | 1.63±0.35a | 0.49±0.19b | 0±0c | 0±0c | 0±0c |
| | Pathfinder | 1.82±0.11a | 1.76±0.31a | 0±0b | 0±0b | 0±0b |

### 3. 盐胁迫对两个柳枝稷品种相对种子活力指数的影响

相对种子活力指数是反映种子萌发能力的重要指标之一，它比发芽率的测定更能反映出种子在实际条件下的萌发速度、整齐度和幼苗健壮生长潜力（马闯等，2008；郑光华，2004）。从表 4-5 可以看出，不同的中性盐相较不同的碱性盐对柳枝稷的相对种子活力指数影响较小，整体上 6 种盐分类型对柳枝稷的盐害作用均随着盐浓度的增加而增大。中性盐中 $Na_2SO_4$ 的胁迫影响较 NaCl 大；碱性盐中 $NaHCO_3$ 的胁迫影响较 $Na_2CO_3$ 小；混合盐、混合碱的胁迫效应分别介于混合的两种盐、碱之间。其中，低浓度（50mmol/L）中性混合盐胁对两个柳枝稷品种相对种子活力指数的影响较两种中性单盐小。高浓度（200mmol/L）及以上浓度的中性盐中，NaCl 对两个品种胁迫影响较 $Na_2SO_4$ 小。50mmol/L $NaHCO_3$ 胁迫下

'Pathfinder'的相对种子活力指数（75.00%）明显高于'Alamo'（30.12%），同浓度下的碱性混合盐胁迫下的'Pathfinder'（20.57%）也高于'Alamo'（6.36%）；100mmol/L NaHCO$_3$胁迫下有极少数的柳枝稷具有活力，同浓度下的Na$_2$CO$_3$和碱性混合盐则完全抑制了两个品种的种子活力。

表4-5　盐胁迫条件下的柳枝稷相对种子活力指数的变化（%）

| 处理 | 品种 | 0mmol/L | 50mmol/L | 100mmol/L | 200mmol/L | 300mmol/L |
|---|---|---|---|---|---|---|
| NaCl | Alamo | 100±9.45a | 80.71±8.54b | 50.14±0.95c | 16.52±1.78d | 0.43±0.16d |
| | Pathfinder | 100±3.80a | 64.32±11.32b | 52.27±2.10b | 15.53±3.33c | 1.07±0.16c |
| Na$_2$SO$_4$ | Alamo | 100±9.45a | 65.27±9.87b | 23.71±1.58c | 1.29±0.42d | 0±0d |
| | Pathfinder | 100±3.80a | 64.64±7.15b | 33.09±2.57c | 0.81±0.20d | 0±0d |
| NaHCO$_3$ | Alamo | 100±9.45a | 30.12±2.21b | 2.65±1.19c | 0±0c | 0±0c |
| | Pathfinder | 100±3.80a | 75.00±2.44b | 6.70±2.16c | 0±0c | 0±0c |
| Na$_2$CO$_3$ | Alamo | 100±9.45a | 2.03±0.79b | 0±0b | 0±0b | 0±0b |
| | Pathfinder | 100±3.80a | 4.21±1.53b | 0±0b | 0±0b | 0±0b |
| NaCl+Na$_2$SO$_4$ | Alamo | 100±13.83a | 93.63±15.89ab | 65.36±8.05b | 7.19±1.78c | 0±0c |
| | Pathfinder | 100±2.85a | 81.30±5.66b | 47.81±1.20c | 2.87±1.13d | 0±0d |
| NaHCO$_3$+Na$_2$CO$_3$ | Alamo | 100±13.83a | 6.36±1.32b | 0±0b | 0±0b | 0±0b |
| | Pathfinder | 100±2.85a | 20.57±5.19b | 0±0c | 0±0c | 0±0c |

## 四、讨论与结论

研究表明，盐胁迫条件下，柳枝稷生长受到明显抑制，表现为发芽率显著降低、地下部及地下部生长均受抑制，干物质积累量下降，活力受到明显抑制（赵娜等，2007；赵春，2013；范希峰等，2012b；左海涛等，2009）。相比中性盐，碱性盐对植物的生长抑制作用更显著（王萍等，1994）。中性盐和碱性盐胁迫植物种子及幼苗的盐害程度之所以不同，其根本原因在于两者对植物的作用机制不同，通常认为中性盐胁迫主要涉及渗透胁迫和离子毒害两方面（Cheeseman，1998；Greenway and Munns，1980；张建锋等，2003），而碱性盐胁迫除此之外还涉及高pH胁迫（石德成等，1998；沈禹颖等，1991）。从6种盐对柳枝稷相对种子活力指数的影响来看，盐害程度排序：NaCl＜中性混合盐＜Na$_2$SO$_4$＜NaHCO$_3$＜碱性混合盐＜Na$_2$CO$_3$。这与杜丽霞等（2009）和李长有等（2008）的实验结果基本一致。

　　混合盐对植物的生长抑制作用介于两种单盐之间。NaCl 对柳枝稷的胁迫影响较 $Na_2SO_4$ 弱，且低浓度（50mmol/L）的 NaCl 能促进'Alamo'种子的萌发，这与张秀玲等（2007）与对罗布麻的研究结果一致，而王芳等（2007）则认为 $Na_2SO_4$ 对于小麦发芽的影响较 NaCl 为弱。低浓度（50mmol/L）中性混合盐对柳枝稷种子活力的影响较两种单盐弱，说明低浓度的中性盐可以减弱两种单盐对柳枝稷种子活力的影响。碱性混合盐对柳枝稷种子的抑制作用介于 $NaHCO_3$ 和 $Na_2CO_3$ 之间，同浓度下 $Na_2CO_3$ 的 pH 普遍高于 $NaHCO_3$，这也说明碱性盐对种子发芽的抑制作用的关键在于高的 pH（蔺吉祥等，2011）。

　　盐胁迫下，植物体的生理生化过程发生不同程度的变化，不同植物及植物不同品种对盐胁迫的响应机制是不同的（陈海燕等，2007）。从这 5 个指标来看，低地型柳枝稷品种'Alamo'对于中性盐具有较高的耐盐性，高地型柳枝稷品种'Pathfinder'对于碱性盐有相对较好的耐受性，这也符合杜菲等（2011）、范希峰等（2012）、于晓丹等（2010）得到的结论。两个柳枝稷品种对盐胁迫反应的差异可能来自种子对盐胁迫响应机制的不同。

# 第二节　盐胁迫对柳枝稷苗期生长和生理特性的影响

## 一、引言

　　我国有各类边际土地 1 亿多公顷，利用边际土地包括应退耕的山坡地及退化草地种植能源作物，能兼收经济和生态两方面的效益，是我国不与粮争地同时获取生物质原料的一条重要途径（程序，2007）。盐碱化的边际土地在我国东部沿海和北方各省区广泛分布，土壤盐渍化严重影响了现代农林业的发展，降低了农业生产力。因此，研究盐胁迫对柳枝稷苗期生长和生理的影响，对盐渍土地的合理利用和沿海滩涂的开发利用具有非常重要的意义，同时也能为实现柳枝稷在该类土地上大面积种植提供依据。杜菲等（2011）和赵春（2013）分别对种子和幼苗时期的柳枝稷进行了盐胁迫研究实验，结果表明，随着盐浓度的增加，柳枝稷发芽率、发芽指数、株高、鲜重、叶绿素含量等指标呈下降趋势，脯氨酸含量和质膜透性呈增加趋势。但以上研究主要针对的是种子和幼苗时期的柳枝稷，对于不同种类中性盐胁迫对柳枝稷苗期生长发育、生理特性的影响尚未见报道。

　　因此，本节拟以'Alamo'和'Pathfinder'两个柳枝稷栽培品种为材料，采用无土栽培的方法，研究 NaCl、$Na_2SO_4$ 和混合中性盐（NaCl∶$Na_2SO_4$=1∶1）对柳枝稷的生长性状及生理特性的影响，以期为柳枝稷在盐碱地上推广与应用提供指导。

## 二、材料与方法

### 1. 供试材料

试验选取柳枝稷品种为'Alamo'和'Pathfinder'，2011 年 11 月采集于北京草业与环境研究发展中心小汤山试验基地。

### 2. 盐胁迫处理方法

试验在光照培养箱和人工气候室内进行。2012 年 5 月，挑选大小一致且饱满的柳枝稷种子，通过沙培在光照培养箱中育苗，昼夜温度设为 30℃/25℃，光照时间为 12h，光强为 400μmol/(m²·s)。待幼苗长到 3 片展开叶时，移栽至人工气候室中进行培养，环境条件同光照培养箱。用海绵将幼苗固定在带孔的泡沫板上，置于装满 Hoagland 全营养液的塑料盒中（塑料盒容积 5.5L，30cm×19cm×10cm），每盆 4 株，用气泵进行 24h 充气。当幼苗长到 60cm 左右时，设 0mmol/L（CK）、50mmol/L、100mmol/L、200mmol/L 和 300mmol/L 5 个盐浓度处理，随机区组排列，重复 4 次。为避免盐激效应，设置高盐（≥100mmol/L）处理时，先向营养液中加入 50mmol/L NaCl，每隔 12h 增加 50mmol/L，直至达到试验要求浓度。营养液每周换 1 次，每 24h 添加一次蒸馏水以保持稳定的盐浓度。盐胁迫处理 7d 后，取样进行生理指标测定；盐胁迫处理 30d 后，取样进行生长指标测定。

### 3. 生理指标测定

1）测定项目：取胁迫 7d 后的样品，每处理测定 3 株，重复 3 次。采柳枝稷倒 3 叶同期测定叶绿素含量、质膜透性、可溶性糖和可溶性蛋白含量。

2）测定方法（张志良，2010）：采用乙醇浸提法测定叶绿色含量；电导仪法测定质膜透性；蒽酮比色法测定可溶性糖含量；考马斯亮蓝 G-250 染色法测定可溶性蛋白含量。

### 4. 生长指标测定

1）测定项目：取胁迫 30d 后的样品，每处理测定 3 株，重复 3 次。同期测定株高、分蘖数、总根长、总根表面积和干物质积累量。

2）测定方法：记录植株基部到顶部高度和分蘖数；用蒸馏水冲洗地下部分后进行根系扫描，采用 WinRHIZO 软件分析得到总根长和总根表面积数据；将盐胁迫 30d 的植株整株取出，分为地上部和地下部两部分，冲洗干净，置于鼓风干燥箱中 105℃杀青 30min，然后 80℃烘干至恒量，用电子天平称重。

**5. 数据处理**

使用 Excel 2007 进行数据整理并用 SPSS 20.0 统计软件中的 One-Way ANOVA 进行处理和分析，采用 LSD 多重比较对实验数据进行差异显著性分析。

## 三、结果与分析

### 1. 盐胁迫对两个柳枝稷品种生理特性的影响

盐胁迫对柳枝稷生理特性的影响见表 4-6。

**表 4-6　盐胁迫对柳枝稷生理特性的影响**

| 处理 | 品种 | 浓度 /(mmol/L) | 叶绿素/(mg/g) | 相对电导率/% | 可溶性糖/% | 可溶性蛋白/% |
|---|---|---|---|---|---|---|
| NaCl | Alamo | 0 | 4.86±0.26a | 15.14±1.38c | 9.00±0.12c | 9.34±0.12c |
| | | 50 | 4.74±0.10ab | 16.00±1.30c | 9.29±1.07c | 9.84±0.73bc |
| | | 100 | 4.63±0.53ab | 16.41±2.46c | 9.39±0.14c | 10.75±0.75b |
| | | 200 | 4.30±0.45bc | 18.96±4.51b | 11.97±0.83b | 10.87±0.52b |
| | | 300 | 3.94±0.02c | 26.88±1.26a | 12.73±1.07a | 13.54±0.98a |
| NaCl | Pathfinder | 0 | 5.71±0.54a | 15.55±3.13c | 9.43±0.62d | 10.30±0.69d |
| | | 50 | 5.42±0.27a | 16.67±2.57c | 9.95±0.64c | 13.72±0.59c |
| | | 100 | 5.24±0.20a | 17.53±2.92c | 10.58±0.22b | 14.72±0.36b |
| | | 200 | 5.23±0.26a | 35.59±6.82b | 11.69±0.27a | 16.18±0.61a |
| | | 300 | 4.64±0.25b | 79.25±6.18a | 11.83±0.22a | 17.09±0.53a |
| $Na_2SO_4$ | Alamo | 0 | 4.86±0.26a | 15.14±1.38d | 9.00±0.12e | 9.34±0.12e |
| | | 50 | 4.51±0.05ab | 20.13±2.07c | 9.83±0.38d | 12.42±0.18d |
| | | 100 | 4.15±0.26bc | 25.25±0.46b | 10.75±0.16c | 14.83±0.35c |
| | | 200 | 3.82±0.27c | 30.41±4.70a | 11.94±0.61b | 15.96±1.06b |
| | | 300 | 3.20±0.23d | 30.72±1.14a | 14.48±0.63a | 19.13±0.68a |
| $Na_2SO_4$ | Pathfinder | 0 | 5.71±0.54a | 15.55±3.13d | 9.43±0.62d | 10.30±0.10c |
| | | 50 | 5.14±0.46b | 18.19±2.27d | 9.63±0.46c | 13.51±0.02b |
| | | 100 | 5.07±0.04b | 35.75±0.58c | 10.15±0.29c | 13.95±0.35b |
| | | 200 | 4.83±0.24b | 51.01±4.58b | 12.78±0.57b | 14.62±0.80b |
| | | 300 | 3.03±0.17c | 73.80±6.28a | 14.31±1.24a | 16.46±0.75a |
| NaCl+ $Na_2SO_4$ | Alamo | 0 | 4.86±0.26a | 15.14±1.38d | 9.00±0.12d | 9.34±0.12d |
| | | 50 | 5.27±0.54a | 19.97±1.73c | 9.83±0.61c | 10.06±0.67d |
| | | 100 | 5.26±0.49ab | 24.77±3.43b | 10.03±0.35c | 11.49±0.83c |
| | | 200 | 4.68±0.23b | 27.74±3.95b | 10.84±0.59b | 13.89±0.40b |
| | | 300 | 3.55±0.47c | 33.48±2.45a | 13.53±0.35a | 19.57±1.05a |

续表

| 处理 | 品种 | 浓度/(mmol/L) | 叶绿素/(mg/g) | 相对电导率/% | 可溶性糖/% | 可溶性蛋白/% |
|------|------|------|------|------|------|------|
| NaCl+Na$_2$SO$_4$ | Pathfinder | 0 | 5.71±0.54a | 15.55±3.13c | 9.43±0.62d | 10.30±0.10d |
| | | 50 | 6.07±0.28a | 21.44±2.55c | 9.62±0.55c | 13.81±0.60c |
| | | 100 | 5.79±0.40a | 28.39±4.07b | 10.39±0.41c | 14.02±0.55c |
| | | 200 | 4.43±0.34b | 29.69±1.24b | 11.64±0.51b | 19.29±1.14b |
| | | 300 | 3.43±0.20c | 63.08±6.27a | 13.31±1.09a | 24.98±0.71a |

注：同列数据后的不同字母表明处理间差异显著（$P<0.05$）

## 2. 盐胁迫对柳枝稷叶绿素的影响

叶绿素是重要的光合作用物质，叶绿素含量直接反映植物光合作用的强弱，从而影响植物光合产物的积累。由表 4-6 可以看出，低浓度（100mmol/L）的 NaCl 和混合中性盐对柳枝稷叶片中叶绿素含量影响不显著，随盐浓度增加，两种柳枝稷的叶绿素含量均有所降低；Na$_2$SO$_4$ 胁迫下柳枝稷的叶绿素含量随盐浓度增加而显著下降。相比之下，从叶片中叶绿素降低的程度来看，3 种中性盐对柳枝稷的胁迫程度为 Na$_2$SO$_4$＞NaCl＞混合中性盐。

## 3. 盐胁迫对柳枝稷质膜透性的影响

盐胁迫下植物膜系统首先遭到破坏。采用电导率法间接测算出叶片的质膜透性，由表 4-6 可以看出随着盐浓度的增加相对电导率增大，低浓度 NaCl 对两个柳枝稷品种质膜的影响不显著；低浓度的 Na$_2$SO$_4$ 和混合中性盐显著影响 'Alamo' 的质膜透性，但对 'Pathfinder' 的质膜影响不显著。300mmol/L 盐浓度胁迫下的 'Pathfinder' 的质膜透性远远大于 'Almao'，相比之下，'Alamo' 的质膜透性随盐浓度变化趋势相对稳定。

## 4. 盐胁迫对柳枝稷可溶性糖的影响

可溶性糖是盐胁迫下植物的渗透调节物质之一，盐胁迫诱导植物细胞内可溶性糖含量变化，降低细胞渗透势，提高组织吸水能力。由表 4-6 可以看出，柳枝稷叶片中可溶性糖含量随着胁迫程度的增加而增加，两种柳枝稷的变化趋势相似。高浓度盐胁迫下，柳枝稷样品中可溶性糖含量的总体趋势为 Na$_2$SO$_4$＞混合中性盐＞NaCl。

## 5. 盐胁迫对两个柳枝稷品种叶片中可溶性蛋白的影响

蛋白质是生物体内重要的生物大分子之一，作为一种渗透调节物质，可溶性蛋白在植物遭到胁迫时会产生含量的波动。由表 4-6 可知，盐胁迫 7d 后，两个柳枝稷品种的叶片内可溶性蛋白含量均随盐胁迫浓度的增加而增加，可能是细胞膜受损，膜蛋白水解成可溶性蛋白的缘故，造成膜的不可恢复改变。3 种盐胁迫条件下，低浓度（50mmol/L）NaCl 和混合中性盐对'Alamo'的影响不显著，'Pathfinder'对盐浓度的变化较敏感。

### 6. 盐胁迫对柳枝稷生长特性的影响

由表 4-7 可知，盐胁迫影响柳枝稷的生长发育。当盐浓度大于 100mmol/L 时，随盐浓度升高，两个柳枝稷品种地上部生长明显受到抑制。当盐浓度小于 100mmol/L 时，NaCl 对两个品种的影响不显著；$Na_2SO_4$ 显著抑制了'Alamo'的生长，但对'Pathfinder'的影响不显著。50mmol/L 混合中性盐对'Alamo'的影响不显著，但对'Pathfinder'却有显著的促进作用。盐胁迫显著抑制柳枝稷叶片的生长，浓度越高抑制程度越重，但不同的盐对两个品种的影响程度是有所差异的。

**表 4-7　盐胁迫对柳枝稷生长指标的影响**

| 处理 | 品种 | 浓度/(mmol/L) | 株高/cm | 分蘖数 | 总根长/cm | 总根表面积/cm² |
|---|---|---|---|---|---|---|
| NaCl | Alamo | 0 | 109.00±9.71a | 10.00±1.00a | 2813.12±227.93a | 824.14±40.25a |
| | | 50 | 114.67±5.90a | 5.67±0.88b | 2517.99±117.18b | 705.83±82.55b |
| | | 100 | 112.33±7.54a | 3.67±0.33c | 1763.44±148.34c | 421.34±73.73c |
| | | 200 | 95.00±2.65b | 3.33±0.33c | 1576.54±128.81c | 383.20±24.59c |
| | | 300 | 68.00±4.51c | 3.33±0.67c | 1164.85±95.07d | 268.69±5.83d |
| NaCl | Pathfinder | 0 | 86.33±3.84a | 7.67±0.88a | 1868.66±270.07a | 441.46±84.82b |
| | | 50 | 92.82±2.85a | 7.33±0.67a | 1551.57±152.95a | 467.21±43.81a |
| | | 100 | 90.09±4.62a | 6.67±1.76a | 1115.40±159.82b | 321.27±56.84c |
| | | 200 | 66.20±3.18b | 6.67±0.67a | 1063.06±37.89b | 269.62±21.88cd |
| | | 300 | 54.59±5.70b | 4.33±0.88b | 985.87±273.16b | 200.36±65.29d |
| $Na_2SO_4$ | Alamo | 0 | 109.00±9.71a | 10.00±2.33a | 2813.12±227.93b | 824.14±40.25ab |
| | | 50 | 94.67±4.48b | 8.00±1.86ab | 3239.93±306.66a | 928.13±72.24a |
| | | 100 | 79.67±9.17c | 6.33±0.67bc | 2767.06±135.71b | 784.00±88.33b |
| | | 200 | 77.67±5.21c | 5.33±0.33cd | 1726.29±161.10c | 588.77±52.32c |
| | | 300 | 64.67±0.88d | 3.67±0.58d | 959.67±228.72d | 197.69±44.55d |
| $Na_2SO_4$ | Pathfinder | 0 | 86.33±3.84a | 7.67±0.88b | 1868.66±270.07bc | 441.46±84.82b |
| | | 50 | 81.67±1.67a | 10.00±0.58a | 2586.07±256.40a | 542.27±42.88a |
| | | 100 | 80.67±1.45a | 7.67±0.33b | 2206.09±124.49b | 421.34±51.75b |
| | | 200 | 60.00±3.21c | 4.33±0.33c | 1542.76±108.85c | 366.22±21.41b |
| | | 300 | 48.00±4.58c | 3.67±0.33c | 628.63±88.53d | 146.98±32.06c |

| 处理 | 品种 | 浓度/(mmol/L) | 株高/cm | 分蘖数 | 总根长/cm | 总根表面积/cm² |
|---|---|---|---|---|---|---|
| NaCl+Na₂SO₄ | Alamo | 0 | 109.00±9.71a | 10.00±1.00a | 2813.12±227.93a | 824.14±40.25a |
| | | 50 | 104.06±2.73a | 6.00±1.15b | 2487.14±331.97a | 737.94±73.99a |
| | | 100 | 91.01±7.02b | 5.67±1.20b | 2461.64±213.99a | 593.65±60.38b |
| | | 200 | 74.08±1.15c | 5.00±0.58b | 2456.90±262.18a | 589.28±55.72b |
| | | 300 | 68.79±5.69c | 4.67±0.67b | 1167.14±266.66b | 200.11±43.96c |
| NaCl+Na₂SO₄ | Pathfinder | 0 | 86.33±3.84b | 7.67±0.88a | 1868.66±270.07b | 441.46±84.82b |
| | | 50 | 97.34±2.60a | 5.00±1.33b | 2359.96±300.50a | 731.06±98.92a |
| | | 100 | 77.48±7.09c | 5.00±0.58b | 1649.69±121.95b | 420.00±19.46b |
| | | 200 | 74.38±0.33c | 4.00±0.58b | 855.90±208.31c | 230.82±31.54c |
| | | 300 | 66.52±2.40d | 3.67±1.33b | 727.19±44.01c | 143.07±25.09c |

注：同列数据后的不同字母表示处理间差异显著（$P<0.05$）

分蘖是植物无性繁殖能力的表现之一，3种盐均显著地影响了'Alamo'的分蘖，随着盐浓度的增加，分蘖数显著减少；相比之下，盐胁迫下'Pathfinder'的分蘖数下降不显著，50mmol/L的$Na_2SO_4$还能促进'Pathfinder'分蘖的发生。盐胁迫显著影响了柳枝稷的分蘖生长（表4-7）。

如表4-7所示，非胁迫条件下'Alamo'的地下部生长发育较'Pathfinder'发达。盐处理30d后，高浓度盐胁迫下，柳枝稷的总根长和总根表面都逐步减小。当盐浓度小于100mmol/L时基本不会对'Pathfinder'的地下部生长产生影响，相反，50mmol/L的3种盐胁迫都显著促进了'Pathfinder'的地下部生长。低浓度的$Na_2SO_4$和混合中性盐不会对'Alamo'的地下部生长产生影响；但'Alamo'对NaCl的胁迫作用较敏感，地下部生长显著受到抑制。

### 7. 盐胁迫对柳枝稷干物质积累的影响

如表4-8所示，随着盐浓度升高，柳枝稷的地上部分和地下部分的干物质积累量呈现出先增高后降低的趋势。低浓度（100mmol/L）的3种盐均能促进'Alamo'的干物质积累；低浓度NaCl和混合中性盐对'Pathfinder'的地上部干物质积累影响不显著，但是显著抑制了'Pathfinder'地下部生物量的积累；$Na_2SO_4$胁迫下'Pathfinder'的干物质积累随盐浓度的增加而显著降低。

低浓度的3种盐对柳枝稷的相对总重影响较小，50mmol/L盐浓度下'Alamo'的相对干物质积累量普遍高于'Pathfinder'。说明在不同种类的盐胁迫下，柳枝稷的生长并不一致，这为以后的推广种植奠定了一定的理论基础。

表 4-8  盐胁迫对柳枝稷的干物重的影响

| 处理 | 品种 | 浓度/(mmol/L) | 地上部/g | 地下部/g | 总重/g | 相对总重/% |
|------|------|------|------|------|------|------|
| NaCl | Alamo | 0 | 4.02±0.80b | 0.75±0.13b | 4.77±0.93b | 1.00±0.19b |
| | | 50 | 4.94±0.43ab | 1.06±0.14a | 6.00±0.38a | 1.26±0.08a |
| | | 100 | 5.13±0.75a | 0.74±0.20b | 5.87±0.55a | 1.23±0.11a |
| | | 200 | 2.41±0.26c | 0.44±0.05c | 2.84±0.21c | 0.60±0.04c |
| | | 300 | 1.67±0.32c | 0.36±0.07c | 2.03±0.39c | 0.43±0.08c |
| | Pathfinder | 0 | 4.86±0.94a | 0.88±0.05a | 5.74±0.99a | 1.00±0.17a |
| | | 50 | 4.17±0.65a | 0.62±0.08b | 4.79±0.73a | 0.83±0.12a |
| | | 100 | 2.59±0.40b | 0.31±0.05c | 2.90±0.35b | 0.51±0.06b |
| | | 200 | 2.11±0.47b | 0.23±0.04c | 2.34±0.51b | 0.41±0.09b |
| | | 300 | 0.62±0.16c | 0.10±0.03d | 0.72±0.19c | 0.13±0.04c |
| Na$_2$SO$_4$ | Alamo | 0 | 4.02±0.80a | 0.75±0.13b | 4.77±0.93a | 1.00±0.19a |
| | | 50 | 4.46±0.89a | 1.20±0.11a | 5.66±1.00a | 1.18±0.21a |
| | | 100 | 4.00±0.80a | 0.81±0.02b | 4.81±0.78a | 1.00±0.16a |
| | | 200 | 2.34±0.13b | 0.46±0.06c | 2.80±0.07b | 0.58±0.02b |
| | | 300 | 1.40±0.19b | 0.26±0.01d | 1.66±0.18b | 0.83±0.34b |
| | Pathfinder | 0 | 4.86±0.94a | 0.88±0.05a | 5.74±0.99a | 1.00±0.17a |
| | | 50 | 3.86±0.15b | 0.96±0.07a | 4.82±0.22b | 0.84±0.04b |
| | | 100 | 2.44±0.32c | 0.77±0.05b | 3.21±0.37c | 0.56±0.06c |
| | | 200 | 1.38±0.22d | 0.51±0.01c | 1.89±0.23d | 0.33±0.04d |
| | | 300 | 0.43±0.03e | 0.11±0.02d | 0.54±0.01e | 0.09±0.01e |
| NaCl+Na$_2$SO$_4$ | Alamo | 0 | 4.02±0.80a | 0.75±0.13b | 4.77±0.93ab | 1.00±0.19a |
| | | 50 | 4.82±0.77a | 1.26±0.19a | 6.08±0.96a | 1.27±0.20a |
| | | 100 | 3.80±0.53a | 0.56±0.08bc | 4.36±0.61b | 0.91±0.12b |
| | | 200 | 2.41±0.28b | 0.39±0.12c | 2.80±0.40c | 0.59±0.08bc |
| | | 300 | 1.20±0.45c | 0.35±0.10c | 1.55±0.55c | 0.32±0.11c |
| | Pathfinder | 0 | 4.86±0.94a | 0.88±0.05a | 5.74±0.99a | 1.00±0.17a |
| | | 50 | 4.38±0.93a | 1.03±0.16a | 5.41±0.77a | 0.94±0.13a |
| | | 100 | 4.06±0.88a | 0.69±0.09b | 4.75±0.97a | 0.83±0.17a |
| | | 200 | 2.33±0.43b | 0.48±0.07c | 2.81±0.36b | 0.49±0.06b |
| | | 300 | 1.56±0.53b | 0.32±0.03c | 1.88±0.56b | 0.33±0.10b |

注：同列数据后的不同字母表示处理间差异显著（$P<0.05$）

## 四、讨论与结论

植物苗期对盐胁迫更为敏感，植物苗期的耐盐性能够代表植物的耐盐程度。本试验对苗期的两个柳枝稷品种进行耐盐性研究。

在盐胁迫条件下，柳枝稷的一系列生理代谢活性均受到影响，植物体内细胞色素系统受到破坏，叶绿素酶活性增加，促进了叶绿素的降解，植物叶片叶绿素含量降低；膜结构受到破坏、膜功能受损，导致膜透性增大，细胞内的盐类和有机物有不同程度的渗出；植物体会积累大量渗透调节物质以适应逆境条件，高含量的可溶性糖和可溶性蛋白有助于维持植物细胞较低的渗透水平、增强耐脱水能力、保护植物结构并延缓衰老，以抵御逆境胁迫引起的伤害。

本试验中，在低浓度 NaCl 处理下两个柳枝稷品种的叶绿素含量、膜透性变化均不显著，随着浓度的增加叶绿素含量和膜透性均增加；而作为渗透调节物质的可溶性糖和可溶性蛋白也随盐浓度增加而增加。在 $Na_2SO_4$ 处理下，随着盐浓度的增加两个品种的叶绿素含量显著降低，质膜透性增大、可溶性糖和可溶性蛋白含量增加。在混合中性盐处理下，两个品种的叶绿素含量在低浓度处理下变化不显著，而质膜透性、可溶性糖和可溶性蛋白含量随盐浓度的增加而增大。比较 3 种盐对柳枝稷的生理影响，高浓度下 $Na_2SO_4$ 单盐对柳枝稷的影响较显著，NaCl 和混合中性盐对柳枝稷的影响较弱。这与 Al-Hamzawi（2007）对蚕豆的研究和徐静等（2011）对冰草的研究结果相仿，却与李长有等（2009）对虎尾草的研究结果略有区别，可见 $Na_2SO_4$ 和 NaCl 对植物的作用机制不同，对植物会产生不同的影响（Hameda El Sayed Ahmed El Sayed，2011）。

在盐胁迫条件下，柳枝稷的生长发育明显迟缓。生长减缓是植物响应盐胁迫的表现之一，有研究表明，植物被转移到具盐逆境中几分钟，生长速度便有所下降（Munns and Termaat，1986）。本试验中，在低浓度 NaCl 处理下，'Alamo'的株高和干物质积累未受到影响，但分蘖数、总根长和总根表面积受到显著抑制；'Pathfinder'的株高、分蘖数、总根长和干物质积累未受到影响，只有总根表面积受到抑制；随 NaCl 浓度增加，各生长指标均不同程度降低。在低浓度 $Na_2SO_4$ 处理下，两个柳枝稷品种的地下部生长未受到影响，其中'Pathfinder'的株高和分蘖数也未受到影响，'Alamo'的地上部生长则受到抑制；随着盐浓度的增加两个品种的生长明显受到抑制。在混合中性盐处理下，低浓度盐处理对两个品种的生长影响不显著，随着盐浓度的增加两个品种生长受到显著抑制。通过比较 3 种盐对两个柳枝稷品种生长的影响，可见植物不同品种的生长对不同的盐害类型的响应是有差异的，这与杨明峰等（2002）、陈海燕等（2007）和杨远昭（2007）的研究一致。比较盐浓度对柳枝稷生长和生理的影响，低浓度盐胁迫未抑制甚至促进了柳枝稷的生长，这也与根茎类禾草（白玉娥，2004）、小麦（陈新红等，2008）和菊芋（王磊等，2011）等植物的盐胁迫研究结果一致。低浓度盐胁迫下柳枝稷能积极适应盐环境，本研究结果也符合左海涛等（2009）、范希峰等（2012b）得出的"柳枝稷属于耐盐性较强的甜土植物"这一结论。

　　低浓度的盐胁迫条件下，两个柳枝稷品种均能从生理和生长等方面积极适应环境，但随着盐浓度的增加，两个品种的生长和生理受到明显抑制，株高降低，分蘖数减少，干物质积累量下降，叶绿素含量下降，可溶性糖含量、质膜透性和可溶性蛋白含量都有所升高，植物总根长、总根表面积也受到抑制。柳枝稷虽然属于甜土植物，但还是有一定的耐盐能力，两个品种对不同的盐分表现出的耐盐能力不同，推测它们可能具备不同的耐盐机制。根据试验结果可以看出，3 种中性盐对柳枝稷的胁迫程度中 $Na_2SO_4$ 的盐害程度要大于 $NaCl$ 和混合中性盐。

# 第三节　盐胁迫对柳枝稷生物量、品质和光合生理的影响

## 一、引言

　　柳枝稷苗期耐盐性良好，具有较好的研发潜力（范希峰等，2012b）。水培条件下柳枝稷幼苗生物量下降 50% 的盐浓度为 10.44g/L。以生物量为衡量指标，柳枝稷在不同土壤盐胁迫下的适宜浓度范围分别为：$NaHCO_3 \leqslant 0.40\%$，$Na_2SO_4 \leqslant 0.60\%$，$NaCl \leqslant 0.20\%$（左海涛等，2009）。不同土壤盐胁迫显著影响了柳枝稷植株生长与根系垂直分布（左海涛等，2009）。盐胁迫与 pH 在对柳枝稷生长的影响上存在着协同或拮抗作用（Liu et al.，2014）。对柳枝稷盐胁迫下抗氧化指标的模型构建方便了人们对其耐盐性的研究（Wang et al.，2012）。由此可见，人们对盐胁迫下柳枝稷幼苗生长、发育、根系分布及耐盐评价模型等进行了研究，而不同盐胁迫对全生育期柳枝稷生物量、品质及光合生理的影响尚不清楚。

　　著者根据前人研究基础得出，保证柳枝稷幼苗成活最大土壤 $NaCl$、$Na_2SO_4$ 和 $NaHCO_3$ 浓度（以下简称临界致死浓度）分别为 0.40%、0.80% 和 0.80%（李继伟等，2011）。基于此，为明确不同盐胁迫对全生育期柳枝稷生物量、品质及光合生理的影响，本文选取 0.40% $NaCl$、0.80% $Na_2SO_4$、0.80% $NaHCO_3$ 进行了土柱试验。

## 二、材料与方法

### 1. 供试材料

　　试验于 2009 年在北京草业与环境研究发展中心人工防雨棚内进行，供试柳枝

稷品种为'Alamo'，其种子于 2008 年 11 月采集于北京草业与环境研究发展中心能源草种植基地（39°34′N，116°28′E）。土壤基质为潮褐土，有机质含量为 1.72%，速效氮、速效磷、速效钾含量分别为 84.00mg/kg、46.35mg/kg、127.00mg/kg，土壤 pH 为 7.42。

**2. 试验设计**

本试验采用配对设计（Maas and Poss，1989）土柱法开展试验。土壤盐分类型及质量百分比分别为 0.40% NaCl、0.80% Na$_2$SO$_4$ 和 0.80% NaHCO$_3$，无盐胁迫作为对照（CK），按质量百分比与过筛后的壤土充分混匀，试验设 3 个重复。土柱直径 40cm、高 120cm，管壁下部设有 10 个小孔（孔径大小 1cm），置于 120cm 深的坑内，保持土柱内土面与地面齐平。每个土柱配有直径 50cm 的桶（桶内保证有 10cm 深的水），以防止盐分流失。2009 年 6 月 13 日将 3 叶期柳枝稷幼苗移栽后首次灌足安家水 12.70L，之后维持桶内水深 10cm。盐胁迫处理 1 个月后测定各生理指标，至 2009 年 11 月 4 日试验结束，取样，测定柳枝稷生物量、品质指标。

**3. 测定项目和方法**

1）生物量：取样后将柳枝稷地上部与地下部分开、洗净后装入纸袋并于 105℃杀青 30min，80℃烘干至恒重，称重。柳枝稷籽粒采用人工收获，去除稃和颖后 80℃下烘干至恒重，称重。

2）光合参数：采用便携式光合系统测定仪 LI-6400（LI-COR Lincoln，USA）于晴朗的上午 9∶00～11∶00 选取柳枝稷第 3 片成熟叶片进行连体测定，所测叶片完整无损并使其保持自然取向，每叶片重复记录 3 组数据，结果取其平均值。光合有效辐射（PAR）为 1100～1200μmol/(m$^2$·s)。光响应曲线的测定由红蓝光源（Li-6400-02B）提供不同 PAR：2000μmol/(m$^2$·s)、1800μmol/(m$^2$·s)、1500μmol/(m$^2$·s)、1000μmol/(m$^2$·s)、800μmol/(m$^2$·s)、500μmol/(m$^2$·s)、200μmol/(m$^2$·s)、100μmol/(m$^2$·s)、50μmol/(m$^2$·s)、20μmol/(m$^2$·s)、0μmol/(m$^2$·s)。CO$_2$ 浓度设定为 400μmol/mol，流速为 400μmol/s，叶室（2cm×3cm）温度设定为(30±1)℃。采用直角双曲线模型进行响应曲线模拟，并计算光补偿点 LCP 与光饱和点 LSP（Farquhar et al.，2001）。

3）水分利用效率（WUE）：采用 LI-6400（LI-COR Lincoln，USA）测定得到净光合速率（$P_n$）和胞间二氧化碳浓度（$C_i$）后计算得到。计算公式为：WUE=$P_n/C_i$。

4）生物质品质：将烘干至恒重的柳枝稷材料粉碎并过 40 目筛，存放于干燥器中待测。采用直接灰化法测定灰分，马弗炉测定挥发分，N、P、K 采用 H$_2$SO$_4$-H$_2$O$_2$ 消煮-比色法测定，S 含量采用 H$_2$NO$_4$-HClO$_4$ 消煮-流动注射分析仪法测定，Cl 含量采用莫尔法测定，Si 含量采用 H$_2$SO$_4$-H$_2$O$_2$ 消煮-重量法测定，热值采用 XRY-1C 型氧弹式热量计测定，洗涤法测定纤维素、半纤维素和木质素含量。

#### 4. 统计分析

采用 PAIRED T-TEST（SAS 8.2）进行差异显著性检验，利用 Excel 2003 和 Origin 7.0 统计软件进行数据分析和曲线拟合。

## 三、结果与分析

### 1. 不同盐胁迫对柳枝稷生物量的影响

NaCl、$Na_2SO_4$ 和 $NaHCO_3$ 胁迫下，柳枝稷生长受到显著抑制（表 4-9），就生物量而言，与 CK 相比，柳枝稷地上部生物量分别降低 56.14%、61.73%、76.91%，地下部生物量分别降低 36.12%、58.67%、77.57%，总生物量分别降低 49.39%、60.52%、76.45%，根冠比分别降低 25.00%、31.25%、32.50%，籽粒产量分别降低 70.95%、52.88%、33.81%。3 种盐胁迫之间比较，柳枝稷生长受抑制程度显著不同，以 $NaHCO_3$ 抑制作用最强，而 NaCl 抑制作用最弱。就籽粒产量而言，NaCl 胁迫下籽粒产量最低，质量百分含量为 0.92%，$NaHCO_3$ 胁迫下籽粒产量最高，质量百分含量为 4.50%；就根冠比而言，3 种盐胁迫间差异并不显著。

**表 4-9　不同盐胁迫下的柳枝稷生物量**

| 处理 | 地上部生物量/g | 地下部生物量/g | 籽粒产量/g | 总生物量/g | 根冠比 |
|------|------|------|------|------|------|
| CK | 357.83±8.22a | 196.81±10.02a | 9.02±0.97a | 563.66±9.22a | 0.80±0.08a |
| NaCl | 156.93±5.69b | 125.72±4.93b | 2.62±0.21d | 285.28±6.87b | 0.60±0.07b |
| $Na_2SO_4$ | 136.93±6.37c | 81.34±3.67c | 4.25±0.67c | 222.54±8.62c | 0.55±0.12b |
| $NaHCO_3$ | 82.63±8.55d | 44.14±7.19d | 5.97±0.58b | 132.74±9.04d | 0.54±0.10b |

注：数据以均值±标准差表示，同列不同字母表示差异显著（$P<0.05$）

### 2. 不同盐胁迫对柳枝稷地上部生物质品质的影响

（1）不同盐胁迫对柳枝稷地上部生物质燃烧特性的影响　　不同盐胁迫下，柳枝稷地上部生物质燃烧特性的变化较小（表 4-10）。NaCl 胁迫下，柳枝稷地上部生物质灰分含量显著增高 14.89%。其余两种盐胁迫对柳枝稷地上部生物质燃烧特性的影响均不显著。3 种盐胁迫之间比较，NaCl 胁迫下，柳枝稷地上部生物质灰分含量显著高于其他两种盐胁迫，其他指标则无显著差异。

表 4-10 不同盐胁迫下的柳枝稷地上部生物质燃烧特性

| 处理 | 挥发分/(g/kg) | 灰分/(g/kg) | 固定碳/(g/kg) | 热值/(MJ/kg) |
|---|---|---|---|---|
| CK | 7.66±1.88a | 0.47±0.02b | 1.87±0.27a | 18.01±0.91a |
| NaCl | 7.54±1.79a | 0.54±0.02a | 1.92±0.16a | 18.02±1.07a |
| Na₂SO₄ | 7.66±1.63a | 0.45±0.04b | 1.88±0.31a | 17.84±1.84a |
| NaHCO₃ | 7.65±1.59a | 0.43±0.05b | 1.92±0.15a | 18.07±1.22a |

注：数据以均值±标准差表示，同列不同字母表示差异显著（$P<0.05$）

（2）不同盐胁迫对柳枝稷地上部生物质矿质元素含量的影响　　不同盐胁迫下柳枝稷地上部生物质矿质元素含量存在差异（表 4-11）。与 CK 相比，3 种盐胁迫下柳枝稷地上部生物质 N、P、Cl、Si 含量无显著差异。$Na_2SO_4$ 胁迫下，S 含量显著增高 262.32%；$NaHCO_3$ 胁迫下，K 含量显著降低 54.95%。3 种盐胁迫间比较，$Na_2SO_4$ 胁迫下柳枝稷地上部生物质 S 含量显著高于其他两种盐胁迫，$NaHCO_3$ 胁迫下 K 含量显著低于其余两种盐胁迫。

表 4-11 不同盐胁迫下的柳枝稷地上部生物质矿质元素含量（%，干重）

| 处理 | N | P | K | S | Cl | Si |
|---|---|---|---|---|---|---|
| CK | 0.603±0.054a | 0.110±0.037a | 0.717±0.204a | 0.069±0.017b | 2.719±0.86a | 1.850±0.50a |
| NaCl | 0.643±0.097a | 0.133±0.054a | 0.955±0.388a | 0.065±0.013b | 2.553±0.79a | 2.100±0.49a |
| Na₂SO₄ | 0.650±0.088a | 0.143±0.063a | 0.550±0.189a | 0.250±0.028a | 2.134±0.63a | 1.733±0.82a |
| NaHCO₃ | 0.606±0.067a | 0.127±0.051a | 0.323±0.055b | 0.061±0.014b | 2.343±0.81a | 2.383±0.77a |

注：数据以均值±标准差表示，同列不同字母表示差异显著（$P<0.05$）

（3）不同盐胁迫对柳枝稷地上部生物质细胞壁组分含量的影响　　与 CK 相比，不同盐胁迫下柳枝稷地上部生物质纤维素和木质素含量都呈现出降低的趋势，半纤维素含量呈现出增高的趋势（表 4-12），但只有 $Na_2SO_4$ 胁迫下纤维素含量显著降低 13.71%。$NaHCO_3$ 胁迫下，半纤维素含量显著增高 10.87%。3 种盐胁迫间比较，$Na_2SO_4$ 胁迫下，纤维素含量显著低于其他两种盐胁迫，$NaHCO_3$ 胁迫下，半纤维素含量显著高于其余两种盐胁迫。

表 4-12 不同盐胁迫下的柳枝稷地上部生物质细胞壁组分含量（%，干重）

| 处理 | 纤维素 | 半纤维素 | 木质素 |
|---|---|---|---|
| CK | 32.53±2.96a | 26.32±2.12b | 6.95±1.52a |
| NaCl | 29.85±0.58a | 27.23±1.02b | 6.52±1.21a |
| Na₂SO₄ | 28.07±0.54b | 27.80±0.71b | 5.87±1.14a |
| NaHCO₃ | 29.82±0.64a | 29.18±0.59a | 6.42±1.86a |

注：数据以均值±标准差表示，同列不同字母表示差异显著（$P<0.05$）

### 3. 不同盐胁迫对柳枝稷叶片光合生理特征的影响

（1）不同盐胁迫对柳枝稷光合参数的影响　　不同盐胁迫对柳枝稷光合参数的影响不同（表 4-13），与 CK 相比，$NaCl$、$Na_2SO_4$、$NaHCO_3$ 胁迫下柳枝稷净光合速率（$P_n$）、气孔导度（$G_s$）、胞间 $CO_2$ 浓度（$C_i$）、蒸腾速率（$T_r$）、气孔限制值（$L_s$）和瞬时光能利用率（SUE）均显著降低，水分利用效率（WUE）变化并不显著。$NaCl$ 和 $Na_2SO_4$ 胁迫下瞬时羧化速率（CUE）显著增高。3 种盐胁迫间比较，$Na_2SO_4$ 胁迫下 WUE 显著高于 $NaCl$ 胁迫，其余指标则无显著差异。

表 4-13　不同盐胁迫下的柳枝稷光合参数

| 处理 | 净光合速率/[$\mu mol$/($m^2 \cdot s$)] | 胞间 $CO_2$ 浓度/[$\mu mol$/($m^2 \cdot s$)] | 气孔导度/[$\mu mol$/($m^2 \cdot s$)] | 蒸腾速率/[$\mu mol$/($m^2 \cdot s$)] | 气孔限制值/% | 水分利用效率/($\mu mol\ CO_2$/$mol\ H_2O$) | 瞬时羧化速率/% | 瞬时光能利用率/% |
|---|---|---|---|---|---|---|---|---|
| CK | 27.45± 1.43a | 0.19± 0.03a | 104.90± 8.55a | 7.82± 0.58a | 0.74± 0.04b | 3.53± 0.13ab | 0.26± 0.08b | 0.033± 0.005a |
| NaCl | 21.44± 1.17b | 0.11± 0.02b | 43.06± 9.06b | 6.25± 0.87b | 0.89± 0.02a | 3.43± 0.09b | 0.52± 0.03a | 0.020± 0.007b |
| Na₂SO₄ | 19.34± 2.09b | 0.10± 0.01b | 54.04± 10.47b | 5.11± 0.42b | 0.86± 0.05a | 3.75± 0.05a | 0.48± 0.01a | 0.017± 0.006b |
| NaHCO₃ | 20.70± 2.15b | 0.11± 0.02b | 54.60± 7.62b | 5.79± 0.83b | 0.86± 0.03a | 3.58± 0.0.07ab | 0.42± 0.15ab | 0.020± 0.005b |

注：数据以均值±标准差表示，同列不同字母表示差异显著（$P<0.05$）

（2）不同盐胁迫对柳枝稷光合-光强响应曲线特征参数的影响　　不同盐胁迫下，柳枝稷的 $P_n$、$C_i$、$T_r$ 和 WUE 随光合有效辐射（PAR）的增高呈现出较为一致的变化趋势。均表现为较低 PAR 时各项指标值迅速增高，然后增幅逐渐平缓。本试验采用直角双曲线模型对光合-光强响应曲线进行模拟，结果显示各方程的决定系数都在 0.99 以上，表明该模型能较好地反映叶片光合对光强的响应过程。与对照相比，$NaCl$ 胁迫下，柳枝稷叶片 $P_{max}$、$R_d$、光饱和点（LSP）均分别显著降低 14.52%、10.52%、12.59%（表 4-14）；$Na_2SO_4$ 胁迫下，柳枝稷叶片表观量子效率（AQY）显著增高 22.73%，$P_{max}$、光补偿点（LCP）和 LSP 分别显著降低 10.00%、17.41%、30.43%；$NaHCO_3$ 胁迫下柳枝稷叶片 $P_{max}$、$R_d$、LSP 分别显著降低 4.10%、6.38%、20.92%。其余指标变化不显著。3 种盐胁迫之间比较，$Na_2SO_4$ 胁迫下 AQY、$R_d$ 显著高于其余两种盐胁迫，LCP 显著低于其余两种盐胁迫。

**表 4-14 直角双曲线修正模型拟合的不同盐胁迫处理柳枝稷的光强响应参数**

| 处理 | 表观量子效率/(μmolCO$_2$/μmol量子) | 最大净光合速率/[μmolCO$_2$/(m$^2$·s)] | 暗呼吸速率/[μmolCO$_2$/(m$^2$·s)] | 光补偿点/[μmol量子/(m$^2$·s)] | 光饱和点/[μmol量子/(m$^2$·s)] | $R^2$ |
|---|---|---|---|---|---|---|
| CK | 0.066±0.08b | 30.359±0.34a | 2.681±0.042a | 42.50±2.06a | 1961.3±122.44a | 0.9997 |
| NaCl | 0.060±0.03b | 25.951±3.27b | 2.399±0.081b | 41.66±2.09a | 1714.3±124.96b | 0.9997 |
| Na$_2$SO$_4$ | 0.081±0.05a | 27.323±2.22b | 2.694±0.054a | 35.10±1.88b | 1364.4±481.23b | 0.9993 |
| NaHCO$_3$ | 0.063±0.02b | 29.114±0.50b | 2.510±0.092b | 41.61±2.52a | 1551.0±229.34b | 0.9995 |

注：数据以均值±标准差表示，同列不同字母表示差异显著（$P<0.05$）

## 四、讨论与结论

盐胁迫严重影响了植物的生长发育（Zhu，2001）。本研究表明，不同盐胁迫显著降低了柳枝稷地上部生物量、地下部生物量、总生物量、籽粒产量和根冠比，这与前人的研究结果相似（Azevedo et al.，2004）。不同盐胁迫对柳枝稷生长的抑制作用显著不同，以 NaHCO$_3$ 胁迫抑制作用最强。有研究表明，盐分与 pH 在对柳枝稷的影响方面存在着协同与拮抗关系（Liu et al.，2014）。本研究表明，NaHCO$_3$ 较其他两种盐对柳枝稷生长的抑制作用最强，这可能是由于 NaHCO$_3$ 与 pH 共同抑制了柳枝稷的生长。有报道表明，有些植物可通过生物量分配模式的调整来适应盐胁迫环境（Mauchamp and Mésleard，2001；van Zandt et al.，2003）。不同盐胁迫下，柳枝稷植株营养器官与生殖器官生物量的分配体现出显著差异，这可能是柳枝稷适应盐胁迫环境的一种策略。

植物感知胁迫信号后，其细胞壁组分如多糖、蛋白质等物质含量会发生明显变化（Hoson et al.，2002）。半纤维素属于细胞壁中"不定型"基质多糖，其间相互作用的增强是植物响应逆境胁迫的一种机制（Piro et al.，2003）。本研究表明，不同盐胁迫下柳枝稷地上生物质半纤维素含量都有增高的趋势，且 NaHCO$_3$ 胁迫下显著增高 10.87%，柳枝稷的这种响应很有可能是对盐胁迫适应的一种机制。逆境胁迫下，参与纤维素合成及碳源分配的关键酶（蔗糖合成酶）活性受到抑制，导致纤维素含量降低（裴惠娟等，2011），这可能是导致本研究中柳枝稷地上生物质纤维素含量降低的原因。半纤维素含量的增高和纤维素含量的降低对柳枝稷的转化利用不利。关于植物盐分含量的研究，有报道表明，盐生植物或耐盐植物能大量吸收无机离子并积累在液泡中，从而降低细胞渗透势，克服吸水困难，避免了过高的无机离子对细胞代谢过程的干扰（Cheeseman，1988），这可能是本研究中 NaCl 胁迫下柳枝稷地上生物质灰分含量增高的主要原因。植物体内 S 含量与其所生长土壤中 S 含量呈正相关（林舜华等，1994）。本研究表明，土壤中较高浓度 SO$_4^{2-}$ 是导致柳枝稷地上生物质 S 含量显著增高的原因。

　　盐胁迫下，引起植物叶片光合效率降低的因素主要有两种，一种是气孔限制因素，表现为 $L_s$ 显著增高，$G_s$ 下降，$CO_2$ 进入叶片受阻，$C_i$ 降低，导致 $P_n$ 降低。另一种是非气孔限制因素，盐胁迫导致光合机构受损，电子传递速率下降，$P_n$、$T_r$、$G_s$ 显著降低，$C_i$ 降低，从而影响同化力的形成（许大全，2002）。本研究表明，不同盐胁迫下，柳枝稷叶片蒸腾速率显著降低，气孔限制值显著增高，$CO_2$ 进入叶片受阻，SUE 显著下降，从而导致 $P_n$ 和 $P_{max}$ 显著降低。由此可见，盐胁迫造成的气孔限制可能是导致柳枝稷光合速率降低、生物量下降的关键因素。不同盐胁迫间比较，此种抑制作用并未表现出显著性差异。

　　本试验主要结论：①不同盐胁迫显著抑制了柳枝稷的生长，使其生物量显著降低，生物量分配显著变化；②不同盐胁迫对柳枝稷地上生物质品质影响有限，NaCl 胁迫下柳枝稷地上生物质灰分含量的显著增高和 $Na_2SO_4$ 胁迫下 S 含量的显著增高对其燃烧利用不利，$Na_2SO_4$ 胁迫下纤维素含量的显著降低和 $NaHCO_3$ 胁迫下半纤维素含量的显著增高对其转化利用不利；③不同盐胁迫导致的气孔限制因素可能是导致柳枝稷生物量降低的关键因素。

# 第四节　柳枝稷对氮营养胁迫的响应

## 一、引言

　　氮是植物生长发育所需的三大营养元素之一，也是作物生长发育的主要的限制因子（Diaz et al.，2006；Lea and Azevedo，2006）。过去的半个世纪里，世界氮肥的用量急剧增加，而禾本科利用氮肥的效率还很低，目前平均氮素利用效率只有 33%（Raun and Johnson，1999；李生秀，1999）；而且氮素在施用过程损失严重，或者经过氨挥发及反硝化进入大气，或者通过淋洗进入地下水及江河湖泊，这些都给环境造成很大压力（张维理等，1995）。进行能源作物种植时，选用氮肥利用效率高的品种会有效减少氮肥的施用。不同作物利用和吸收氮肥的能力差异十分显著，同一种作物不同基因型对氮肥的利用差异也很明显（李丹丹等，2009；汤继华等，2005）。因此针对柳枝稷不同品种氮素利用效率的遗传性差异进行品种筛选，使之在氮肥投入较低的情况下保持相对高产，是降低生物质原料生产成本的有效途径。

　　研究表明，在养分瘠薄的栽培条件下，氮肥施用能够显著促进柳枝稷的根长、根表面积和根体积的增加（朱毅等，2012）；王会梅等（2006）在黄土丘陵区的不同立地条件下，阐明了柳枝稷生长响应与水肥条件之间的关系，侯新村等（2010）在挖沙废弃地条件下进行了柳枝稷氮肥效应试验，分析研究了其株高、分蘖数、叶片叶绿素含量和生物质产量对氮素的响应情况。由前人研究可知，作物耐贫瘠性是一个综合性状，对营养元素胁迫的响应情况难以用单一的指标进行评定，需要结合多个评价指标进行综合衡量。目前国内外针对不同基因型柳枝稷品种对氮营养胁迫能力的分析和评价鲜有报道，本研究根据前人的研究结果，拟选用总生物量、叶绿素含量、净光合速率、根表面积、叶表面积、株高、分蘖数等评价指标，采用聚类分析法和标准差系数赋予权重法来综合评价不同氮营养胁迫下柳枝稷的耐胁迫性，使用柯布-道格拉斯函数对柳枝稷在氮营养胁迫下各指标基于总生物量的弹性系数进行分析，为柳枝稷氮素高效型品种筛选及利用提供理论依据。

## 二、材料与方法

### 1. 供试材料

供试材料为 13 个柳枝稷品种（品系），分别为‘Alamo’‘Blackwell’‘Cave-in-rock’（CIR）、‘Forestburg’‘Kanlow’‘Pathfinder’‘Trailblazer’BJ-1、BJ-2、BJ-3、BJ-4、BJ-5 和 BJ-6，各品种（品系）的生态型、倍型、起源及来源见第一章。种子于 2009 年 11 月在北京草业与环境研究发展中心小汤山种植基地（39°34′N，116°28′E）采集。

试验于 2010 年在北京草业与环境研究发展中心的人工气候室内进行。所有试验材料种子均于 2010 年 7 月 20 日，用 9%过氧化氢（双氧水）浸种消毒30min，清水漂洗数次后在洗净的河沙中育苗，待幼苗长出两片真叶时，挑选生长一致的幼苗移栽至水培箱（箱体长 41cm，宽 30.5cm，高 13.5cm），每个水培箱内，幼苗基部用海绵包裹，放入聚乙烯泡沫板预先打好的孔中，然后固定于水培箱上，水培箱体刷以黑漆，以防止光照及避免藻类的繁殖。每个水培箱灌注营养液 13.9L，13 个品种各放置 4 棵幼苗，设置 4 个重复，水培箱内灌注 Hogland 缺氮营养液（张志良等，2003），具体配方见表4-15。试验采用完全随机区组设计，设置 3 个氮营养胁迫梯度分别为：缺氮胁迫（$N_0$：0mmol/L）、低氮胁迫（$N_1$：0.15mmol/L）、中等供氮（$N_2$：1.5mmol/L），把灌注 Hogland 完全营养液的水培箱作为对照（CK），具体配方见表3-2。试验期间的温室内日平均气温为 24.7℃（最高 28.9℃，最低 20.5℃），相对湿度为32.2%（白天）/53%（夜间），相对光照时数为 12h，光照强度为 400μmol/(m²·s)。待幼苗长到 5 片展开叶（开始分蘖）时进行胁迫处理，营养液每周换两次，用气泵 24h 通气，每两天调节一次 pH，营养胁迫处理 60d 后测定农艺性状及各项生理指标。

表 4-15　Hogland 缺素营养液配制表

| 营养成分 | 溶液浓度/(mmol/L) | 完全（CK）/mL | –N/mL | –P/mL | –K/mL | –Ca/mL | –Mg/mL | –S/mL | –Fe/mL |
|---|---|---|---|---|---|---|---|---|---|
| Ca(NO$_3$)$_2$·4H$_2$O | 5.0 | 10 | — | 10 | 10 | — | 10 | 10 | 10 |
| KNO$_3$ | 5.0 | 10 | — | 10 | — | 10 | 10 | 10 | 10 |
| MgSO$_4$·7H$_2$O | 2.5 | 10 | 10 | 10 | 10 | 10 | — | — | 10 |
| KH$_2$PO$_4$ | 2.0 | 10 | 10 | — | - | 10 | 10 | 10 | 10 |
| NaH$_2$PO$_4$ | 2.0 | — | — | — | 10 | — | — | — | — |
| NaNO$_3$ | 5.0 | — | — | — | 10 | — | — | — | — |
| MgCl$_2$ | 2.5 | — | — | — | — | — | — | 10 | — |
| Na$_2$SO$_4$ | 2.5 | — | — | — | — | — | 10 | — | — |
| CaCl$_2$ | 5.0 | — | 10 | — | — | — | — | — | — |
| KCl | 5.0 | — | 10 | 4 | — | — | — | — | — |
| EDTA-FeNa | 0.02 | 1 | 1 | 1 | 1 | 1 | 1 | 1 | — |
| MnSO$_4$·H$_2$O | 0.006722 | 1 | 1 | 1 | 1 | 1 | 1 | 1 | 1 |
| CuSO$_4$·5H$_2$O | 0.000316 | 1 | 1 | 1 | 1 | 1 | 1 | 1 | 1 |
| ZnSO$_4$·7H$_2$O | 0.000765 | 1 | 1 | 1 | 1 | 1 | 1 | 1 | 1 |
| H$_3$BO$_3$ | 0.04625 | 1 | 1 | 1 | 1 | 1 | 1 | 1 | 1 |
| H$_2$MoO$_4$ | 0.0005 | 1 | 1 | 1 | 1 | 1 | 1 | 1 | 1 |

注："—"表示不添加对应营养成分

### 2. 测试指标

（1）生物量　　试验结束后，将整株取出，分为地上部和地下部两部分测定单株生物量，将待测植株冲洗干净，置于 105℃鼓风干燥箱中杀青 30min，然后在 65℃下烘干至恒重，称重。根冠比（root/shoot）计算：根冠比=地下部干重/地上部干重。

（2）地上部形态指标　　用钢尺对泡沫板表面至分蘖顶端叶片的长度进行株高的测量，重复 3 次；测定每株的分蘖总数；采用 LI-3100C 台式叶面积仪测量叶表面积、叶总长、平均叶宽和最大叶宽。

（3）地下部形态指标　　将水培箱中根系取出，用清水冲洗干净，使用根系扫描仪（EPISON EXPRESSION 1000XL）进行扫描，测定根长、根表面积、根体积和根平均直径。

（4）光合生理参数　　采用便携式光合作用系统测定仪 LI-6400（LI-COR Lincoln，USA）测定净光合速率（$P_n$）、气孔导度（$G_s$）、胞间 $CO_2$ 浓度（$C_i$）、蒸腾速率（$T_r$），水分利用效率（water use efficiency，WUE）计算：水分利用效率=净光合速率/蒸腾速率。测定时采用自然光，光合有效辐射（PAR）为 1100～

1200μmol/(m²·s)、CO₂ 浓度（$C_i$）为 400μmol/mol、流速为 400μmol/s、温度设定为(30±1)℃。

（5）叶绿素含量　　叶绿素含量的测定及计算方法：采用张宪政的方法，用无水乙醇、丙酮混合液 24h 遮光提取，使用 TU-1900 双光束紫外可见分光光度计，于波长 663nm、645nm 下分别测定样品的吸光值（苏正淑和张宪政，1989）。计算公式如下。

$$C_a = (12.71 A_{663} - 2.59 A_{645}) \times V/100W \times U$$
$$C_b = (22.88 A_{645} - 4.67 A_{663}) \times V/100W \times U$$

式中，$C_a$、$C_b$ 为叶绿素 a 和叶绿素 b 的浓度；$A_{645}$、$A_{663}$ 为色素提取液在波长分别为 645nm、663nm 下的吸光值；$V$ 为提取液的总体积（mL）；$W$ 为样品鲜重（g）；$U$ 为稀释倍数。

### 3. 统计分析

（1）方差分析　　试验数据采用 SAS 软件 Duncan's 新复极差法进行方差显著性分析，差异显著水平为 $P=0.05$。

（2）耐低素指数计算（张丽梅等，2004）　　为避免不同柳枝稷品种因自身生长发育特性的不同对综合评价造成影响，本试验采用耐低素指数来表述不同品种对营养胁迫的耐受性。耐低素指数（tolerant low-X index，TLX）为营养胁迫下某一性状调查值或元素含量与正常条件下某一性状调查值或元素含量比值的百分数（X 为各元素符号）。

（3）模糊数学中的隶属函数法（周广生等，2003）　　由于不同指标变量的量纲不一致，不同变量与耐贫瘠性之间的关系分别存在正相关和负相关两种情况，会对耐贫瘠性的综合评价产生不利影响。因此，采用隶属函数法对各指标变量的测定值进行标准化处理。其中，对于与耐贫瘠性呈正相关的指标，采用以下正隶属函数：

$$X(u) = (X - X_{min})/(X_{max} - X_{min})$$

若评价指标与耐贫瘠性呈负相关，则采用以下反隶属函数进行计算：

$$X(u) = (X_{max} - X)/(X_{max} - X_{min})$$

式中，$X$ 为柳枝稷某一指标测定值；$X_{max}$ 为所有测试植株某一指标同一处理下测定值内的最大值；$X_{min}$ 为所有测试植株某一指标同一处理下测定值内的最小值。

（4）标准差系数赋予权重法（李源等，2009）　　运用标准差系数赋予权重法进行柳枝稷耐营养胁迫性的综合评价。其中标准差赋予权重分析法的计算公式为

$$V_j = \frac{\sqrt{\sum_{i=1}^{n} (X_{ij} - \bar{X}_j)^2}}{\bar{X}_j}$$

$$W_j = \frac{V_j}{\sum_{j=1}^{m} V_j}$$

运用隶属函数对各指标进行标准化处理；采用标准差系数法确定各指标权重，使用公式计算出标准差系数 $V_j$，进行归一化后得到各指标的权重系数 $W_j$。

将标准化处理后的指标测定值代入公式，计算各指标的综合得分。式中，$D$ 为第 $i$ 个品种的综合得分；$W_j$ 是与评价指标 $X_{ij}$ 相应的权重系数。

$$D = \sum_{j=1}^{n} [\mu(x_j) \cdot W_j] \quad j = 1, 2, \cdots, n$$

（5）聚类分析法　　　以各评价指标的耐低素指数为依据，将其标准化处理，以欧式距离的平方为相似尺度，采用 WARD 法对数据进行聚类分析，根据其结果对 13 个柳枝稷品种（品系）进行分类。

# 三、结果与分析

## 1. 氮营养胁迫对柳枝稷生物量、农艺性状及生理指标的影响

如表 4-16 所示，在对照、中等供氮、低氮胁迫和缺氮胁迫 4 个梯度下，柳枝稷各品种的总生物量、形态指标和光合生理指标间均表现出显著性差异（$P <$ 0.05），同一品种在不同处理下上述各指标均表现出显著性差异（$P < 0.05$），不同品种在相同处理下各指标也表现出显著性差异（$P < 0.05$）。

表 4-16　不同氮营养胁迫对柳枝稷各评价指标的影响

| 处理 | 品种（品系） | 总生物量/g | 净光合速率/[μmol CO$_2$/(m$^2$·s)] | 叶绿素含量/[(mg/g)Fw] | 叶表面积/cm$^2$ | 根表面积/cm$^2$ | 株高/cm | 分蘖数/（个/株） |
|---|---|---|---|---|---|---|---|---|
| CK | Alamo | 4.73b | 16.07a | 4.35a | 238.12b | 456.31b | 69.34a | 7.09cd |
| | BJ-6 | 2.35de | 9.87ef | 4.07ab | 131.19fg | 384.12cd | 30.74e | · 6.05e |
| | Blackwell | 4.55b | 15.01ab | 4.33a | 205.69c | 521.01a | 61.32b | 4.33f |
| | BJ-4 | 1.66f | 10.27ef | 2.54e | 86.31h | 286.31f | 15.41f | 6.39cde |
| | CIR | 3.31c | 13.67bc | 3.17d | 199.57c | 396.64bcd | 39.41d | 8.27b |
| | Forestburg | 2.72d | 10.09ef | 3.04de | 186.99cd | 314.63ef | 35.64de | 7.15cd |
| | BJ-5 | 3.47c | 14.68ab | 4.27ab | 251.04b | 416.05bcd | 55.71bc | 9.24a |
| | Kanlow | 5.29a | 15.21ab | 4.41a | 294.39a | 543.69a | 74.12a | 9.23a |

续表

| 处理 | 品种（品系） | 总生物量/g | 净光合速率/[μmol CO$_2$/(m$^2$·s)] | 叶绿素含量/[(mg/g)Fw] | 叶表面积/cm$^2$ | 根表面积/cm$^2$ | 株高/cm | 分蘖数/（个/株） |
|---|---|---|---|---|---|---|---|---|
| CK | BJ-2 | 2.14ef | 9.02f | 2.85de | 165.46de | 310.25ef | 29.75e | 6.24de |
| | Pathfinder | 2.76d | 11.37de | 4.23ab | 146.35ef | 357.65de | 35.98de | 7.41bc |
| | BJ-3 | 1.89ef | 9.54ef | 3.40cd | 115.96g | 310.25f | 19.57f | 5.98e |
| | BJ-1 | 4.23b | 14.68ab | 3.71bc | 241.36b | 432.15bc | 58.42bc | 7.34bc |
| | Trailblazer | 3.53c | 12.67cd | 3.13d | 181.52cd | 403.21bcd | 52.16c | 7.47bc |
| N$_2$ | Alamo | 2.68b | 11.72bc | 3.21ab | 185.10b | 351.92b | 51.27b | 6.17b |
| | BJ-6 | 1.64e | 8.16d | 3.29ab | 92.98fg | 291.93c | 27.64e | 5.09c |
| | Blackwell | 2.41c | 12.76ab | 3.51a | 156.48c | 413.01a | 52.41b | 3.64d |
| | BJ-4 | 1.24f | 7.35d | 2.41c | 62.59h | 256.15cd | 14.56f | 5.43bc |
| | CIR | 2.26cd | 10.35c | 2.41c | 150.03c | 296.21c | 28.34e | 7.19a |
| | Forestburg | 1.97d | 8.58d | 2.12cd | 133.34d | 201.73e | 33.87d | 6.08b |
| | BJ-5 | 2.01d | 11.51bc | 3.20ab | 214.66a | 302.16c | 44.12c | 7.67a |
| | Kanlow | 3.24a | 13.56a | 3.47a | 222.84a | 413.16a | 58.37a | 7.77a |
| | BJ-2 | 1.53e | 8.14cd | 2.09cd | 122.95de | 210.02e | 25.03e | 5.43bc |
| | Pathfinder | 2.04d | 8.51d | 3.31ab | 108.53ef | 230.17de | 28.36e | 6.22b |
| | BJ-3 | 1.49e | 8.39d | 1.88d | 83.30g | 201.63e | 17.03f | 5.02c |
| | BJ-1 | 2.21cd | 11.56bc | 2.96b | 179.39b | 355.73b | 45.37c | 6.24b |
| | Trailblazer | 2.31cd | 10.20c | 2.29cd | 161.62c | 265.17cd | 44.12c | 6.29b |
| N$_1$ | Alamo | 1.47d | 7.24d | 2.34c | 131.15b | 268.13ab | 45.69a | 4.61d |
| | BJ-6 | 1.21e | 7.09d | 2.33c | 60.54f | 203.47de | 23.08fg | 3.93e |
| | Blackwell | 1.54cd | 9.32ab | 2.60b | 104.81d | 283.32a | 44.88a | 2.94f |
| | BJ-4 | 0.86g | 5.05e | 1.01h | 40.25h | 117.67f | 13.29h | 4.73d |
| | CIR | 1.64c | 7.99c | 1.62f | 109.77cd | 215.35d | 25.11ef | 5.29c |
| | Forestburg | 1.07f | 6.64d | 1.74f | 85.69e | 193.89e | 25.15ef | 4.86d |
| | BJ-5 | 1.24e | 8.22c | 2.09d | 148.11a | 199.75de | 32.19d | 6.84a |
| | Kanlow | 2.84a | 9.75a | 2.51bc | 145.46a | 273.65a | 46.09a | 6.39b |
| | BJ-2 | 1.29e | 4.85e | 1.91e | 79.78e | 193.81e | 21.77g | 4.24e |
| | Pathfinder | 1.17ef | 6.66d | 2.98a | 67.41f | 112.89f | 26.19e | 4.82d |
| | BJ-3 | 0.94g | 5.20e | 1.71f | 51.19g | 110.51f | 15.24h | 3.83e |
| | BJ-1 | 1.56cd | 8.92b | 2.11d | 117.55c | 255.22bc | 38.26b | 4.70d |
| | Trailblazer | 1.84b | 8.13c | 1.25g | 110.73cd | 244.67c | 35.52c | 4.78d |
| N$_0$ | Alamo | 1.14b | 4.37c | 1.31b | 63.60cd | 170.40b | 40.31a | 3.19e |
| | BJ-6 | 0.45e | 3.32d | 1.21bc | 32.80hi | 116.85ef | 20.35d | 3.33e |
| | Blackwell | 1.02b | 4.94b | 1.49a | 58.11de | 205.44a | 35.14b | 2.25f |

| 处理 | 品种<br>（品系） | 总生物量/g | 净光合速<br>率/[μmol<br>$CO_2$/($m^2$·s)] | 叶绿素含量<br>/[(mg/g)Fw] | 叶表面积<br>/$cm^2$ | 根表面积<br>/$cm^2$ | 株高/cm | 分蘖数/<br>（个/株） |
|---|---|---|---|---|---|---|---|---|
| | BJ-4 | 0.51de | 3.63d | 0.86ef | 26.29i | 95.47f | 11.20f | 3.39de |
| | CIR | 0.67cd | 3.86cd | 1.04cde | 56.27ef | 156.40bc | 18.37d | 4.71bc |
| | Forestburg | 0.61cde | 3.44d | 0.93ef | 49.87ef | 158.99bc | 19.81d | 3.65de |
| | BJ-5 | 0.81c | 7.69a | 1.21bc | 92.89a | 122.33de | 20.64d | 5.36a |
| $N_0$ | Kanlow | 1.55a | 5.31b | 1.34b | 70.14c | 181.36b | 36.90ab | 4.80b |
| | BJ-2 | 0.42e | 3.87cd | 0.92ef | 46.33fg | 107.13ef | 16.31de | 3.49de |
| | Pathfinder | 0.82c | 3.36d | 1.24bc | 40.85gh | 106.69ef | 20.47d | 4.52bc |
| | BJ-3 | 0.61cde | 3.52d | 0.81f | 34.74hi | 92.36f | 13.52ef | 3.17e |
| | BJ-1 | 0.82c | 3.23d | 1.14bcd | 82.06b | 162.74bc | 26.14d | 3.89de |
| | Trailblazer | 0.74c | 3.57d | 0.99def | 56.27de | 141.02cd | 20.14d | 4.11cd |

注：表中数值为 4 个重复的平均值；同列数字后不同小写字母表示品种或处理间差异显著（$P<0.05$）

与 CK 相比，供试的柳枝稷品种在氮营养胁迫下各评价指标均受到不利影响（表 4-17），具体表现为：随着氮素梯度的降低，从 CK 到 $N_0$，各指标均呈现降低趋势，除株高外，其余指标在不同梯度的氮素处理下均表现出显著性差异（$P<0.05$）。

表 4-17　不同氮营养胁迫对柳枝稷各评价指标的影响

| 处理 | 总生物量/g | 净光合速率<br>/[μmol$CO_2$/($m^2$·s)] | 叶绿素含量<br>/[(mg/g)Fw] | 叶表面积<br>/$cm^2$ | 根表面积<br>/$cm^2$ | 株高/cm | 分蘖数/<br>（个/株） |
|---|---|---|---|---|---|---|---|
| CK | 3.28a | 12.46a | 3.65a | 188.00a | 393.72a | 44.43a | 7.09a |
| $N_2$ | 2.08b | 10.06b | 2.78b | 144.14b | 291.46b | 35.95b | 6.02b |
| $N_1$ | 1.44c | 7.31c | 2.02c | 96.34c | 205.56c | 30.19b | 4.77c |
| $N_0$ | 0.78d | 4.16d | 1.11d | 54.35d | 139.78d | 23.02c | 3.84d |

注：表中数值为 4 个重复的平均值，同列数字后的不同小写字母表示处理间差异显著（$P<0.05$）

由各评价指标可以看出（表 4-18），不同品种的净光合速率与叶绿素含量并未表现出显著性差异（$P<0.05$）；若以总生物量为衡量指标，则 'Kanlow' 表现最好，显著优于 BJ-6、'Cave-In-Rock'、BJ-4、'Forestburg'、BJ-5、BJ-2、'Pathfinder' 和 BJ-3 等品种，生物量最低的品种为 BJ-4（$P<0.05$）；对于叶表面积来说，'Kanlow' 最大，显著高于 BJ-6、BJ-4、BJ-2、'Pathfinder' 和 BJ-3 等品种，BJ-4 的叶表面积值最低；从根表面积来看，'Blackwell' 和 'Kanlow' 最大，显著高于 BJ-4、'Forestburg'、BJ-2、'Pathfinder'、BJ-3 等品种（品系）（$P<0.05$），根表面积最小的为 BJ-3；各品种株高差异显著（$P<0.05$），'Kanlow' 表现最好，'Alamo' 次

之，表现最差的品种为 BJ-4；BJ-5 的分蘖数最多，与 'Cave-in-rock' 和 'Kanlow' 相比未表现出显著性差异，但显著多于其余各品种，分蘖数最少的品种为 'Blackwell'（$P<0.05$）。

表 4-18　不同品种柳枝稷耐氮营养胁迫性评价指标

| 品种（品系） | 总生物量/g | 净光合速率/[μmolCO₂/(m²·s)] | 叶绿素含量/[(mg/g)Fw] | 叶表面积/cm² | 根表面积/cm² | 株高/cm | 分蘖数/（个/株） |
|---|---|---|---|---|---|---|---|
| Alamo | 2.51ab | 9.85a | 2.80a | 154.49ab | 311.69ab | 51.65a | 5.26cd |
| BJ-6 | 1.41bc | 7.11a | 2.73a | 79.38cd | 249.09ab | 25.45ef | 4.60d |
| Blackwell | 2.38abc | 10.51a | 2.98a | 131.27abc | 355.69a | 48.44ab | 3.29e |
| BJ-4 | 1.07c | 6.58a | 1.71a | 53.86d | 188.90b | 13.62g | 4.98cd |
| CIR | 1.97bc | 8.97a | 2.06a | 127.98abc | 266.15ab | 27.81de | 6.37abc |
| Forestburg | 1.59bc | 7.19a | 1.96a | 113.91abcd | 217.31b | 28.62de | 5.43cd |
| BJ-5 | 1.88bc | 10.49a | 2.69a | 176.67a | 260.07ab | 38.17cd | 7.28a |
| Kanlow | 3.23a | 10.96a | 2.93a | 183.21a | 352.97a | 53.87a | 7.05ab |
| BJ-2 | 1.35bc | 6.47a | 1.94a | 103.63bcd | 205.30b | 23.22ef | 4.85cd |
| Pathfinder | 1.70bc | 7.47a | 2.94a | 90.78bcd | 201.85b | 27.75de | 5.74bcd |
| BJ-3 | 1.23bc | 6.67a | 1.95a | 71.03cd | 175.21b | 16.34fg | 4.50d |
| BJ-1 | 2.21abc | 9.60a | 2.48a | 155.09ab | 301.46ab | 42.05bc | 5.54bcd |
| Trailblazer | 2.11abc | 8.64a | 1.92a | 127.53abc | 263.52ab | 37.21cd | 5.66bcd |

注：表中数值为 4 个重复的平均值，同列数字后的不同字母表示品种间差异显著（$P<0.05$）

## 2. 氮营养胁迫下柳枝稷评价指标的耐低氮指数

在逆境植物生物学研究过程中，比较不同种类植物绝对生长量往往会因为植物个体大小、生长发育阶段不同而变得非常复杂，在这种情况下，比较其相对生长量就能反映出它们的抗性强弱（王宝山，2010）。

由表 4-19 可见，中等供氮处理下，对于净光合速率、叶表面积、株高及分蘖数来说，各品种间的耐低氮指数差异并不显著（$P<0.05$）；对于总生物量来说，耐低氮指数最高的品种为 BJ-3，显著高于 'Alamo' 'Blackwell'、BJ-5 和 BJ-1 等品种（$P<0.05$），其中 BJ-1 的耐低氮指数最低；叶绿素含量耐低氮指数最高的品种为 BJ-4，显著高于其余各品种（$P<0.05$），BJ-3 表现最差；'Forestburg' 和 'Pathfinder' 品种的根表面积耐低氮指数最低，分别为 64.34% 和 64.67%，显著低于其余各品种（$P<0.05$），表现最好的品种为 BJ-4。

表 4-19　中等供氮处理下各评价指标的耐低氮指数（%）

| 品种（品系） | 总生物量 | 净光合速率 | 叶绿素含量 | 叶表面积 | 根表面积 | 株高 | 分蘖数 |
|---|---|---|---|---|---|---|---|
| Alamo | 57.36bc | 73.83a | 74.70ab | 78.69a | 78.07ab | 74.85a | 88.07a |
| BJ-6 | 69.94abc | 82.81a | 81.00a | 71.02a | 76.15ab | 90.10a | 84.38a |
| Blackwell | 53.42c | 85.70a | 81.73a | 76.70a | 79.93ab | 86.17a | 84.69a |
| BJ-4 | 74.79ab | 71.66a | 95.00a | 72.61a | 89.58a | 94.61a | 85.11a |
| CIR | 68.40abc | 75.83a | 76.14ab | 75.29a | 74.80ab | 72.02a | 87.14a |
| Forestburg | 72.67abc | 85.34a | 69.98ab | 71.55a | 64.34b | 95.36a | 85.29a |
| BJ-5 | 58.00bc | 79.26a | 75.04ab | 85.62a | 72.73ab | 79.30a | 83.11a |
| Kanlow | 61.72abc | 89.85a | 79.29ab | 76.28a | 76.58ab | 79.36a | 84.86a |
| BJ-2 | 71.58abc | 90.38a | 73.43ab | 74.40a | 67.78ab | 84.24a | 87.11a |
| Pathfinder | 74.27ab | 75.23a | 78.63ab | 74.52a | 64.67b | 79.21a | 84.41a |
| BJ-3 | 79.25a | 88.44a | 55.57b | 72.20a | 68.39ab | 87.47a | 84.43a |
| BJ-1 | 52.35c | 78.90a | 79.95ab | 74.48a | 82.49ab | 77.82a | 85.18a |
| Trailblazer | 65.53abc | 80.62a | 73.27ab | 89.16a | 65.86ab | 78.74a | 84.33a |

注：表中数值为 4 个重复的平均值，同列数字后的不同字母表示品种间差异显著（$P<0.05$）

　　如表 4-20 所述，各品种间分蘖数的耐低氮指数未表现出显著性差异（$P<0.05$）；各品种间的总生物量、净光合速率、叶绿素含量、根表面积和株高的差异显著（$P<0.05$），5 个指标耐低氮指数最高的品种分别为 BJ-2、BJ-6、'Pathfinder'、BJ-2 和 BJ-4；对于叶表面积来说，表现最好的品种为 'Trailblazer'，且显著优于其他品种（$P<0.05$）。

表 4-20　低氮胁迫下各评价指标的耐低氮指数（%）

| 品种（品系） | 总生物量 | 净光合速率 | 叶绿素含量 | 叶表面积 | 根表面积 | 株高 | 分蘖数 |
|---|---|---|---|---|---|---|---|
| Alamo | 31.27f | 45.35h | 54.13bcd | 55.42bc | 59.13ab | 66.31cdef | 65.41a |
| BJ-6 | 51.48b | 71.84a | 57.24bc | 46.14d | 52.96cd | 75.07bc | 64.99a |
| Blackwell | 33.92ef | 62.23bcd | 60.19b | 51.08cd | 54.51bc | 73.36bcd | 68.16a |
| BJ-4 | 51.97b | 49.31gh | 39.89e | 46.79d | 41.23e | 86.52a | 74.24a |
| CIR | 49.57b | 58.48cdef | 51.13cd | 55.03bc | 54.33bc | 63.75def | 64.04a |
| Forestburg | 39.33cd | 65.82b | 57.23bc | 45.82d | 61.62a | 70.55bcde | 67.99a |
| BJ-5 | 35.73def | 56.58def | 48.94d | 59.00ab | 48.01c | 57.78f | 74.00a |
| Kanlow | 53.79b | 64.23bc | 57.02bc | 49.51d | 50.43cd | 62.30ef | 69.33a |
| BJ-2 | 60.27a | 53.76fg | 67.00a | 48.20d | 62.46a | 73.16bcd | 67.99a |
| Pathfinder | 42.46c | 58.65cdef | 70.57a | 46.14d | 31.62f | 72.91bcd | 65.11a |
| BJ-3 | 49.95b | 54.79efg | 50.51cd | 44.33d | 37.45e | 78.21b | 64.27a |
| BJ-1 | 36.93de | 60.85bcde | 56.96bc | 48.78d | 59.15ab | 65.59cdef | 64.10a |
| Trailblazer | 52.15b | 64.19bc | 39.95e | 61.02a | 60.70a | 68.12bcde | 64.02a |

注：表中数值为 4 个重复的平均值，同列数字后的不同字母表示品种间差异显著（$P<0.05$）

　　由表 4-21 可知，在缺氮胁迫下，各品种分蘖数的耐低氮指数未表现出显著性差异（$P<0.05$）；对于总生物量来说，BJ-3 的耐低氮指数最高，与 BJ-4、'Kanlow''Pathfinder' 和 BJ-3 相比未表现出显著性差异（$P<0.05$），但显著高于其他品种；BJ-5 的净光合速率耐低氮指数最高且显著高于其他品种，BJ-1 最低；对于叶绿素含量来说，表现最好的为 'Blackwell'，显著高于其他品种，BJ-3 的耐低氮指数最低；叶表面积耐低氮指数最高的品种为 BJ-5，显著高于其余各品种，表现最差的品种为 'Kanlow'；'Forestburg' 的根表面积耐低氮指数显著高于其他品种，且其余各品种之间未表现出显著性差异（$P<0.05$）；对于株高来说，BJ-4、BJ-6 和 BJ-3 在此处理下的耐受性最强，三者之间显著性并不显著，但显著高于其余各品种（$P<0.05$）。

表 4-21　缺氮胁迫下各评价指标的耐低氮指数（%）

| 品种（品系） | 总生物量 | 净光合速率 | 叶绿素含量 | 叶表面积 | 根表面积 | 株高 | 分蘖数 |
|---|---|---|---|---|---|---|---|
| Alamo | 24.38b | 27.51cd | 30.46ab | 27.02bc | 37.78b | 58.81bc | 45.52a |
| BJ-6 | 19.18b | 33.72cd | 29.78ab | 25.04c | 30.47b | 66.32ab | 55.10a |
| Blackwell | 22.53b | 33.08cd | 34.59a | 28.40bc | 39.63b | 57.60bc | 52.27a |
| BJ-4 | 30.81a | 35.45cd | 33.96a | 30.56bc | 33.45b | 72.89a | 53.16a |
| CIR | 20.27b | 28.27cde | 32.85a | 26.36bc | 39.48b | 46.67cd | 57.08a |
| Forestburg | 22.49b | 34.20cd | 30.69ab | 26.75bc | 50.69a | 55.75bc | 51.15a |
| BJ-5 | 23.37b | 52.94a | 28.36ab | 37.03a | 29.42b | 37.08d | 58.05a |
| Kanlow | 29.34a | 34.96cd | 30.42ab | 23.86c | 33.40b | 49.85cd | 52.07a |
| BJ-2 | 19.65b | 42.95b | 32.31ab | 28.02bc | 34.56b | 54.87bc | 56.05a |
| Pathfinder | 29.88a | 29.68cde | 29.48ab | 28.07bc | 30.00b | 57.22bc | 61.35a |
| BJ-3 | 32.31a | 36.93cd | 23.85b | 29.99bc | 31.20b | 69.16ab | 53.05a |
| BJ-1 | 19.43b | 22.07e | 30.80ab | 34.08ab | 37.74b | 44.84cd | 53.12a |
| Trailblazer | 20.99b | 28.22cde | 31.67ab | 31.04bc | 35.02b | 38.66d | 55.08a |

注：表中数值为 4 个重复的平均值，同列数字后的不同字母表示品种间差异显著（$P<0.05$）

### 3. 低氮胁迫下柳枝稷评价指标耐低氮指数多重比较的聚类分析

　　以表 4-20 中各评价指标的耐低氮指数为依据，将其标准化处理，对数据进行聚类分析（图 4-1），根据其结果可将 13 个柳枝稷品种分为 3 类，即耐低氮胁迫型：'Alamo' 和 BJ-5。中等耐低氮胁迫型：BJ-6、'Blackwell''Forestburg'、BJ-1、'Cave-In-Rock''Kanlow'、BJ-2、'Trailblazer'。低氮胁迫敏感型：BJ-4、'Pathfinder'、BJ-3。

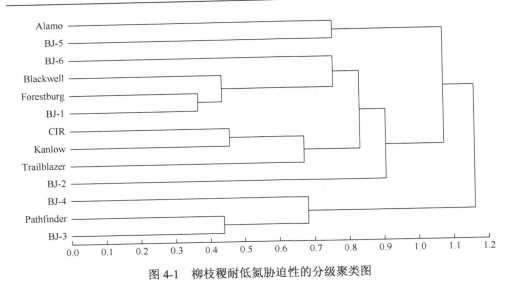

图 4-1　柳枝稷耐低氮胁迫性的分级聚类图

**4. 标准差系数赋予权重法评价柳枝稷耐氮营养胁迫性**

由表 4-22 可知，中等供氮梯度下，该评价体系中叶表面积、根表面积和株高的权重最大，分别为 0.2095、0.1641 和 0.1380，权重加和为体系总权重的51.16%，说明柳枝稷的形态指标为该体系的主要评价指标。采用标准差系数赋予权重法对各柳枝稷品种进行综合评价，表中的综合评价代表了各品种的耐氮营养胁迫性，其中 BJ-4 的综合评价值最大，则其在此梯度下综合表现最好。依照此权重方法分析得出柳枝稷各品种的耐受能力为：BJ-4＞BJ-2＞'Trailblazer'＞'Kanlow'＞'Blackwell'＞BJ-6＞'Forestburg'＞BJ-3＞'Alamo'＞BJ-5＞'Cave-in-rock'＞BJ-1＞'Pathfinder'。

表 4-22　中等供氮处理下各指标隶属函数值、权重、综合评价

| 品种<br>（品系） | 隶属函数值 | | | | | | | 综合评价<br>（D 值） | 排序 |
|---|---|---|---|---|---|---|---|---|---|
| | $\mu(1)$ | $\mu(2)$ | $\mu(3)$ | $\mu(4)$ | $\mu(5)$ | $\mu(6)$ | $\mu(7)$ | | |
| Alamo | 0.1863 | 0.1158 | 0.4852 | 0.4231 | 0.5442 | 0.1211 | 1.0000 | 0.4121 | 9 |
| BJ-6 | 0.6539 | 0.5958 | 0.6449 | 0.0000 | 0.4681 | 0.7745 | 0.2568 | 0.4410 | 6 |
| Blackwell | 0.0397 | 0.7502 | 0.6635 | 0.3134 | 0.6177 | 0.6062 | 0.3193 | 0.4575 | 5 |
| BJ-4 | 0.8343 | 0.0000 | 1.0000 | 0.0880 | 1.0000 | 0.9677 | 0.4029 | 0.5683 | 1 |
| CIR | 0.5966 | 0.2226 | 0.5217 | 0.2355 | 0.4144 | 0.0000 | 0.8124 | 0.3812 | 11 |
| Forestburg | 0.7556 | 0.7309 | 0.3655 | 0.0295 | 0.0000 | 1.0000 | 0.4398 | 0.4332 | 7 |
| BJ-5 | 0.2101 | 0.4061 | 0.4938 | 0.8049 | 0.3324 | 0.3118 | 0.0000 | 0.3915 | 10 |
| Kanlow | 0.3484 | 0.9717 | 0.6016 | 0.2901 | 0.4851 | 0.3144 | 0.3536 | 0.4602 | 4 |

续表

| 品种<br>（品系） | 隶属函数值 | | | | | | | 综合评价<br>（D 值） | 排序 |
|---|---|---|---|---|---|---|---|---|---|
| | $\mu(1)$ | $\mu(2)$ | $\mu(3)$ | $\mu(4)$ | $\mu(5)$ | $\mu(6)$ | $\mu(7)$ | | |
| BJ-2 | 0.7151 | 1.0000 | 0.4530 | 0.1866 | 0.1364 | 0.5236 | 0.8069 | 0.5105 | 2 |
| Pathfinder | 0.8151 | 0.1905 | 0.5848 | 0.1931 | 0.0131 | 0.3078 | 0.2623 | 0.3049 | 13 |
| BJ-3 | 1.0000 | 0.8965 | 0.0000 | 0.0654 | 0.1605 | 0.6618 | 0.2657 | 0.4192 | 8 |
| BJ-1 | 0.0000 | 0.3869 | 0.6183 | 0.1907 | 0.7191 | 0.2484 | 0.4170 | 0.3544 | 12 |
| Trailblazer | 0.4900 | 0.4785 | 0.4489 | 1.0000 | 0.0603 | 0.2877 | 0.2461 | 0.4604 | 3 |
| 权重 | 0.1321 | 0.1337 | 0.0877 | 0.2095 | 0.1641 | 0.1380 | 0.1349 | | |

注：表中 $\mu(1)$～$\mu(7)$ 分别对应总生物量、净光合速率、叶绿素含量、叶表面积、根表面积、株高和分蘖数的隶属函数值，后同

表 4-23 表明，低氮胁迫处理下，分蘖数、叶表面积和总生物量的权重最大，分别为 0.2313、0.1784 和 0.1338，加和为体系总权重的 54.35%，说明此体系偏重于总生物量和地上部形态的衡量。采用标准差系数赋予权重法对各柳枝稷品种进行综合评价，其中 BJ-2 的综合评价值最大，表明该品种在该处理下综合表现最好。依照此法得出柳枝稷各品种的耐胁迫能力为：BJ-2＞BJ-5＞BJ-4＞'Kanlow'＞'Trailblazer'＞'Blackwell'＞BJ-6＞'Forestburg'＞'Cave-in-rock'＞'Pathfinder'＞'Alamo'＞BJ-1＞BJ-3。

表 4-23　低氮胁迫下各指标隶属函数值、权重、综合评价

| 品种<br>（品系） | 隶属函数值 | | | | | | | 综合评价<br>（D 值） | 排序 |
|---|---|---|---|---|---|---|---|---|---|
| | $\mu(1)$ | $\mu(2)$ | $\mu(3)$ | $\mu(4)$ | $\mu(5)$ | $\mu(6)$ | $\mu(7)$ | | |
| Alamo | 0.0000 | 0.0000 | 0.4642 | 0.6646 | 0.8921 | 0.2967 | 0.1358 | 0.3336 | 11 |
| BJ-6 | 0.6969 | 1.0000 | 0.5654 | 0.1083 | 0.6921 | 0.6016 | 0.0944 | 0.4567 | 7 |
| Blackwell | 0.0914 | 0.6371 | 0.6616 | 0.4041 | 0.7422 | 0.5422 | 0.4047 | 0.4705 | 6 |
| BJ-4 | 0.7138 | 0.1495 | 0.0000 | 0.1471 | 0.3117 | 1.0000 | 1.0000 | 0.5243 | 3 |
| CIR | 0.6312 | 0.4955 | 0.3665 | 0.6412 | 0.7364 | 0.2079 | 0.0014 | 0.3977 | 9 |
| Forestburg | 0.2780 | 0.7726 | 0.5651 | 0.0889 | 0.9728 | 0.4445 | 0.3884 | 0.4491 | 8 |
| BJ-5 | 0.1538 | 0.4238 | 0.2951 | 0.8788 | 0.5315 | 0.0000 | 0.9765 | 0.5389 | 2 |
| Kanlow | 0.7766 | 0.7127 | 0.5584 | 0.3101 | 0.6099 | 0.1573 | 0.5196 | 0.5065 | 4 |
| BJ-2 | 1.0000 | 0.3174 | 0.8837 | 0.2319 | 1.0000 | 0.5353 | 0.3881 | 0.5755 | 1 |
| Pathfinder | 0.3858 | 0.5018 | 1.0000 | 0.1081 | 0.0000 | 0.5266 | 0.1064 | 0.3395 | 10 |
| BJ-3 | 0.6442 | 0.3562 | 0.3462 | 0.0000 | 0.1891 | 0.7108 | 0.0245 | 0.2805 | 13 |
| BJ-1 | 0.1952 | 0.5851 | 0.5565 | 0.2663 | 0.8928 | 0.2718 | 0.0075 | 0.3308 | 12 |
| Trailblazer | 0.7199 | 0.7111 | 0.0020 | 1.0000 | 0.9430 | 0.3598 | 0.0000 | 0.4908 | 5 |
| 权重 | 0.1338 | 0.1082 | 0.1244 | 0.1784 | 0.0999 | 0.1239 | 0.2313 | | |

如表 4-24 所示,缺氮胁迫下,总生物量、根表面积和叶表面积的权重最大,分别为 0.2000、0.1966 和 0.1514,权重加和为体系总权重的 54.8%,这表明该评价体系侧重于柳枝稷总生物量与形态指标的评价。采用标准差系数赋予权重法对各品种进行综合评价,其中 BJ-4 的综合评价值最大,则该品种在此梯度下耐受性最强。依照此权重法得出各品种的耐缺氮胁迫能力为:BJ-4 > BJ-3 > 'Forestburg' > 'Pathfinder' > BJ-5 > 'Blackwell' > BJ-2 > 'Kanlow' > 'Alamo' > 'Cave-in-rock' > BJ-1 > 'Trailblazer' > BJ-6。

表 4-24　缺氮胁迫下各指标隶属函数值、权重、综合评价

| 品种（品系） | 隶属函数值 | | | | | | | 综合评价（D 值） | 排序 |
|---|---|---|---|---|---|---|---|---|---|
| | $\mu(1)$ | $\mu(2)$ | $\mu(3)$ | $\mu(4)$ | $\mu(5)$ | $\mu(6)$ | $\mu(7)$ | | |
| Alamo | 0.3959 | 0.1763 | 0.6160 | 0.2397 | 0.3929 | 0.6067 | 0.0000 | 0.3502 | 9 |
| BJ-6 | 0.0000 | 0.3774 | 0.5527 | 0.0898 | 0.0494 | 0.8164 | 0.6049 | 0.2888 | 13 |
| Blackwell | 0.2552 | 0.3567 | 1.0000 | 0.3445 | 0.4802 | 0.5731 | 0.4261 | 0.4484 | 6 |
| BJ-4 | 0.8860 | 0.4335 | 0.9413 | 0.5085 | 0.1892 | 1.0000 | 0.4823 | 0.6103 | 1 |
| CIR | 0.0828 | 0.2010 | 0.8383 | 0.1901 | 0.4731 | 0.2679 | 0.7300 | 0.3418 | 10 |
| Forestburg | 0.2522 | 0.3929 | 0.6369 | 0.2197 | 1.0000 | 0.5214 | 0.3557 | 0.4920 | 3 |
| BJ-5 | 0.3187 | 1.0000 | 0.4202 | 1.0000 | 0.0000 | 0.0000 | 0.7915 | 0.4650 | 5 |
| Kanlow | 0.7737 | 0.4176 | 0.6123 | 0.0000 | 0.1870 | 0.3566 | 0.4135 | 0.3881 | 8 |
| BJ-2 | 0.0353 | 0.6763 | 0.7880 | 0.3161 | 0.2417 | 0.4968 | 0.6653 | 0.3925 | 7 |
| Pathfinder | 0.8149 | 0.2465 | 0.5248 | 0.3199 | 0.0273 | 0.5623 | 1.0000 | 0.4652 | 4 |
| BJ-3 | 1.0000 | 0.4815 | 0.0000 | 0.4657 | 0.0836 | 0.8958 | 0.4758 | 0.5189 | 2 |
| BJ-1 | 0.0186 | 0.0000 | 0.6474 | 0.7758 | 0.3913 | 0.2168 | 0.4800 | 0.3270 | 11 |
| Trailblazer | 0.1377 | 0.1992 | 0.7287 | 0.5454 | 0.2634 | 0.0442 | 0.6037 | 0.3141 | 12 |
| 权重 | 0.2000 | 0.1395 | 0.0840 | 0.1514 | 0.1966 | 0.1336 | 0.0948 | | |

## 四、讨论与结论

本试验结果表明,氮营养胁迫下,柳枝稷的总生物量、株高、分蘖数、净光合速率、叶绿素含量、根表面积、叶表面积等评价指标均受到显著抑制,这与汤继华等（2005）在玉米、汪晓丽等（2010）在小麦、樊明寿等（2006）在燕麦上的研究结果一致。植物品种间的氮素营养差异研究始于 20 世纪 30 年代,到目前为止,在小麦、水稻、高粱、玉米、大豆、棉花、牧草等作物上均有相关报道。柳枝稷的不同品种在遭受氮营养胁迫时的响应情况各不相同,这与张定一等（2006）在不同基因型小麦和汤继华等（2005）在不同玉米自交系上得出结论一致。

　　尽管很多学者进行了不同作物的耐低营养基因型筛选和耐低营养潜力分析，但对耐低营养基因型评价指标的选定尚未形成一致看法。本研究基于柳枝稷培育过程中指标测定情况和观测结果，根据氮素在植物体内的循环机制，在他人研究的基础上，结合同科或同属作物的评价指标，选定了总生物量、叶绿素含量、净光合速率、根表面积、叶表面积、株高、分蘖数来综合衡量柳枝稷耐低氮胁迫的能力。本试验选取了品种间各评价指标耐低氮系数差异较为显著的 $N_1$ 梯度进行聚类分析，根据耐低氮胁迫能力的强弱将各柳枝稷品种分为 3 类，同时针对每个氮营养胁迫梯度下不同柳枝稷品种的综合表现对其进行排序，以定量地衡量每个品种的耐贫瘠能力。鉴定结果与试验中的实际观测基本一致，但有些品种也有出入，如 $N_0$ 梯度的综合评价结果显示 BJ-4 耐缺氮胁迫性最强，但试验观测到其表现一般，这可能不仅是耐低氮指数统计带来的影响，也可能与评价指标的筛选及权重系数的确定有关，本研究中采用标准差系数法来确定指标的权重，这就忽略了人为的试验经验带来的主观信息，虽然对整体试验结果影响不大，但是使得个别综合评价结果与实际观测有偏差，所以在以后针对柳枝稷耐贫瘠性的研究中，如何确定评价指标和探讨合理的定权方法依然是研究的重点之一。

　　本试验结果显示，不同氮营养胁迫下，各柳枝稷品种耐胁迫能力并不完全相同，表明不同柳枝稷品种对不同水平低氮胁迫的敏感性和耐受机制不同。随供氮水平逐步下降，按照综合表现将各品种进行排名，按照排名情况将这些品种分为如下 4 类，并推测其机制。

　　1）综合表现的名次先上升后下降的品种有 'Cave-in-rock'、BJ-5 和 BJ-2，相对于其他品种，这类品种对胁迫较为敏感，处于胁迫下（$N_1$ 梯度），体内的响应机制能够快速启动，增强自身对该胁迫的耐受性并抵御胁迫带来的不良影响，但在胁迫程度（$N_0$ 梯度）超过其耐受能力时，耐受性和养分利用效率会大幅下降，生长状况和生理活动会受到严重抑制。

　　2）名次先下降后上升的品种有 'Alamo'、BJ-4、'Forestburg' 和 BJ-3，这说明相对于其他品种，该类品种对氮营养胁迫不敏感，在胁迫程度较强（$N_2$ 和 $N_1$ 梯度）的情况下响应机制尚未启动，当胁迫达到一定程度时（$N_0$ 梯度）则开始响应。

　　3）名次持续下降的品种有 BJ-6、'Blackwell''Kanlow' 和 'Trailblazer'，相比而言，该类品种对胁迫最为敏感且耐贫瘠胁迫响应机制反应较慢或效应不明显，导致随逆境胁迫程度的加深（从 $N_2$ 到 $N_0$），其生理活动受到的负面影响持续增大。

　　4）名次持续上升的品种有 BJ-1 和 'Pathfinder'，相较其他品种，该类品种对胁迫敏感，耐胁迫响应机制能够快速启动，且随胁迫加剧（从 $N_2$ 到 $N_0$ 梯度），其耐受性相应增强。

由于不同品种综合表现的排序是相对于品种之间进行的，因此受品种数量和品种间差异的影响，此外，此分类方法下，每一类品种名次的变化也不完全相同，此分类方法旨在阐明本试验条件下，不同柳枝稷品种针对不同程度胁迫的相对综合表现，因此有关各品种实际的耐低营养胁迫的能力还有待进一步研究。

## 第五节　柳枝稷对磷营养胁迫的响应

### 一、引言

磷是植物生长发育所需的三大营养元素之一，参与并影响植物体内许多重要的代谢过程。不同作物或同一作物不同品种在磷吸收、运输和利用方面均存在差异。据统计，我国有 2/3 耕地缺磷（Wissuwa，2003），边际土地上磷素缺乏更加严重，而我国磷矿资源匮乏，因此利用不同作物基因型间对磷吸收利用效率的差异，筛选和培育高产高效作物品种，挖掘作物自身磷营养高效的遗传潜力，改良作物磷营养性状，对提高磷肥利用率、节约磷矿资源有重要意义。柳枝稷的磷、钾肥利用效率相对较高，对增施磷、钾肥响应很小，甚至没有响应（Anderson and Moore，2000；Hall et al.，1982）。在磷素缺乏的土壤中施用磷、钾肥对柳枝稷没有影响（Hall et al.，1982）。Muir 等（2001）的研究结果表明，在每年收获一次的柳枝稷生产模式下，施磷肥不影响柳枝稷 'Alamo' 的产量。以上针对柳枝稷的磷肥效应研究主要侧重于生物质产量的响应情况，彭正萍等（2009）研究表明，磷素供应会影响玉米苗期的生物量、地上和根系形态指标；张丽梅等（2004）针对不同玉米自交系在低磷胁迫下干重、株高、叶色等指标的变化，对 300 份供试材料进行了系统的比较和鉴定。但国内外针对不同品种柳枝稷耐低磷营养特性的研究尚未见报道。且目前国内外对植物耐低磷基因型种质筛选的评价指标尚未形成统一认识（严小龙和张福锁，1997）。本研究根据前人的研究，拟选用总生物量、叶绿素含量、净光合速率、根表面积、根长、株高等评价指标，采用聚类分析法和标准差系数赋予权重法来综合评价不同供磷水平下柳枝稷的耐贫瘠性，使用柯布-道格拉斯函数对柳枝稷在磷营养胁迫下各指标基于总生物量的弹性系数进行分析，旨在为柳枝稷耐低磷基因型的筛选和遗传改良奠定基础。

### 二、材料与方法

试验设计、测定项目与方法及数据分析等具体内容内容详见本章第四节"柳枝稷对氮营养胁迫的响应"部分，本试验采用完全随机区组设计，水培箱内灌注 Hogland 缺磷营养液，设置 3 个磷营养梯度，分别为缺磷胁迫（$P_0$：0mmol/L）、低磷胁迫（$P_1$：0.04mmol/L）、中等供磷（$P_2$：0.4mmol/L）、灌注 Hogland 完全营养液的水培箱作为对照（CK），具体配方见本章第四节 Hogland 缺素营养液配制表（表 4-15）。

## 三、结果与分析

### 1. 磷营养胁迫对柳枝稷生物量、农艺性状及生理指标的影响

柳枝稷耐低磷胁迫评价指标测定值如表 4-25 所示，在中等供磷、低磷及缺磷 3 个水平下，各品种的生物量、形态指标和光合生理指标之间均表现出显著性差异（$P < 0.05$），相同品种在不同程度的磷营养胁迫下，上述各指标均表现出显著性差异，不同品种在相同处理下各指标均表现出显著性差异（$P < 0.05$）。

表 4-25　不同磷营养胁迫对柳枝稷各评价指标的影响

| 处理 | 品种（品系） | 总生物量/g | 净光合速率 /[μmolCO$_2$/(m$^2$·s)] | 叶绿素含量 /[(mg/g)Fw] | 根长/cm | 根表面积 /cm$^2$ | 株高/cm |
|------|------------|-----------|------------------------------------|------------------------|---------|------------------|---------|
| CK | Alamo | 4.73b | 16.07a | 4.35a | 4957.40ab | 456.31b | 69.34a |
| | BJ-6 | 2.35de | 9.87ef | 4.07ab | 2913.70de | 384.12cd | 30.74e |
| | Blackwell | 4.55b | 15.01ab | 4.33a | 5085.40ab | 521.01a | 61.32b |
| | BJ-4 | 1.66f | 9.10f | 2.54e | 2251.5fg | 286.31f | 15.41f |
| | CIR | 3.31c | 13.67bc | 3.17d | 3249.00d | 396.64bcd | 39.41d |
| | Forestburg | 2.72d | 10.09ef | 3.04de | 2846.90de | 314.63ef | 35.64de |
| | BJ-5 | 3.47c | 14.53ab | 4.27ab | 4563.30b | 416.05bcd | 55.71bc |
| | Kanlow | 5.29a | 15.21ab | 4.41a | 5426.40a | 543.69a | 74.12a |
| | BJ-2 | 2.14ef | 9.02f | 2.85de | 2565.00ef | 310.25ef | 29.75e |
| | Pathfinder | 2.76d | 11.37de | 4.23ab | 2635.90ef | 357.65de | 35.98de |
| | BJ-3 | 1.89ef | 9.54ef | 3.40cd | 1987.70g | 296.35f | 19.57f |
| | BJ-1 | 4.23b | 14.68ab | 3.71cd | 3918.70c | 432.15bc | 58.42bc |
| | Trailblazer | 3.53c | 12.67cd | 3.13d | 3896.10c | 403.21bcd | 52.16c |
| $P_2$ | Alamo | 3.55b | 12.81a | 2.96a | 3743.30b | 335.35bc | 50.02ab |
| | BJ-6 | 1.90e | 8.72cd | 3.17a | 2041.40cd | 295.49cd | 25.82d |
| | Blackwell | 3.68b | 12.04ab | 3.21a | 3736.20b | 403.27a | 51.31ab |
| | BJ-4 | 1.09f | 7.88cd | 1.91b | 1431.20e | 207.43e | 13.41e |
| | CIR | 2.46cd | 9.35c | 2.22b | 2249.30c | 269.72d | 29.16d |
| | Forestburg | 1.88e | 7.51d | 2.16b | 1995.70 | 217.24e | 28.51d |
| | BJ-5 | 2.61c | 11.09b | 3.07a | 3374.30b | 320.41bcd | 46.24bc |
| | Kanlow | 4.13a | 11.29b | 3.22a | 4531.40a | 423.96a | 57.04a |
| | BJ-2 | 1.28f | 7.31d | 2.12b | 1554.20de | 212.19e | 24.50d |

| 处理 | 品种（品系） | 总生物量/g | 净光合速率/[μmolCO₂/(m²·s)] | 叶绿素含量/[(mg/g)Fw] | 根长/cm | 根表面积/cm² | 株高/cm |
|---|---|---|---|---|---|---|---|
| P₂ | Pathfinder | 2.13de | 8.06cd | 3.18a | 2226.40c | 288.52cd | 26.27d |
| | BJ-3 | 1.23f | 7.09d | 2.16b | 1201.60e | 183.63e | 16.68e |
| | BJ-1 | 3.29b | 7.94cd | 2.81a | 3565.30b | 360.10b | 52.90ab |
| | Trailblazer | 2.66c | 9.31c | 2.92a | 3244.40b | 311.96bcd | 41.21c |
| P₁ | Alamo | 3.29a | 8.69a | 2.53a | 3091.26a | 321.36a | 44.30a |
| | BJ-6 | 1.34g | 5.29ef | 2.13cd | 1504.32e | 208.87d | 22.47cd |
| | Blackwell | 2.42b | 8.11b | 2.22bc | 2712.36b | 288.13b | 43.65a |
| | BJ-4 | 0.61i | 5.94e | 1.21f | 901.36g | 118.44g | 12.17f |
| | CIR | 2.20c | 7.30c | 2.13cd | 1810.96d | 160.04f | 24.32c |
| | Forestburg | 1.62f | 5.34ef | 1.62e | 1537.14e | 203.04d | 24.44c |
| | BJ-5 | 1.93d | 7.18cd | 2.33bc | 2293.31c | 245.56c | 34.54b |
| | Kanlow | 3.22a | 8.73a | 1.77e | 3206.35a | 311.24a | 44.61a |
| | BJ-2 | 0.71i | 6.59d | 1.59e | 1796.32d | 205.18d | 20.53d |
| | Pathfinder | 1.52f | 5.93e | 2.36b | 1740.89d | 210.30d | 15.47e |
| | BJ-3 | 1.09h | 5.69ef | 1.78e | 1218.36f | 183.14e | 13.90ef |
| | BJ-1 | 2.40b | 5.13f | 1.96d | 2841.33b | 282.46b | 42.93a |
| | Trailblazer | 1.78e | 6.82cd | 2.23bc | 2350.36c | 222.54d | 34.48b |
| P₀ | Alamo | 1.61b | 5.35abcd | 1.06cde | 1873.88ab | 160.65bc | 36.83b |
| | BJ-6 | 0.80d | 4.29efg | 1.20bc | 1011.04ef | 129.35def | 15.36f |
| | Blackwell | 1.59b | 5.62ab | 1.01de | 2003.64a | 193.68a | 32.05c |
| | BJ-4 | 0.58e | 4.31efg | 0.69f | 880.32fg | 109.36ef | 9.88h |
| | CIR | 1.36c | 4.54ef | 0.91e | 1280.10cd | 115.33ef | 21.18e |
| | Forestburg | 0.90d | 4.22fg | 1.11bcd | 1127.36de | 110.17ef | 18.74e |
| | BJ-5 | 1.25c | 5.99a | 1.81a | 1706.67b | 147.45cd | 28.16d |
| | Kanlow | 2.06a | 5.46abc | 1.13bcd | 2062.03a | 169.63b | 40.79a |
| | BJ-2 | 0.58e | 5.09bcde | 0.69f | 884.92fg | 117.36ef | 14.31fg |
| | Pathfinder | 1.00d | 4.74cdef | 1.25b | 1004.27ef | 106.43f | 11.21fg |
| | BJ-3 | 0.77d | 4.20fg | 0.61f | 757.29g | 121.36ef | 12.12fgh |
| | BJ-1 | 1.40c | 3.59g | 0.93e | 1727.30b | 154.67bc | 30.68cd |
| | Trailblazer | 0.95d | 4.65def | 1.15bcd | 1394.81c | 132.96de | 27.93d |

注：表中数值为平均值，同列数字后的不同字母表示处理间差异显著（$P<0.05$）

与 CK 相比，供试的柳枝稷品种在磷营养胁迫下各评价性状均受到抑制（表 4-26），具体表现为：随着缺磷胁迫的加重，从 CK 到 P₀，各指标均呈现降低趋势，除株高外，其余指标在不同梯度的磷素水平下均表现出显著性差异（$P<0.05$）。

**表 4-26　不同磷营养胁迫对柳枝稷各评价指标的影响**

| 处理 | 总生物量/g | 净光合速率/[μmolCO₂/(m²·s)] | 叶绿素含量/[(mg/g)Fw] | 根长/cm | 根表面积/cm² | 株高/cm |
|------|-----------|------|------|---------|-----------|---------|
| CK | 3.28a | 12.37a | 3.65a | 3561.3a | 393.72a | 44.43a |
| P₂ | 2.45b | 9.26b | 2.70b | 2684.2b | 294.56b | 35.62b |
| P₁ | 1.86c | 6.67c | 1.99c | 2077.3c | 227.72c | 29.06c |
| P₀ | 1.14d | 4.77d | 10.4d | 1362.6d | 136.03d | 23.02c |

注：表中数值为平均值，同列数字后的不同字母表示处理间差异显著（$P<0.05$）

由各评价指标可以看出（表 4-27），净光合速率与叶绿素含量表现最好的品种分别为'Alamo'和 BJ-5，但不同品种之间显著差异（$P<0.05$）；对于总生物量、根长和株高来说，各品种间差异显著（$P<0.05$），表现最好的品种均为'Kanlow'；根表面积最大的品种也是'Kanlow'，显著高于 BJ-4、BJ-2、'Forestburg'和 BJ-3 等品种，和其余各品种相比则未表现出显著性差异（$P<0.05$）。

**表 4-27　不同品种柳枝稷耐磷营养胁迫性评价指标**

| 品种（品系） | 总生物量/g | 净光合速率/[μmolCO₂/(m²·s)] | 叶绿素含量/[(mg/g)Fw] | 根长/cm | 根表面积/cm² | 株高/cm |
|------|-----------|------|------|---------|-----------|---------|
| Alamo | 3.29ab | 10.73a | 2.72a | 3416.4ab | 318.42ab | 20.12ab |
| BJ-6 | 1.60efg | 7.04a | 2.64a | 1867.6de | 254.46ab | 23.60de |
| Blackwell | 3.06abc | 10.20a | 2.69a | 3384.4ab | 351.52a | 47.08abc |
| BJ-4 | 0.99g | 6.81a | 1.59a | 1366.1e | 180.39b | 12.72f |
| CIR | 2.33bcde | 8.72a | 2.11a | 2147.3cde | 235.43ab | 28.52d |
| Forestburg | 1.80efg | 6.79a | 1.98a | 1876.8de | 211.27b | 26.83d |
| BJ-5 | 2.31bcde | 9.70a | 2.87a | 2984.4abc | 282.37ab | 41.16bc |
| Kanlow | 3.68a | 10.17a | 2.63a | 3806.5a | 362.13a | 54.14a |
| BJ-2 | 1.18g | 7.00a | 1.81a | 1700.1de | 211.24b | 22.27def |
| Pathfinder | 1.84defg | 7.52a | 1.76a | 1901.8de | 240.72ab | 22.23def |
| BJ-3 | 1.25fg | 6.63a | 1.99a | 1291.2e | 196.12b | 15.57ef |
| BJ-1 | 2.83abcd | 7.84a | 2.35a | 3013.2abc | 307.35ab | 46.23abc |
| Trailblazer | 2.23cdef | 8.36a | 2.36a | 2721.4bcd | 267.67ab | 38.94c |

注：表中数值为平均值，同列数字后的不同字母表示品种间差异显著（$P<0.05$）

## 2. 磷营养胁迫下柳枝稷评价指标的耐低磷指数

如表 4-28 所述，中等供磷胁迫下，对于总生物量和净光合速率来说，耐低磷指数最高的品种均为 BJ-6；对于根表面积和株高来说，耐低磷指数最高的品种均为 BJ-1；但对于上述 4 个评价指标来说，柳枝稷各品种间差异均不显著（$P<0.05$）；

'Trailblazer' 的叶绿素含量耐低磷指数最高，显著高于 'Alamo' 'Cave-in-rock'
'Forestburg'、BJ-5、'Kanlow'、BJ-3 等品种，与其他品种间的差异不显著（$P<$
0.05）；BJ-1 的根长耐低磷指数最高，显著高于 BJ-2、BJ-3 和 BJ-4，与其他品种
相比则未表现出显著性差异（$P<0.05$）。

表 4-28　中等供磷处理下各评价指标的耐低磷指数（%）

| 品种（品系） | 总生物量 | 净光合速率 | 叶绿素含量 | 根长 | 根表面积 | 株高 |
|---|---|---|---|---|---|---|
| Alamo | 75.92a | 80.64a | 68.79b | 76.38abc | 74.34a | 72.98a |
| BJ-6 | 80.99a | 88.51a | 78.03ab | 70.19abc | 77.06a | 84.15a |
| Blackwell | 81.29a | 80.63a | 74.52ab | 73.85abc | 77.80a | 84.10a |
| BJ-4 | 65.86a | 86.85a | 75.42ab | 63.76bc | 72.67a | 87.26a |
| CIR | 74.42a | 68.49a | 70.12b | 69.32abc | 68.09a | 74.10a |
| Forestburg | 69.33a | 74.66a | 71.22b | 70.32abc | 69.26a | 80.25a |
| BJ-5 | 75.28a | 76.39a | 72.06b | 74.01abc | 77.08a | 83.07a |
| Kanlow | 78.17a | 74.33a | 73.11b | 83.62ab | 78.08a | 77.05a |
| BJ-2 | 59.87a | 81.12a | 74.32ab | 60.65c | 68.46a | 82.41a |
| Pathfinder | 77.62a | 71.29a | 75.61ab | 84.95ab | 81.13a | 73.42a |
| BJ-3 | 65.15a | 74.40a | 63.51b | 60.52c | 62.03a | 85.31a |
| BJ-1 | 77.95a | 54.22b | 75.91ab | 91.19a | 83.52a | 90.75a |
| Trailblazer | 75.46a | 73.58a | 93.29a | 83.39ab | 77.48a | 79.11a |

注：表中数值为平均值，同列数字后的字母表示品种间差异显著（$P<0.05$）

由表 4-29 可知，低磷胁迫下，总生物量和根表面积耐低磷指数最高的品种均
为 'Alamo'；就总生物量来说，'Alamo' 与 'Cave-in-rock' 间差异不显著，但
显著高于其余各品种（$P<0.05$）；对根表面积来说，'Alamo'、BJ-2、'Forestburg'
和 BJ-1 之间未表现出现显著性差异，但显著高于其余各品种（$P<0.05$）；BJ-2 的
净光合速率在低磷胁迫下表现最好且显著优于其余各品种，BJ-1 的净光合速率在
低磷胁迫下表现最差且显著低于其他各品种（$P<0.05$）；'Trailblazer' 和
'Cave-in-rock' 的叶绿素含量耐低磷指数未表现出显著性差异，但前者高于后者
且显著高于其余品种（$P<0.05$）；各品种根长耐低磷胁迫性差异显著（$P<0.05$），
其中表现最好的品种为 BJ-1，耐低磷指数为 72.62%；株高耐低磷指数最高的品种
为 BJ-4，显著高于其余各品种，但与 BJ-6、'Blackwell'、BJ-3 和 BJ-1 等品种相
比未表现出显著性差异（$P<0.05$）。

表 4-29　低磷胁迫下各评价指标的耐低磷指数（%）

| 品种（品系） | 总生物量 | 净光合速率 | 叶绿素含量 | 根长 | 根表面积 | 株高 |
|---|---|---|---|---|---|---|
| Alamo | 70.00a | 54.42cd | 58.53b | 62.75cd | 70.87a | 64.30bcd |
| BJ-6 | 57.01bc | 53.59cd | 52.32bc | 51.62f | 54.37d | 73.07ab |
| Blackwell | 53.31bc | 54.16cd | 51.32bc | 53.46ef | 55.43d | 71.36abc |
| BJ-4 | 36.87d | 65.48b | 47.79c | 40.16g | 41.50e | 79.25a |
| CIR | 66.50a | 53.43cd | 67.23a | 55.77def | 40.37e | 61.75cd |
| Forestburg | 59.55b | 52.92cd | 53.35bc | 53.99ef | 64.52abc | 68.56bcd |
| BJ-5 | 55.62bc | 49.41d | 54.56bc | 50.25f | 59.02bcd | 62.00cd |
| Kanlow | 60.99b | 57.51cd | 40.24d | 59.20cde | 57.36cd | 60.30d |
| BJ-2 | 33.17d | 73.05a | 55.78b | 70.02ab | 66.12ab | 68.99bcd |
| Pathfinder | 55.17bc | 52.24cd | 55.89b | 66.16bc | 58.90bcd | 43.07e |
| BJ-3 | 57.92bc | 59.90c | 52.58bc | 61.56cd | 62.06bcd | 71.30abc |
| BJ-1 | 56.83bc | 34.99e | 52.91bc | 72.62a | 65.46ab | 73.60ab |
| Trailblazer | 50.44c | 53.85cd | 71.41a | 60.35cde | 55.21d | 66.12bcd |

注：表中数值为平均值，同列数字后的不同字母表示品种间差异显著（$P<0.05$）

　　如表 4-30 所示，在缺磷胁迫下，对于株高与根长来说，耐胁迫性最强的品种分别为 BJ-4 和 BJ-1，基于这两个评价指标各品种并未表现出显著性差异（$P<0.05$）；BJ-3 的总生物量耐低磷指数最高且显著高于 BJ-2 与 'Trailblazer'，但与其他品种间差异不显著（$P<0.05$）；净光合速率耐低磷指数最高的品种为 BJ-2，显著高于其余各品种（$P<0.05$），BJ-1 的耐缺磷胁迫能力最差；叶绿素含量在缺磷处理下表现最好的品种为 BJ-5、'Trailblazer' 和 'Forestburg'，且明显高于其他各品种（$P<0.05$）；BJ-3 的根表面积耐低磷指数最高，明显高于 'Cave-in-rock'、BJ-5 和 'Forestburg'，但与其余品种间差异不显著（$P<0.05$）。

表 4-30　缺磷胁迫下各评价指标的耐低磷指数（%）

| 品种（品系） | 总生物量 | 净光合速率 | 叶绿素含量 | 根长 | 根表面积 | 株高 |
|---|---|---|---|---|---|---|
| Alamo | 34.42ab | 33.70c | 24.67bc | 38.27a | 35.64ab | 53.77a |
| BJ-6 | 34.07ab | 43.55bc | 29.54b | 34.77a | 33.74ab | 50.07a |
| Blackwell | 35.29ab | 37.75bc | 23.52bc | 39.72a | 37.48ab | 52.70a |
| BJ-4 | 35.04ab | 47.42b | 27.03b | 39.15a | 38.25ab | 64.18a |
| CIR | 41.06a | 33.26c | 28.75b | 39.46a | 29.12b | 53.83a |
| Forestburg | 33.11ab | 41.97bc | 36.64a | 39.74a | 35.14b | 52.76a |
| BJ-5 | 36.05ab | 41.28bc | 42.40a | 37.45a | 35.49b | 50.61a |
| Kanlow | 39.30a | 36.18bc | 25.82bc | 38.29a | 31.44ab | 55.46a |

续表

| 品种（品系） | 总生物量 | 净光合速率 | 叶绿素含量 | 根长 | 根表面积 | 株高 |
|---|---|---|---|---|---|---|
| BJ-2 | 27.04b | 56.52a | 24.10bc | 34.54a | 37.88ab | 48.16a |
| Pathfinder | 35.17ab | 41.85bc | 29.70b | 38.29a | 29.90ab | 31.32b |
| BJ-3 | 41.21a | 44.25bc | 18.15c | 38.29a | 41.16a | 62.25a |
| BJ-1 | 33.07ab | 24.52d | 25.11bc | 44.17a | 35.87ab | 52.62a |
| Trailblazer | 27.04b | 36.75bc | 36.77a | 35.85a | 33.02ab | 53.62a |

注：表中数值为平均值，同列数字后的不同字母表示品种间差异显著（$P<0.05$）

### 3. 低磷胁迫下柳枝稷评价指标耐低磷指数多重比较的聚类分析

以表 4-29 中各评价指标的耐低磷指数为依据，将其标准化处理，对数据进行聚类分析（图 4-2），根据其结果可将 13 个柳枝稷品种分为 2 类，耐低磷胁迫型：'Alamo''Cave-in-rock''Kanlow'、BJ-6、'Blackwell''Forestburg'、BJ-5、BJ-3、'Trailblazer''Pathfinder'、BJ-1。低磷胁迫敏感型：BJ-4 和 BJ-2。

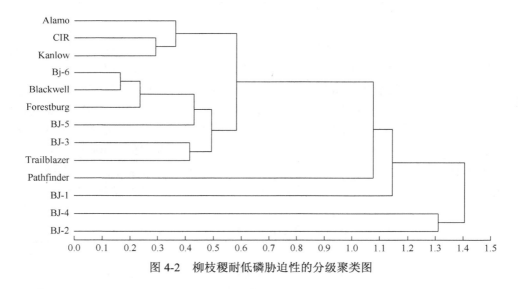

图 4-2　柳枝稷耐低磷胁迫性的分级聚类图

### 4. 标准差系数赋予权重法评价柳枝稷耐磷营养胁迫性

由表 4-31 可知，中等供磷梯度下，根长、株高与净光合速率 3 个评价指标的权重最高，分别为 0.2094、0.2039 和 0.1821，权重加和为体系总权重的 59.54%，说明此评价体系偏重于柳枝稷地上部形态指标与光合生理相关指标的评价。采用标准差系数赋予权重法对各柳枝稷品种进行综合评价，其中 BJ-1 的综合评价值最大，表明该品种在中等供磷条件下综合表现最优。按此标准差系数赋予权重法分析方法得出 13 个柳枝稷品种的耐胁迫能力依次为：BJ-1＞'Trailblazer'＞BJ-6＞'Black-well'＞'Kanlow'＞'Pathfinder'＞BJ-5＞BJ-4＞'Alamo'＞'Forestburg'＞BJ-2＞'Cave-in-rock'＞BJ-3。

**表 4-31　中等供磷处理下各指标隶属函数值、权重、综合评价**

| 品种（品系） | 隶属函数值 | | | | | | 综合评价（D 值） | 排序 |
|---|---|---|---|---|---|---|---|---|
| | $\mu(1)$ | $\mu(2)$ | $\mu(3)$ | $\mu(4)$ | $\mu(5)$ | $\mu(6)$ | | |
| Alamo | 0.7344 | 0.1910 | 0.7670 | 0.5217 | 0.5692 | 0.0000 | 0.4213 | 9 |
| BJ-6 | 0.9688 | 0.4944 | 1.0000 | 0.3152 | 0.6923 | 0.6226 | 0.6389 | 3 |
| Blackwell | 1.0000 | 0.3820 | 0.7670 | 0.4348 | 0.7385 | 0.6226 | 0.6266 | 4 |
| BJ-4 | 0.2813 | 0.4045 | 0.9417 | 0.1087 | 0.5077 | 0.8113 | 0.4875 | 8 |
| CIR | 0.6719 | 0.2360 | 0.4078 | 0.2935 | 0.2769 | 0.0566 | 0.2993 | 12 |
| Forestburg | 0.4375 | 0.2697 | 0.5922 | 0.3261 | 0.3231 | 0.4151 | 0.3811 | 10 |
| BJ-5 | 0.7187 | 0.2921 | 0.6408 | 0.4457 | 0.6923 | 0.5660 | 0.5396 | 7 |
| Kanlow | 0.8438 | 0.3371 | 0.5825 | 0.7500 | 0.7385 | 0.2264 | 0.5595 | 5 |
| BJ-2 | 0.0000 | 0.3596 | 0.7767 | 0.0109 | 0.3077 | 0.5283 | 0.3129 | 11 |
| Pathfinder | 0.8125 | 0.4157 | 0.4951 | 0.8043 | 0.8769 | 0.0188 | 0.5479 | 6 |
| BJ-3 | 0.2500 | 0.0000 | 0.5825 | 0.0000 | 0.0000 | 0.6792 | 0.2436 | 13 |
| BJ-1 | 0.8438 | 0.4270 | 0.0000 | 1.0000 | 1.0000 | 1.0000 | 0.7537 | 1 |
| Trailblazer | 0.7187 | 1.0000 | 0.5534 | 0.7500 | 0.7231 | 0.3396 | 0.6800 | 2 |
| 权重 | 0.1407 | 0.1821 | 0.1200 | 0.2094 | 0.1439 | 0.2039 | | |

注：$\mu(1)$～$\mu(6)$分别为总生物量、净光合速率、叶绿素含量、根长、根表面积和株高的隶属函数值，后同

如表 4-32 所述，低磷处理下，根长、根表面积与总生物量的权重最大，分别为 0.1832、0.1698 和 0.1668，权重加和为体系总权重的 51.98%，这表明该评价体系的主要侧重于生物量和地下部形态指标的评价。采用标准差系数赋予权重法对各品种柳枝稷进行综合评价，其中'Alamo'的综合评价值最大，表明其耐胁迫能力最强。依照此法得出各品种耐低磷胁迫能力为：'Alamo'＞BJ-2＞BJ-3＞'Trailblazer'＞BJ-1＞'Forestburg'＞'Cave-in-rock'＞'Pathfinder'＞BJ-6＞'Blackwell'＞BJ-5＞'Kanlow'＞BJ-4。

**表 4-32　低磷胁迫下各指标隶属函数值、权重、综合评价**

| 品种（品系） | 隶属函数值 | | | | | | 综合评价（D 值） | 排序 |
|---|---|---|---|---|---|---|---|---|
| | $\mu(1)$ | $\mu(2)$ | $\mu(3)$ | $\mu(4)$ | $\mu(5)$ | $\mu(6)$ | | |
| Alamo | 1.0000 | 0.5870 | 0.5000 | 0.7113 | 1.0000 | 0.6389 | 0.7461 | 1 |
| BJ-6 | 0.6576 | 0.3804 | 0.4824 | 0.3505 | 0.4555 | 0.8426 | 0.5128 | 9 |
| Blackwell | 0.5405 | 0.3478 | 0.5000 | 0.4227 | 0.4889 | 0.7870 | 0.5007 | 10 |

续表

| 品种<br>（品系） | 隶属函数值 | | | | | | 综合评价<br>（D 值） | 排序 |
|---|---|---|---|---|---|---|---|---|
| | $\mu(1)$ | $\mu(2)$ | $\mu(3)$ | $\mu(4)$ | $\mu(5)$ | $\mu(6)$ | | |
| BJ-4 | 0.1081 | 0.2391 | 0.7982 | 0.0000 | 0.0333 | 1.0000 | 0.3271 | 13 |
| CIR | 0.9099 | 0.8587 | 0.4824 | 0.4949 | 0.0000 | 0.5278 | 0.5457 | 7 |
| Forestburg | 0.7117 | 0.4130 | 0.4737 | 0.4433 | 0.7889 | 0.7037 | 0.5850 | 6 |
| BJ-5 | 0.6126 | 0.4565 | 0.3860 | 0.3196 | 0.6111 | 0.5278 | 0.4862 | 11 |
| Kanlow | 0.7478 | 0.0000 | 0.5877 | 0.5979 | 0.5555 | 0.4815 | 0.4833 | 12 |
| BJ-2 | 0.0000 | 0.4891 | 1.0000 | 0.9278 | 0.8444 | 0.7222 | 0.6574 | 2 |
| Pathfinder | 0.6036 | 0.5000 | 0.4561 | 0.8041 | 0.6111 | 0.0000 | 0.5158 | 8 |
| BJ-3 | 0.6757 | 0.3804 | 0.6579 | 0.6598 | 0.7222 | 0.7870 | 0.6369 | 3 |
| BJ-1 | 0.6396 | 0.4022 | 0.0000 | 1.0000 | 0.8333 | 0.8426 | 0.6187 | 5 |
| Trailblazer | 0.4685 | 1.0000 | 0.5000 | 0.6289 | 0.4889 | 0.6389 | 0.6291 | 4 |
| 权重 | 0.1668 | 0.1919 | 0.1550 | 0.1698 | 0.1832 | 0.1334 | | |

　　由表 4-33 可知，缺磷胁迫下，柳枝稷的净光合速率、根长、根表面积的权重分别为 0.1947、0.1947 和 0.1773，权重加和为体系总权重的 56.67%，这说明该评价体系侧重于光合生理指标及地下部形态指标的评价。采用标准差系数赋予权重法对各品种进行综合评价，其中 BJ-3 的综合评价值最大，表明该品种在缺磷环境下耐受性最强。依此法得出各品种耐胁迫能力为：BJ-3＞BJ-4＞BJ-5＞'Forestburg'＞'Blackwell'＞BJ-1＞'Cave-in-rock'＞'Kanlow'＞'Alamo'＞BJ-6＞BJ-2＞'Trailblazer'＞'Pathfinder'。

表 4-33　缺磷胁迫处理下各指标隶属函数值、权重、综合评价

| 品种<br>（品系） | 隶属函数值 | | | | | | 综合评价<br>（D 值） | 排序 |
|---|---|---|---|---|---|---|---|---|
| | $\mu(1)$ | $\mu(2)$ | $\mu(3)$ | $\mu(4)$ | $\mu(5)$ | $\mu(6)$ | | |
| Alamo | 0.5455 | 0.2639 | 0.2887 | 0.3793 | 0.5556 | 0.6869 | 0.4364 | 9 |
| BJ-6 | 0.5227 | 0.4723 | 0.5876 | 0.0346 | 0.3889 | 0.5657 | 0.4090 | 10 |
| Blackwell | 0.5909 | 0.2223 | 0.4021 | 0.5862 | 0.6944 | 0.6465 | 0.5137 | 5 |
| BJ-4 | 0.5682 | 0.3611 | 0.7113 | 0.4828 | 0.7500 | 1.0000 | 0.6142 | 2 |
| CIR | 0.9546 | 0.4445 | 0.2680 | 0.5518 | 0.0000 | 0.6869 | 0.4715 | 7 |
| Forestburg | 0.4545 | 0.7639 | 0.5464 | 0.5518 | 0.5278 | 0.6566 | 0.5836 | 4 |
| BJ-5 | 0.6364 | 1.0000 | 0.5258 | 0.3103 | 0.5278 | 0.5859 | 0.6017 | 3 |
| Kanlow | 0.8636 | 0.3056 | 0.3711 | 0.3793 | 0.1944 | 0.7374 | 0.4518 | 8 |

| 品种<br>（品系） | 隶属函数值 | | | | | | 综合评价<br>（D 值） | 排序 |
|---|---|---|---|---|---|---|---|---|
| | $\mu(1)$ | $\mu(2)$ | $\mu(3)$ | $\mu(4)$ | $\mu(5)$ | $\mu(6)$ | | |
| BJ-2 | 0.0227 | 0.2223 | 1.0000 | 0.0000 | 0.7223 | 0.5152 | 0.3874 | 11 |
| Pathfinder | 0.5682 | 0.4723 | 0.5361 | 0.4138 | 0.0833 | 0.0000 | 0.3645 | 13 |
| BJ-3 | 1.0000 | 0.0000 | 0.6082 | 0.4138 | 1.0000 | 0.9394 | 0.6239 | 1 |
| BJ-1 | 0.4318 | 0.2778 | 0.0000 | 1.0000 | 0.5833 | 0.6364 | 0.4957 | 6 |
| Trailblazer | 0.0000 | 0.7639 | 0.3815 | 0.1724 | 0.3333 | 0.6667 | 0.3753 | 12 |
| 权重 | 0.1664 | 0.1947 | 0.1543 | 0.1947 | 0.1773 | 0.1126 | | |

## 四、讨论与结论

本研究结果表明，磷素营养缺乏对植物的生长和生理活动产生抑制作用，由于磷素是植物生长发育所必需的大量元素之一，缺磷对植物的影响一直为广大学者所关注，彭正萍等（2009）研究表明磷素供应会影响玉米苗期的生物量、地上和根系形态指标，张丽梅等（2004）研究发现不同玉米自交系在低磷胁迫下干重、株高、叶色等指标均呈下降趋势，汪剑鸣等（2003）通过研究红麻苗期对矿质元素缺乏的响应发现，缺磷严重抑制红麻的株高、主根长度、干重等指标，本研究结果与前人研究结果一致。

不同柳枝稷品种在遭受低磷胁迫时的响应情况并不相同，这与张丽梅等（2004）比较和鉴定不同玉米自交系在低磷胁迫下的响应情况一致，彭正萍等（2009）也以不同基因型的玉米为供试材料得出过相似结论。

由前人研究可知，目前针对作物耐磷营养胁迫基因型的筛选和耐磷营养胁迫潜力分析的综合评价指标尚无统一标准。本研究针对柳枝稷肥料试验的数据分析和观测结果，根据磷素在植物体内的作用机制，结合同科或同属作物的评价指标，选定了总生物量、叶绿素含量、净光合速率、根表面积、根长、株高来综合衡量柳枝稷耐磷营养的能力。

本研究选取了品种间各评价指标耐低磷系数差异较为显著的 $P_1$ 梯度进行聚类分析，根据耐低磷胁迫能力的强弱将柳枝稷品种分为 2 类，同时针对不同胁迫水平下柳枝稷品种的综合表现进行统计，以定量衡量各品种的耐贫瘠能力。综合评价的鉴定结果与试验中的实际观测基本一致，但有些品种也存在出入，如 $P_1$ 梯度的综合评价结果显示'Kanlow'耐缺磷胁迫性较弱，但试验观测到其表现良好，这可能与耐缺素指数的统计、评价指标的筛选及权重系数的确定有关。

本试验研究结果表明，不同程度磷营养胁迫下，各柳枝稷品种耐磷营养胁迫能力不尽相同，这表明不同柳枝稷品种对不同水平磷营养胁迫的敏感性和耐受机制不同。随供磷水平逐步下降，按照综合表现将各品种进行排名，按照排名情况将这些品种分为以下 4 类。

1）综合表现名次先上升后下降的品种：'Alamo' 和 BJ-2。

2）名次先下降后上升的品种：BJ-2、'Kanlow'、BJ-4、'Blackwell' 和 BJ-5。

3）名次持续下降的品种：BJ-1、BJ-6、'Trailblazer'、BJ-3、'Pathfinder'。

4）名次持续上升的品种：BJ-3、'Cave-in-rock' 和 'Forestburg'。

# 第六节　柳枝稷对钾营养胁迫的响应

## 一、引言

钾在植物体内的含量占其总干物重的 1%～5%，是维持农作物正常生长发育、获得农业高产所必需的大量矿质营养元素之一。各种作物对钾素的需求量都很大，许多高产作物（马铃薯、番茄等）对钾的吸收量大于氮。根据我国现有国情，许多类型的边际土地（沙化及半沙化土地等）都面临着严重缺钾的问题，而我国钾矿资源严重短缺、钾肥成本较高，在边际土地上种植耐贫瘠的能源作物能够为生物质能产业的发展提供原料，并能改善生态环境，增加土壤内有机质的含量。所以通过综合评价指标筛选出具有良好耐钾营养胁迫能力的柳枝稷品种并分析其产量潜力已经成为生物质能发展的一个重要前提。

研究表明，柳枝稷的钾肥利用效率相对较高（Anderson and Moore，2000；Hall et al.，1982），在磷素缺乏的土壤中施用磷、钾肥对柳枝稷没有影响（Hall et al.，1982）。针对其他作物对钾肥响应的研究主要集中于缺钾对根系生长（张志勇等，2009）、对叶绿素及保护性酶的含量和对光合生理指标的影响（李富恒等，2007），以及作物吸钾特性和耐低钾机制研究（吕福堂，2010）。由前人的研究可知，目前柳枝稷对钾肥响应的研究主要集中在生物产量和生理响应机制上，国内外针对多柳枝稷品种耐钾营养胁迫能力的分析和评价尚鲜有报道。本研究借鉴前人的相关研究内容，结合本试验数据及实际观测情况，拟选定总生物量、净光合速率、叶绿素含量、蒸腾速率、叶表面积及根表面积等作为评价指标，采用聚类分析法和标准差系数赋予权重法综合评价不同供钾水平下柳枝稷的耐贫瘠性，同时使用柯布-道格拉斯函数对柳枝稷在缺钾条件下各指标基于总生物量的弹性系数进行分析，为柳枝稷钾素高效利用的品种筛选及利用提供依据。

## 二、材料与方法

试验设计、测定项目与方法及数据分析等具体内容内容详见本章第四节"柳枝稷对氮营养胁迫的响应"部分，本试验采用完全随机区组设计，水培箱内灌注 Hogland 缺钾营养液，设置 3 个缺钾梯度，分别为缺钾胁迫（$K_0$: 0mmol/L）、低钾胁迫（$K_1$: 0.12mmol/L）、中等供钾（$K_2$: 1.2mmol/L），灌注 Hogland 完全营养液的水培箱作为对照（CK），具体配方见本章第四节 Hogland 缺素营养液配制表（表 4-15）。

## 三、结果与分析

### 1. 钾营养胁迫对柳枝稷生物量、农艺性状及生理指标的影响

柳枝稷耐钾营养胁迫评价指标测定值如表 4-34 所示，在中等供钾、低钾胁迫和缺钾胁迫 3 个处理下，各品种的总生物量、净光合速率、叶绿素含量、蒸腾速率、根表面积及叶表面积等评价指标均表现出显著性差异（$P<0.05$），相同品种在不同处理下，上述各指标均表现出显著性差异，不同品种在同一梯度下各指标也表现出显著性差异（$P<0.05$）。

表 4-34　不同钾营养胁迫对柳枝稷各评价指标的影响

| 处理 | 品种（品系） | 总生物量/g | 净光合速率/[$\mu$molCO$_2$/(m$^2\cdot$s)] | 叶绿素含量/[(mg/g)Fw] | 蒸腾速率/[molH$_2$O/(m$^2\cdot$s)] | 叶表面积/cm$^2$ | 根表面积/cm$^2$ |
|---|---|---|---|---|---|---|---|
| CK | Alamo | 4.73b | 16.07a | 4.35a | 3.37a | 238.12b | 456.31b |
| | BJ-6 | 2.35de | 9.87ef | 4.07ab | 2.24e | 131.19fg | 384.12cd |
| | Blackwell | 4.55b | 15.01ab | 4.33a | 3.31ab | 205.69c | 521.01a |
| | BJ-4 | 1.66f | 9.10f | 2.54e | 2.75cd | 86.31h | 286.31f |
| | CIR | 3.31c | 13.67bc | 3.17d | 3.08abc | 199.57c | 396.64bcd |
| | Forestburg | 2.72d | 10.09ef | 3.04de | 2.28e | 186.99cd | 314.63ef |
| | BJ-5 | 3.47c | 14.53ab | 4.27ab | 3.21ab | 251.04b | 416.05bcd |
| | Kanlow | 5.29a | 15.21ab | 4.41a | 3.29ab | 294.39a | 543.69a |
| | BJ-2 | 2.14ef | 9.02f | 2.85de | 2.19e | 165.46de | 310.25ef |
| | Pathfinder | 2.76d | 11.37de | 4.23ab | 2.57de | 146.35ef | 357.65de |
| | BJ-3 | 1.89ef | 9.54ef | 3.40cd | 2.35e | 115.96g | 296.35f |
| | BJ-1 | 4.23b | 14.68ab | 3.71bc | 3.15abc | 241.36b | 432.15bc |
| | Trailblazer | 3.53c | 12.67cd | 3.13d | 2.83bcd | 181.52cd | 403.21bcd |

续表

| 处理 | 品种<br>（品系） | 总生物量/g | 净光合速率<br>/[μmolCO$_2$/(m$^2$·s)] | 叶绿素含量<br>/[(mg/g)Fw] | 蒸腾速率<br>/[molH$_2$O/(m$^2$·s)] | 叶表面积<br>/cm$^2$ | 根表面积<br>/cm$^2$ |
|---|---|---|---|---|---|---|---|
| K$_2$ | Alamo | 3.99a | 11.07abc | 3.29b | 2.93a | 174.65bcd | 351.01bc |
| | BJ-6 | 1.50f | 7.04d | 2.98bc | 1.88d | 105.99f | 291.88de |
| | Blackwell | 3.69a | 11.84ab | 3.41b | 2.76ab | 164.90cd | 391.69ab |
| | BJ-4 | 1.26f | 7.05d | 1.84e | 2.23cd | 75.38g | 223.10fg |
| | CIR | 2.53cd | 12.41a | 2.41d | 2.71ab | 123.95ef | 309.31cd |
| | Forestburg | 2.20de | 8.30d | 2.36d | 1.99d | 149.09cde | 232.79efg |
| | BJ-5 | 3.09b | 12.42a | 4.12a | 2.85ab | 194.67b | 391.71ab |
| | Kanlow | 3.81a | 11.38abc | 3.45b | 2.70ab | 216.63a | 437.77a |
| | BJ-2 | 1.61f | 7.61d | 2.13de | 1.88d | 128.21ef | 218.85g |
| | Pathfinder | 2.01e | 9.97c | 3.43b | 2.22cd | 121.76ef | 247.54efg |
| | BJ-3 | 1.51f | 7.85d | 2.63cd | 1.96d | 103.80f | 238.46efg |
| | BJ-1 | 3.51a | 12.48a | 2.59cd | 2.82ab | 177.03bc | 352.81bc |
| | Trailblazer | 2.79bc | 10.16bc | 2.43d | 2.45bc | 146.67de | 283.70def |
| K$_1$ | Alamo | 2.57a | 9.15bc | 2.37c | 2.25a | 124.64c | 249.84e |
| | BJ-6 | 1.22f | 5.90fg | 2.81b | 1.54c | 78.44f | 277.70d |
| | Blackwell | 2.36b | 9.24bc | 2.39c | 2.26a | 121.71c | 300.83c |
| | BJ-4 | 1.09f | 5.52g | 1.79d | 1.84b | 57.25g | 148.32h |
| | CIR | 2.02cd | 9.95a | 2.29c | 2.27a | 102.00d | 214.78f |
| | Forestburg | 2.07c | 6.38ef | 1.41e | 1.64c | 109.82d | 219.30f |
| | BJ-5 | 2.32b | 9.40b | 3.23a | 2.20a | 141.95b | 285.04cd |
| | Kanlow | 2.66a | 6.38ef | 2.44c | 2.37a | 154.81a | 341.70a |
| | BJ-2 | 1.23f | 5.64fg | 1.51e | 1.56c | 93.47e | 213.53f |
| | Pathfinder | 1.88de | 6.91e | 2.81b | 1.60c | 91.03e | 169.68g |
| | BJ-3 | 1.23f | 6.14fg | 2.51c | 1.62c | 91.05e | 182.85g |
| | BJ-1 | 1.84e | 8.59c | 1.80d | 2.22a | 90.14e | 323.81b |
| | Trailblazer | 2.58a | 7.75d | 2.40c | 1.93b | 108.55d | 265.06de |
| K$_0$ | Alamo | 1.72b | 5.69cd | 1.51b | 1.67ab | 84.16b | 221.17bc |
| | BJ-6 | 0.72fg | 4.87ef | 1.31c | 1.31defg | 56.14d | 151.75ef |
| | Blackwell | 1.59b | 7.21b | 1.63b | 1.89a | 86.74b | 266.65a |
| | BJ-4 | 0.64g | 4.06fg | 0.80f | 1.44bcdef | 42.58e | 146.54f |
| | CIR | 1.75b | 7.93a | 1.11cde | 1.34cdefg | 68.07cd | 203.21cd |
| | Forestburg | 1.16d | 4.21fg | 1.11cde | 1.24efg | 78.03bc | 206.69cd |
| | BJ-5 | 1.70b | 6.34c | 2.37a | 1.52bcd | 99.27a | 158.79ef |
| | Kanlow | 1.69b | 3.43g | 1.64b | 1.84a | 104.76a | 233.54b |
| | BJ-2 | 0.94e | 4.13fg | 0.96def | 1.21fg | 65.34d | 171.36ef |
| | Pathfinder | 1.32c | 5.37de | 1.70b | 1.48bcde | 66.15d | 114.41g |
| | BJ-3 | 0.86ef | 4.13fg | 0.90ef | 1.15g | 63.98d | 153.36ef |
| | BJ-1 | 1.44c | 6.93b | 1.07de | 1.88a | 61.17d | 271.29a |
| | Trailblazer | 2.01a | 6.03cd | 1.15cd | 1.59bc | 77.69bc | 183.05de |

注：表中数值为平均值，同列数字后的不同字母表示品种间或处理间差异显著（$P<0.05$）

与 CK 相比，在钾营养胁迫下，供试的柳枝稷品种各评价指标均受到抑制（表 4-35），具体表现为：随着缺钾程度的加重，从 CK 到 $K_0$，各评价指标均呈降低趋势，在不同梯度间均表现出显著性差异（$P<0.05$）。

表 4-35　不同钾营养胁迫对柳枝稷各评价指标的影响

| 处理 | 总生物量/g | 净光合速率 /[μmolCO$_2$/(m²·s)] | 叶绿素含量 /[(mg/g)Fw] | 蒸腾速率 /[molH$_2$O/(m²·s)] | 叶表面积 /cm² | 根表面积 /cm² |
|---|---|---|---|---|---|---|
| CK | 3.28a | 12.37a | 3.65a | 2.82a | 188.00a | 393.72a |
| $K_2$ | 2.58b | 9.97b | 2.85b | 2.41b | 144.83b | 305.43b |
| $K_1$ | 1.93c | 7.46c | 2.29c | 1.95c | 104.99c | 245.57c |
| $K_0$ | 1.35d | 5.41d | 1.33d | 1.50d | 73.39d | 190.91d |

注：表中数值为平均值，同列数字后的不同字母表示处理间差异显著（$P<0.05$）

由表 4-36 所述，对于总生物量来说，'Kanlow'表现最好，明显高于 BJ-6、BJ-4、'Forestburg'、BJ-2、'Pathfinder'和 BJ-3 等品种，与其余品种之间差异不显著（$P<0.05$），总生物量最低的品种为 BJ-4；'Cave-in-rock'的净光合速率值最大，显著高于 BJ-6、BJ-4、BJ-2、BJ-3 等品种，与其他各品种间的差异并不显著（$P<0.05$），净光合速率最低的品种为 BJ-4；对于叶绿素含量来说，BJ-5 最高，与 BJ-6、'Alamo''Blackwell''Pathfinder''Kanlow'等品种对比无显著差异，但明显高于其余各品种（$P<0.05$）；蒸腾速率最高的为'Alamo'，显著高于 BJ-6、BJ-4、BJ-2、BJ-3 等品种，与其余各品种间差异不显著（$P<0.05$），对于叶表面积和根表面积来说，'Kanlow'均表现最佳，且与'Alamo'、BJ-5、'Blackwell'、BJ-1 等品种间均无显著性差异，与其余各品种间差异显著（$P<0.05$）。

表 4-36　不同品种柳枝稷耐钾营养胁迫性评价指标

| 品种（品系） | 总生物量/g | 净光合速率 /[μmolCO$_2$/(m²·s)] | 叶绿素含量 /[(mg/g)Fw] | 蒸腾速率 /[molH$_2$O/(m²·s)] | 叶表面积 /cm² | 根表面积 /cm² |
|---|---|---|---|---|---|---|
| Alamo | 2.25a | 10.42a | 2.88abc | 2.56a | 155.39abc | 319.58abcd |
| BJ-6 | 1.45cd | 6.92b | 2.79abc | 1.74b | 92.94cd | 276.36bcde |
| Blackwell | 3.05a | 10.82a | 2.94abc | 2.55a | 144.76abc | 37.05ab |
| BJ-4 | 1.16d | 6.43b | 1.74c | 1.71b | 65.38d | 201.07e |
| CIR | 2.40abc | 10.99a | 2.25bc | 2.35ab | 123.40bc | 280.99bcde |
| Forestburg | 2.04bcd | 7.24ab | 1.98bc | 1.79b | 130.98bc | 243.35cde |
| BJ-5 | 2.65ab | 10.67ab | 3.50a | 2.44ab | 171.73ab | 312.90abcd |
| Kanlow | 3.36a | 9.10ab | 2.99ab | 2.55a | 192.65a | 389.17a |
| BJ-2 | 1.48cd | 6.60b | 1.86bc | 1.71b | 113.12bcd | 228.50de |

续表

| 品种（品系） | 总生物量/g | 净光合速率/[μmolCO₂/(m²·s)] | 叶绿素含量/[(mg/g)Fw] | 蒸腾速率/[molH₂O/(m²·s)] | 叶表面积/cm² | 根表面积/cm² |
|---|---|---|---|---|---|---|
| Pathfinder | 1.99bcd | 8.41ab | 3.04ab | 1.97ab | 106.32cd | 222.32de |
| BJ-3 | 1.37d | 6.92b | 2.36bc | 1.77b | 93.70cd | 217.75de |
| BJ-1 | 2.75ab | 10.67a | 2.29bc | 2.52a | 142.42abc | 345.01abc |
| Trailblazer | 2.73ab | 9.15ab | 2.28bc | 2.20ab | 128.61bc | 283.76bcde |

注：表中数值为平均值，同列数字后的不同字母表示品种间差异显著（$P<0.05$）

## 2. 钾营养胁迫下柳枝稷评价指标的耐低钾指数

各品种的净光合速率和蒸腾速率耐低钾系数在中等供钾水平下未呈现显著性差异，但其余各指标差异显著（表 4-37），具体表现为：BJ-5 的总生物量耐低钾系数最高且显著高于 BJ-6，但跟其他品种相比无显著性差异（$P<0.05$）；此水平下叶绿素含量受胁迫最轻的品种为 BJ-5，且显著高于 BJ-6、BJ-4 和 BJ-1，但与其他品种间的差异不显著（$P<0.05$）；叶表面积耐低钾指数最高的品种为 BJ-4，显著高于 'Cave-in-rock'，但与其他品种间的差异不显著（$P<0.05$）；根表面积表现最佳的品种为 BJ-5，与 BJ-2、'Trailblazer' 'Pathfinder' 相比差异显著，但与其余各品种间相比无显著性差异（$P<0.05$）。

表 4-37　中等供钾处理下各评价指标的耐低钾指数（%）

| 品种（品系） | 总生物量 | 净光合速率 | 叶绿素含量 | 蒸腾速率 | 叶表面积 | 根表面积 |
|---|---|---|---|---|---|---|
| Alamo | 85.33ab | 69.66a | 76.51ab | 88.03a | 74.19ab | 77.82ab |
| BJ-6 | 64.11b | 71.41a | 73.35b | 84.28a | 80.94ab | 76.12ab |
| Blackwell | 81.49ab | 79.28a | 79.16ab | 83.80a | 80.58ab | 75.57ab |
| BJ-4 | 76.22ab | 77.65a | 72.66b | 81.37a | 87.59a | 78.15ab |
| Cave | 76.54ab | 90.93a | 76.13ab | 88.02a | 62.19b | 78.09ab |
| Forestburg | 81.25ab | 82.48a | 77.87ab | 87.49a | 79.97ab | 74.22ab |
| BJ-5 | 89.07a | 85.58a | 96.57a | 88.71a | 77.61ab | 94.23a |
| Kanlow | 72.09ab | 74.92a | 78.33ab | 82.24a | 73.68ab | 80.62ab |
| BJ-2 | 75.30ab | 84.47a | 74.81ab | 86.03a | 77.56ab | 70.61b |
| Pathfinder | 73.24ab | 88.23a | 81.55ab | 86.92a | 83.68ab | 69.61b |
| BJ-3 | 79.98ab | 82.41a | 77.43ab | 83.64a | 89.61a | 80.55ab |
| BJ-1 | 83.19ab | 85.17a | 69.97b | 89.76a | 73.51ab | 81.83ab |
| Trailblazer | 79.11ab | 80.31a | 77.74ab | 86.57a | 80.91ab | 70.46b |

注：表中数据为平均值，同列数字后的不同字母表示品种间差异显著（$P<0.05$）

如表 4-38 所示，低钾胁迫下，各品种间总生物量和根表面积耐低钾指数差异显著（$P<0.05$），耐低钾指数最高的品种分别为'Forestburg'和BJ-1，耐低钾指数分别为43.55%～75.94%、51.97%～75.04%；在该梯度下，净光合速率受低钾胁迫最轻的品种为'Cave-in-rock'，显著优于其余各品种，受胁迫影响最大的品种为'Kanlow'，其耐低钾指数显著低于其余各品种（$P<0.05$）；叶绿素含量耐低钾指数最高的品种为'Trailblazer'，最低的品种为'Forestburg'，其与 BJ-2、BJ-1 相比差异不显著，但显著低于其他各品种（$P<0.05$）；'Cave-in-rock'的蒸腾速率受低钾胁迫最轻，显著优于'Pathfinder'，但与其余各品种相比差异不显著（$P<0.05$）；BJ-3 的叶表面积耐低钾指数显著高于其余各品种，BJ-1 则显著低于各品种（$P<0.05$）。

表 4-38　低钾胁迫下各评价指标的耐低钾指数（%）

| 品种（品系） | 总生物量 | 净光合速率 | 叶绿素含量 | 蒸腾速率 | 叶表面积 | 根表面积 |
|---|---|---|---|---|---|---|
| Alamo | 54.73de | 57.27b | 54.83c | 67.31ab | 52.67d | 55.10f |
| BJ-6 | 51.99e | 59.75b | 69.03ab | 68.95ab | 59.78bcd | 72.28ab |
| Blackwell | 52.08e | 61.68b | 55.33c | 68.50ab | 59.31bcd | 57.88ef |
| BJ-4 | 65.87c | 60.81b | 70.70ab | 67.24ab | 66.54b | 51.97fg |
| Cave | 61.04cd | 72.82a | 72.28ab | 73.59a | 51.14d | 54.18f |
| Forestburg | 75.94a | 63.18b | 46.38d | 71.88ab | 58.72bcd | 69.69abc |
| BJ-5 | 67.00bc | 64.69b | 75.64a | 68.44ab | 56.54cd | 68.51abcd |
| Kanlow | 50.29e | 42.03c | 55.44c | 72.25ab | 52.69d | 62.97cde |
| BJ-2 | 57.47de | 62.49b | 52.97cd | 71.41ab | 56.48cd | 68.81abcd |
| Pathfinder | 68.23bc | 60.92b | 66.54b | 62.43b | 62.31bc | 47.52g |
| BJ-3 | 65.28c | 64.65b | 74.14ab | 69.04ab | 78.85a | 61.96de |
| BJ-1 | 43.55f | 58.58b | 48.59cd | 70.57ab | 37.40e | 75.04a |
| Trailblazer | 73.11ab | 61.22b | 76.71a | 68.37ab | 59.82bcd | 65.76bcd |

注：表中数据为平均值，同列数字后不同字母表示品种间差异显著（$P<0.05$）

如表 4-39 所示，缺钾胁迫下，各品种蒸腾速率耐低钾指数在缺钾梯度下未呈现显著性差异（$P<0.05$）；各品种总生物量对缺钾胁迫的耐受能力差异显著（$P<0.05$），其中'Trailblazer'总生物量耐低钾指数最高，BJ-6 最低；'Cave-in-rock'的净光合速率耐低钾指数与 BJ-6、'Blackwell'、BJ-1、'Pathfinder'和'Trailblazer'相比无显著差异，但显著高于其余各品种，'Kanlow'最低，显著低于其余各品种（$P<0.05$）；BJ-5 的叶绿素含量与 BJ-3 的叶表面积在缺钾水平下受胁迫程度均最低，且都显著优于其余各品种（$P<0.05$）；'Forestburg'的根表面积耐低钾指数在缺钾条件下最高，与 BJ-2 和 BJ-1 间差异不显著，但显著高于其余各品种（$P<0.05$）。

表 4-39　缺钾胁迫下各评价指标的耐低钾指数（%）

| 品种（品系） | 总生物量 | 净光合速率 | 叶绿素含量 | 蒸腾速率 | 叶表面积 | 根表面积 |
|---|---|---|---|---|---|---|
| Alamo | 36.71def | 35.82c | 35.06bc | 50.16a | 35.78cd | 49.07bcd |
| BJ-6 | 30.76f | 49.44ab | 32.28bc | 58.60a | 42.88bc | 39.59de |
| Blackwell | 35.29def | 48.43abc | 38.06bc | 57.57a | 42.52bc | 51.60bcd |
| BJ-4 | 38.75cdef | 44.67bc | 31.48bc | 52.43a | 49.40ab | 51.25bcd |
| Cave | 53.08ab | 58.11a | 35.08bc | 43.57a | 34.16cd | 51.31bcd |
| Forestburg | 42.85bcde | 41.87bc | 36.76bc | 54.56a | 41.87bc | 65.92a |
| BJ-5 | 49.07abc | 43.69bc | 55.56a | 47.42a | 39.60bc | 38.22de |
| Kanlow | 32.24ef | 22.72d | 37.52bc | 56.36a | 35.86cd | 43.29cde |
| BJ-2 | 43.76bcde | 45.85bc | 33.78bc | 55.32a | 39.54bc | 55.30abc |
| Pathfinder | 48.23abc | 47.46abc | 40.28b | 57.87a | 45.42bc | 32.15e |
| BJ-3 | 45.93bcd | 43.56bc | 26.49c | 49.27a | 55.46a | 52.01bcd |
| BJ-1 | 34.07ef | 47.30abc | 28.87bc | 59.80a | 25.40d | 62.91ab |
| Trailblazer | 57.08a | 47.66abc | 36.69bc | 56.26a | 42.86bc | 45.46cd |

注：表中数据为平均值，同列数字后不同字母表示品种间差异显著（$P < 0.05$）

### 3. 低钾胁迫下柳枝稷评价指标耐低钾指数多重比较的聚类分析

以表 4-38 中各评价指标的耐低钾指数为依据，将其标准化处理，对数据进行聚类分析（图 4-3），根据其结果，可将 13 个柳枝稷品种分为两类，耐低钾胁迫型：'Alamo'、BJ-6、'Blackwell'、BJ-2、'BJ-4'、'Pathfinder'、BJ-5、'Trailblazer'、BJ-3、'Forestburg'、'Cave-in-rock'。低钾胁迫敏感型：'Kanlow'和 BJ-1。

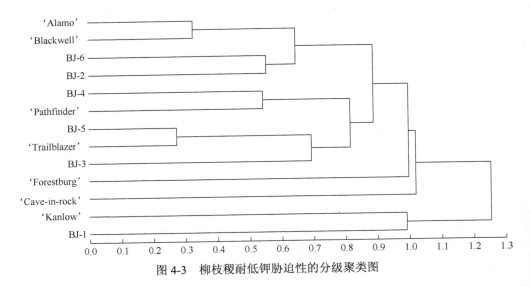

图 4-3　柳枝稷耐低钾胁迫性的分级聚类图

#### 4. 标准差系数赋予权重法评价柳枝稷耐钾营养胁迫性

如表 4-40 所示，中等供钾条件下，根表面积、净光合速率和蒸腾速率的权重分别为 0.2247、0.2144 和 0.1648，权重加和为体系总权重的 60.39%，说明该评价体系侧重于光合生理和地下部形态指标的评价。采用标准差系数赋予权重法对各柳枝稷品种进行综合评价，其中 BJ-5 的综合评价值最大，则表明该品种在此梯度下抗逆性最强，依照此法得出各品种的综合表现：BJ-5＞BJ-1＞BJ-3＞'Forestburg'＞'Cave-in-rock'＞'Pathfinder'＞'Alamo'＞'Blackwell'＞'Trailblazer'＞BJ-2＞BJ-4＞'Kanlow'＞BJ-6。

表 4-40　中等供钾处理下各指标隶属函数值、权重、综合评价

| 品种<br>（品系） | 隶属函数值 | | | | | | 综合评价<br>（D 值） | 排序 |
|---|---|---|---|---|---|---|---|---|
| | $\mu(1)$ | $\mu(2)$ | $\mu(3)$ | $\mu(4)$ | $\mu(5)$ | $\mu(6)$ | | |
| Alamo | 0.8378 | 0.0000 | 0.2500 | 0.8333 | 0.4286 | 0.3378 | 0.4221 | 7 |
| BJ-6 | 0.0000 | 0.0781 | 0.1375 | 0.3333 | 0.6667 | 0.2568 | 0.2320 | 13 |
| Blackwell | 0.7027 | 0.4531 | 0.3500 | 0.2500 | 0.6667 | 0.2432 | 0.4067 | 8 |
| BJ-4 | 0.4730 | 0.3750 | 0.1125 | 0.0000 | 0.9048 | 0.3378 | 0.3228 | 11 |
| CIR | 0.4865 | 1.0000 | 0.2375 | 0.8333 | 0.0000 | 0.3378 | 0.4788 | 5 |
| Forestburg | 0.6892 | 0.5937 | 0.3125 | 0.7500 | 0.6429 | 0.1892 | 0.4860 | 4 |
| BJ-5 | 1.0000 | 0.7344 | 1.0000 | 0.9166 | 0.5595 | 1.0000 | 0.8939 | 1 |
| Kanlow | 0.3243 | 0.2500 | 0.3250 | 0.0833 | 0.4167 | 0.4460 | 0.3114 | 12 |
| BJ-2 | 0.4324 | 0.7031 | 0.2000 | 0.5416 | 0.5595 | 0.0405 | 0.3690 | 10 |
| Pathfinder | 0.3649 | 0.8750 | 0.4500 | 0.6250 | 0.7738 | 0.0000 | 0.4702 | 6 |
| BJ-3 | 0.6351 | 0.5937 | 0.2875 | 0.2916 | 1.0000 | 0.4324 | 0.4947 | 3 |
| BJ-1 | 0.7568 | 0.7187 | 0.0000 | 1.0000 | 0.4048 | 0.5000 | 0.5299 | 2 |
| Trailblazer | 0.5946 | 0.5000 | 0.3125 | 0.5833 | 0.6786 | 0.0270 | 0.4000 | 9 |
| 权重 | 0.1255 | 0.2144 | 0.1536 | 0.1648 | 0.1169 | 0.2247 | | |

注：$\mu(1)\sim\mu(6)$ 分别为总生物量、净光合速率、叶绿素含量、蒸腾速率、叶表面积和根表面积的隶属函数值，后同

由表 4-41 可知，低钾胁迫条件下，净光合速率、总生物量、根表面积的权重分别为 0.2164、01876 和 0.1874，权重加和为体系总权重的 59.14%，为该评价体系中的主要评价指标，说明该评价体系侧重于光合、生物量和地下部形态指标的评价。采用标准差系数赋予权重法对各柳枝稷品种进行综合评价，其中 BJ-3 的综合评价值最大，表明该品种在此梯度下综合表现最好，耐钾营养胁迫能力最强，依照此方法分析得出柳枝稷 13 个品种的耐低钾胁迫能力为：BJ-3＞'Trailblazer'＞BJ-5＞'Cave-in-rock'＞'Forestburg'＞BJ-6＞BJ-4＞BJ-2＞'Pathfinder'＞'Blackwell'＞'Kanlow'＞BJ-1＞'Alamo'。

表 4-41　低钾胁迫下各指标隶属函数值、权重、综合评价

| 品种（品系） | 隶属函数值 | | | | | | 综合评价（D 值） | 排序 |
|---|---|---|---|---|---|---|---|---|
| | $\mu(1)$ | $\mu(2)$ | $\mu(3)$ | $\mu(4)$ | $\mu(5)$ | $\mu(6)$ | | |
| Alamo | 0.3469 | 0.2857 | 0.5054 | 0.4483 | 0.3790 | 0.2651 | 0.3561 | 13 |
| BJ-6 | 0.2551 | 0.7582 | 0.5806 | 0.6896 | 0.5403 | 0.8916 | 0.6257 | 6 |
| Blackwell | 0.2551 | 0.2857 | 0.6559 | 0.5862 | 0.5242 | 0.3735 | 0.4182 | 10 |
| BJ-4 | 0.6837 | 0.8022 | 0.6129 | 0.4827 | 0.7016 | 0.2409 | 0.5922 | 7 |
| CIR | 0.5306 | 0.8571 | 1.0000 | 1.1380 | 0.3387 | 0.1566 | 0.6438 | 4 |
| Forestburg | 1.0000 | 0.0000 | 0.7312 | 1.0000 | 0.5081 | 0.7831 | 0.6379 | 5 |
| BJ-5 | 0.7143 | 0.9670 | 0.7527 | 0.5862 | 0.4678 | 0.7470 | 0.7246 | 3 |
| Kanlow | 0.2041 | 0.2967 | 0.0000 | 1.0000 | 0.3629 | 0.5422 | 0.4000 | 11 |
| BJ-2 | 0.4184 | 0.2088 | 0.6774 | 0.8965 | 0.4597 | 0.7591 | 0.5413 | 8 |
| Pathfinder | 0.7551 | 0.6703 | 0.6236 | 0.0000 | 0.6048 | 0.0000 | 0.4503 | 9 |
| BJ-3 | 0.6633 | 0.9231 | 0.7312 | 0.6552 | 1.0000 | 0.5181 | 0.7494 | 1 |
| BJ-1 | 0.0000 | 0.0659 | 0.5376 | 0.7931 | 0.0000 | 1.0000 | 0.3773 | 12 |
| Trailblazer | 0.8980 | 1.0000 | 0.6236 | 0.5862 | 0.5484 | 0.6627 | 0.7473 | 2 |
| 权重 | 0.1876 | 0.2164 | 0.1176 | 0.1418 | 0.1493 | 0.1874 | | |

表 4-42 表明，缺钾条件下，该评价体系中最重要的评价指标为总生物量和叶绿素含量，权重分别为 0.2141 和 0.2229，说明该评价体系侧重于生物量和光合相关生理指标的评价。采用标准差系数赋予权重法对各柳枝稷品种进行综合评价，其中'Trailblazer'的综合评价值最大，表明该品种耐缺钾胁迫能力最强，依照此权重法得出各品种的耐缺钾胁迫能力为：'Trailblazer'＞'Forestburg'＞BJ-5＞'Pathfinder'＞BJ-2＞'Blackwell'＞'Cave-in-rock'＞BJ-3＞BJ-4＞BJ-1＞BJ-6＞'Alamo'＞'Kanlow'。

表 4-42　缺钾胁迫下各指标隶属函数值、权重、综合评价

| 品种（品系） | 隶属函数值 | | | | | | 综合评价（D 值） | 排序 |
|---|---|---|---|---|---|---|---|---|
| | $\mu(1)$ | $\mu(2)$ | $\mu(3)$ | $\mu(4)$ | $\mu(5)$ | $\mu(6)$ | | |
| Alamo | 0.2405 | 0.3774 | 0.2873 | 0.4166 | 0.3407 | 0.4951 | 0.3478 | 12 |
| BJ-6 | 0.0000 | 0.7547 | 0.1954 | 0.9375 | 0.5824 | 0.2277 | 0.3831 | 11 |
| Blackwell | 0.1772 | 0.7264 | 0.4023 | 0.8750 | 0.5714 | 0.5743 | 0.5106 | 6 |
| BJ-4 | 0.3164 | 0.6132 | 0.1609 | 0.5416 | 0.8022 | 0.5644 | 0.4576 | 9 |
| CIR | 0.8607 | 1.0000 | 0.2873 | 0.0000 | 0.2857 | 0.5644 | 0.4940 | 7 |
| Forestburg | 0.4683 | 0.5472 | 0.3448 | 0.6875 | 0.5494 | 1.0000 | 0.5804 | 2 |
| BJ-5 | 0.6962 | 0.5943 | 1.0000 | 0.2291 | 0.4725 | 0.1782 | 0.5681 | 3 |

续表

| 品种<br>（品系） | 隶属函数值 | | | | | | 综合评价<br>（D 值） | 排序 |
|---|---|---|---|---|---|---|---|---|
| | $\mu(1)$ | $\mu(2)$ | $\mu(3)$ | $\mu(4)$ | $\mu(5)$ | $\mu(6)$ | | |
| Kanlow | 0.0506 | 0.0000 | 0.3793 | 0.7916 | 0.3407 | 0.3367 | 0.3131 | 13 |
| BJ-2 | 0.4937 | 0.6604 | 0.2414 | 0.7083 | 0.4725 | 0.6733 | 0.5134 | 5 |
| Pathfinder | 0.6709 | 0.6981 | 0.4712 | 0.8958 | 0.6593 | 0.0000 | 0.5493 | 4 |
| BJ-3 | 0.5823 | 0.6038 | 0.0000 | 0.3333 | 1.0000 | 0.5842 | 0.4792 | 8 |
| BJ-1 | 0.1266 | 0.6981 | 0.0804 | 1.0000 | 0.0000 | 0.9109 | 0.4167 | 10 |
| Trailblazer | 1.0000 | 0.7076 | 0.3333 | 0.7916 | 0.5714 | 0.3961 | 0.6279 | 1 |
| 权重 | 0.2141 | 0.1117 | 0.2229 | 0.1433 | 0.1430 | 0.1650 | | |

## 四、讨论与结论

本试验结果表明，钾素作为植物生长发育所必需的大量元素之一，具有不可替代的重要性。张志勇等（2009）研究发现，缺钾会抑制苗期棉花的根系长度、根表面积和根平均直径，Wallingford 等（1980）研究表明，缺钾会阻碍植物体内蛋白质和光合色素的合成，Pettigrew 等（1999）和 Bednarz 等（1998）研究发现缺钾对棉花叶片的光合能力和光合产物的转运具有显著的抑制作用；吕福堂等（2010）针对不同基因型玉米的耐低钾机制进行研究，易九红等（2010）以棉花为材料研究不同品种对低钾胁迫的响应，这些结果都表明，不同品种或基因型作物对低钾胁迫的响应情况不尽相同。本试验的研究结果与各位学者的研究结果基本一致。

本研究基于柳枝稷培育过程中各指标测定情况和观测结果，以及钾素在植物体内的生理作用，结合同科或同属作物的相关研究情况，选定总生物量、净光合速率、叶绿素含量、蒸腾速率、叶表面积及根表面积等作为评价指标。

本研究选取了品种间各评价指标耐低钾系数差异较为显著的 $K_1$ 梯度进行聚类分析，根据耐低钾胁迫能力的强弱将各柳枝稷品种分为两类，同时针对每个梯度下不同柳枝稷品种的综合表现对其进行排序，以定量衡量品种的耐贫瘠性，各供钾水平下综合评价的结果与试验中的实际观测基本吻合。

本研究证实，不同缺钾水平下，各柳枝稷品种耐胁迫能力的排序结果差异明显。这反映了不同柳枝稷品种对低钾胁迫的耐受机制不同，研究发现，不同基因型（不同种或不同品种）的植物之间，钾吸收利用效率差异明显，说明植物钾营养性状是由遗传控制的（武维华，2007）。随供钾水平的逐步下降，按照综合表现将各品种进行排名，按照排名情况将这些品种分为如下 4 类。

1）综合表现名次先上升后下降的品种：BJ-6、BJ-4、'Cave-in-rock'、BJ-3

和‘Kanlow’。

2）名次先下降后上升的品种：‘Alamo’‘Forestburg’‘Blackwell’‘Pathfinder’和 BJ-1。

3）名次持续下降的品种：BJ-5。

4）名次持续上升的品种：‘Trailblazer’和 BJ-2。

# 第七节　干旱胁迫对柳枝稷生长与生理特性的影响

## 一、引言

近年来，我国在柳枝稷重金属污染土壤生态修复（侯新村等，2012）及其在我国北方地区的发展潜力（范希峰等，2012a）等方面做了深入研究。徐炳成等（2005）对水分胁迫下柳枝稷与白羊草苗期水分利用状况进行了比较研究，发现柳枝稷具有较强的水分利用效率。郑敏娜等（2009）对 4 种暖季型禾草的抗旱能力进行了比较分析，发现柳枝稷抗旱性强于其他 3 种禾草。但目前对于柳枝稷干旱胁迫下生长及生理特性的整体响应及不同品种柳枝稷抗旱能力大小的综合评价尚需进一步研究。

本研究利用盆栽试验研究了干旱胁迫对柳枝稷生长与生理特性的影响，并通过聚类分析筛选出 2 个抗旱能力较强的柳枝稷品种，为其在干旱半干旱边际土地的推广种植奠定了基础。

## 二、材料与方法

### 1. 试验材料

试验于北京草业与环境研究发展中心人工气候温室内开展。供试柳枝稷品种为‘Alamo’‘Blackwell’‘Cave-in-rock（CIR）’‘Forestburg’‘Kanlow’‘New York’‘Pathfinder’和‘Trailblazer’。供试基质为北京潮褐土，其有机质含量为 1.72%，速效氮、速效磷、速效钾含量分别为 84.00mg/kg、46.35mg/kg、127.00mg/kg，土壤 pH 为 7.42。

试验用盆盆口直径 30.00cm，盆底直径 17.50cm，高 23.00cm，盆底留取直径为 2.00cm 的小孔 1 个。每盆装土壤 11.00kg 后置于托盘上。

### 2. 试验设计

采用盆栽试验。2012 年 4 月，待柳枝稷幼苗长出 3 片真叶时进行移栽。每盆

3 株。待长出第 5 片真叶时开始干旱胁迫处理。

试验设置 2 个水分处理，分别为土壤相对含水量 80%和 40%。根据前期研究基础，中度干旱胁迫（40%）条件下，柳枝稷生长及生理指标响应并不明显，重度干旱胁迫条件下柳枝稷无法存活，因此著者选取 40%土壤相对含水量（中度土壤干旱胁迫 MS）和 80%土壤相对含水量（对照 CK）两种处理进行生理机制的探讨。每处理重复 4 次。称重控制水分。试验期间温室内日平均气温为 24.80℃（最低 15.60℃，最高 33.90℃），空气相对湿度为 53.20%（白天）、92.00%（夜间）。干旱胁迫处理 60d 后结束试验。

### 3. 测定项目与方法

（1）植物生长特征指标　　植株干重：试验结束后，将整株取出，分为地上部和地下部两部分测定单株柳枝稷的各项生长特征指标。将待测植物冲洗干净于105℃下杀青 30min，80℃下烘干至恒重，分别称重。

（2）生理学特征指标　　连续胁迫处理 1 个月后进行相关生理指标的测定。

采用便携式光合系统测定仪 LI-6400（LI-COR Lincoln，USA）测定光合-光强响应曲线。由红蓝光源（Li-6400-02B）提供不同的光合有效辐射（PAR）：2000μmol/($m^2 \cdot s$)、1200μmol/($m^2 \cdot s$)、800μmol/($m^2 \cdot s$)、400μmol/($m^2 \cdot s$)、200μmol/($m^2 \cdot s$)、100μmol/($m^2 \cdot s$)、20μmol/($m^2 \cdot s$)、0μmol/($m^2 \cdot s$)。$CO_2$ 浓度设定为 400μmol/mol，流速为 400μmol/s、温度设定为(30±1)℃。采用非直角双曲线模型对光合-光强响应曲线进行模拟（Farquhar et al.，2001），并计算光补偿点（LCP）和光饱和点（LSP）。

参考植物生理学实验指导测定可溶性糖、可溶性蛋白、游离脯氨酸、丙二醛含量及相关酶活性（邹琦，2000）。

### 4. 数据分析

采用 Excel 2003 进行数据处理，利用 SPSS 17.0 One-Way ANOVA 对数据进行显著性方差分析，差异显著水平为 $P=0.05$，估计光合-光强响应曲线模型参数。采用欧氏距离平方法，WARD 最小方差法聚类分析进行聚类分析（刘小芳等，2011）。

## 三、结果与分析

### 1. 干旱胁迫对柳枝稷生长特性的影响

干旱胁迫显著抑制了柳枝稷的生长（表 4-43）。与对照相比，株高、地上部生物量、地下部生物量、总生物量都显著降低，降幅分别为 15.41%～35.09%、22.97%～40.20%、7.83%～31.12%、16.82%～36.14%；根冠比显著增加，增幅为 14.12%～28.99%。

表 4-43　干旱胁迫对柳枝稷生长特性的影响

| 品种（品系） | 处理 | 株高/cm | 地上部生物量/g | 地下部生物量/g | 总生物量/g | 根冠比 |
|---|---|---|---|---|---|---|
| Alamo | CK | 81.35a | 8.31a | 4.77a | 13.08a | 0.57b |
| | MS | 63.12b | 5.36b | 3.78b | 9.14b | 0.71a |
| Blackwell | CK | 65.55a | 5.37a | 3.76a | 9.13a | 0.70b |
| | MS | 42.55b | 3.24b | 2.59b | 5.83b | 0.80a |
| CIR | CK | 55.97a | 3.1a | 2.62a | 5.72a | 0.85b |
| | MS | 43.97b | 2.17b | 2.11b | 4.28b | 0.97a |
| Forestburg | CK | 60.72a | 3.98a | 2.73a | 6.71a | 0.69b |
| | MS | 45.45b | 2.38b | 2.13b | 4.51b | 0.89a |
| Kanlow | CK | 65.47a | 6.36a | 3.72a | 10.08a | 0.58b |
| | MS | 55.38b | 4.32b | 3.01b | 7.33b | 0.70a |
| New York | CK | 62.74a | 7.32a | 4.75a | 12.07a | 0.65b |
| | MS | 44.58b | 4.61b | 3.65b | 8.26b | 0.79a |
| Pathfinder | CK | 68.32a | 4.58a | 3.69a | 8.27a | 0.81b |
| | MS | 44.85b | 3.13b | 3.09b | 6.22b | 0.99a |
| Trailblazer | CK | 71.11a | 5.05a | 3.45a | 8.5a | 0.68b |
| | MS | 55.67b | 3.89b | 3.18b | 7.07b | 0.82a |

注：同一品种同列数字后不同字母表示差异显著（$P<0.05$），CIR 代表 'Cave-in-rock'

## 2. 干旱胁迫对柳枝稷光合-光强响应曲线及其特征参数的影响

干旱胁迫处理下柳枝稷光合-光强响应曲线决定系数都在 0.95 以上，模型拟合良好。

柳枝稷在干旱胁迫处理下，各光响应特征参数都出现了一致的变化趋势（表 4-44）。与对照相比，最大净光合速率（$P_{max}$）、表观量子效率（AQY）、暗呼吸速率（$R_{day}$）、光补偿点（LCP）和光饱和点（LSP）都有所降低。但不同品种柳枝稷降低程度是不同的。

表 4-44　干旱胁迫对柳枝稷光合-光强响应曲线及特征参数的影响

| 品种（品系） | 处理 | 最大净光合速率/[μmolCO₂/(m²·s)] | 表观量子效率/[μmolCO₂/μmol Photons] | 暗呼吸速率/[μmolCO₂/(m²·s)] | 光补偿点/[μmol 量子/(m²·s)] | 光饱和点/[μmol 量子/(m²·s)] |
|---|---|---|---|---|---|---|
| Alamo | CK | 28.45a | 0.075a | 0.98a | 36.35a | 398.65a |
| | MS | 22.87b | 0.074a | 0.78b | 28.92b | 275.75b |
| Blackwell | CK | 21.45a | 0.056a | 0.69a | 24.45a | 245.32a |
| | MS | 13.14b | 0.032b | 0.55b | 12.33b | 122.67b |

续表

| 品种（品系） | 处理 | 最大净光合速率/[μmolCO₂/(m²·s)] | 表观量子效率/[μmolCO₂/μmol Photons] | 暗呼吸速率/[μmolCO₂/(m²·s)] | 光补偿点/[μmol 量子/(m²·s)] | 光饱和点/[μmol 量子/(m²·s)] |
|---|---|---|---|---|---|---|
| CIR | CK | 23.05a | 0.054a | 0.93a | 29.47a | 287.09a |
|  | MS | 18.47b | 0.042b | 0.81b | 20.14b | 145.29b |
| Forestburg | CK | 24.93a | 0.043a | 0.81a | 28.56a | 346.31a |
|  | MS | 22.48b | 0.042a | 0.67b | 26.35b | 265.87b |
| Kanlow | CK | 25.33a | 0.069a | 1.33a | 30.14a | 353.09a |
|  | MS | 20.34b | 0.052b | 1.02b | 23.52b | 252.33b |
| New York | CK | 26.23a | 0.070a | 0.89a | 32.81a | 378.98a |
|  | MS | 15.13b | 0.060b | 0.77b | 15.35b | 135.29b |
| Trailblazer | CK | 15.58a | 0.035a | 0.74a | 16.49a | 156.73a |
|  | MS | 14.52b | 0.034a | 0.55b | 13.86b | 125.95b |
| Pathfinder | CK | 26.95a | 0.06a | 1.27a | 34.56a | 373.21a |
|  | MS | 20.90b | 0.05b | 1.03b | 25.30b | 253.34b |

注：同一品种同列数字后不同字母表示差异显著（$P < 0.05$），CIR 代表 'Cave-in-rock'

### 3. 干旱胁迫对柳枝稷主要渗透物质和抗氧化系统的影响

干旱胁迫处理下，与对照相比，柳枝稷渗透性物质含量都显著增加（表4-45），可溶性糖含量增幅最大的是 'Trailblazer'，为 93.88%，最小的是 'Forestburg'，为 48.96%；可溶性蛋白含量增幅最大的是 'Pathfinder'，为 73.12%，最小的是 'Trailblazer'，为 24.84%；脯氨酸含量增幅最大的是 'Blackwell'，为 78.25%，最小的是 'Trailblazer'，为 7.34%。丙二醛含量也显著增加，增幅最大的是 'New York'，为 95.45%，最小的是 'Kanlow'，为 21.42%。同时，超氧化物歧化酶（SOD）活性和过氧化物酶（POD）活性也都显著增强，增幅最大的分别是 'Pathfinder' 'New York'，分别为 60.74%、86.42%，最小的分别是 'New York' 'Pathfinder'，分别为 14.39%、40.82%。

表4-45　干旱胁迫对柳枝稷主要渗透物质和抗氧化系统的影响

| 品种（品系） | 处理 | 可溶性糖/(mg/g 鲜重) | 可溶性蛋白/(mg/g 鲜重) | 脯氨酸/(μg/g 鲜重) | 超氧化物歧化酶SOD[U/(min·g)鲜重] | 过氧化物酶POD[U/(min·g)鲜重] | 丙二醛 MDA[(μmol/g)鲜重] |
|---|---|---|---|---|---|---|---|
| Alamo | CK | 0.18b | 19.63b | 160.46b | 53.36b | 44.44b | 0.03b |
|  | MS | 0.88a | 64.88a | 364.50a | 81.17a | 282.22a | 0.20a |

续表

| 品种<br>（品系） | 处理 | 可溶性糖<br>/(mg/g 鲜重) | 可溶性蛋白<br>/(mg/g 鲜重) | 脯氨酸<br>/(μg/g 鲜重) | 超氧化物歧化酶<br>SOD[U/(min·g)<br>鲜重] | 过氧化物酶<br>POD[U/(min·<br>g)鲜重] | 丙二醛 MDA<br>[(μmol/g)<br>鲜重] |
|---|---|---|---|---|---|---|---|
| Blackwell | CK | 0.22b | 17.31b | 92.22b | 56.65b | 176.67b | 0.08b |
| | MS | 0.71a | 46.26a | 424.04a | 81.42a | 304.44a | 0.32a |
| CIR | CK | 0.23b | 23.18b | 71.56b | 64.79b | 160.00b | 0.03b |
| | MS | 0.71a | 37.93a | 114.20a | 80.08a | 632.78a | 0.36a |
| Forestburg | CK | 0.49b | 33.47b | 84.68b | 42.60b | 58.89b | 0.04b |
| | MS | 0.96a | 55.68a | 145.53a | 78.77a | 322.22a | 0.19a |
| Kanlow | CK | 0.16b | 21.15b | 88.78b | 63.34b | 83.89b | 0.22b |
| | MS | 0.84a | 51.70a | 147.66a | 83.05a | 351.67a | 0.28a |
| New York | CK | 0.27b | 33.07b | 79.92b | 67.13b | 76.67b | 0.01b |
| | MS | 0.95a | 51.51a | 127.65a | 78.41a | 564.44a | 0.22a |
| Pathfinder | CK | 0.07b | 10.39b | 166.36b | 32.09b | 184.44b | 0.06b |
| | MS | 0.70a | 38.65a | 401.73a | 81.74a | 311.67a | 0.60a |
| Trailblazer | CK | 0.03b | 54.92b | 184.40b | 65.04b | 188.89b | 0.05b |
| | MS | 0.49a | 73.07a | 199.00a | 82.06a | 489.44a | 0.42a |

注：同一品种同列数字后不同字母表示差异显著（$P<0.05$），CIR 代 'Cave-in-rock'

综合上述结果，在对不同品种柳枝稷进行抗旱性鉴定时，选用不同指标，判定结果不完全一致。因此，著者在前人研究基础上选用多个不同指标对柳枝稷进行抗旱性鉴定。

### 4. 柳枝稷抗旱性聚类分析

以株高、地上部生物量、地下部生物量、总生物量、根冠比、最大净光合速率、可溶性糖、脯氨酸含量、超氧化物歧化酶活性 9 个指标对 8 个品种柳枝稷进行分析。根据聚类树状图，可将 8 个品种柳枝稷划分为三大类（图 4-4）：强抗旱、中抗旱和弱抗旱。强抗旱品种为 'Alamo' 'Kanlow'；中抗旱品种为 'CIR' 'New York' 和 'Forestburg'；弱抗旱品种为 'Trailblazer' 'Pathfinder' 和 'Blackwell'。

## 四、讨论与结论

干旱胁迫在一定程度上影响植物的生长与发育，且对其整体产生影响。尉秋实等（2006）研究发现干旱胁迫条件下沙漠葳的干物质积累显著降低。柴丽娜等（1996）提出，根冠比可以作为小麦的一个抗旱性指标。本研究结果表明，柳

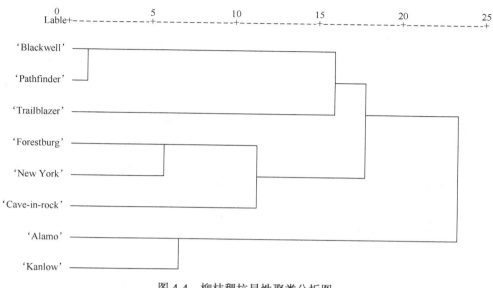

图 4-4　柳枝稷抗旱性聚类分析图

枝稷在干旱胁迫处理下生长特性受到显著抑制，株高、地上部生物量、地下部生物量和总生物量显著降低，根冠比显著增加，表明在干旱胁迫处理下柳枝稷通过调整自身地上部与地下部生物量分配比例适应和抵御外界干旱环境，降低外界不良环境对自身的伤害，保证自身的正常生长。

在干旱胁迫条件下，植物的光合作用会受到严重抑制或完全抑制（陈珂等，2009），干旱半干旱地区气候条件使水分成为影响植物光合作用的重要因子（王晓江，2007）。本研究结果表明，干旱胁迫处理下，柳枝稷通过降低 $P_{max}$ 值和 AQY 值，一方面对干旱胁迫条件产生生理响应，减少不利环境所带来的不利影响，另一方面最大程度增强了柳枝稷对弱光的利用效率。从而达到在最大限度减少伤害的条件下最大程度地保留柳枝稷的光合作用效率。在不同品种柳枝稷间此种响应表现出较大的差异。同时 LCP 值和 LSP 值的显著降低表明了干旱胁迫抑制了柳枝稷对弱光的利用。不同品种柳枝稷间比较，受抑制程度不同，表明不同品种柳枝稷对干旱胁迫环境适应能力的差异。陈建等（2008）对辽东栎木的研究结果表明，暗呼吸速率（$R_{day}$）降低，可以减少光合产物的分解消耗，有利于植物干物质的积累，与本研究结果一致。

植物渗透调节和抗干旱胁迫能力的关系自 Hsiao 提出以来已经成为抗旱生理生化研究领域的热点（Hsiao，1973）。渗透调节是植物通过增加胞内溶质浓度降低渗透势保持膨压的一种生理过程（徐莲珍等，2008）。渗透调节物质在植物维持光合作用和蒸腾作用过程中发挥着重要的生理作用（罗大庆等，2011）。本研究结果表明，在干旱胁迫条件下，柳枝稷可溶性糖、可溶性蛋白及游离脯氨酸含量显著增加。脯氨酸具有偶极性，其疏水端与蛋白质连接，亲水端与水分子结合，从而使蛋白质通过脯氨酸束缚更多的水。防止在干旱胁迫条件下蛋白质脱水，并可防止或减轻由渗透胁迫而引起的酶蛋白变性。可溶性糖与可溶性蛋白具有相似的功能。柳枝稷通过此种响应，提高了细胞液浓度，降低了渗透势，保持细胞具有很高的亲水能力，防止细胞严重脱水，同时也保持一定的压力势，更有利于吸收干旱土壤中的水分和矿质营养元素等必需物质。这是柳枝稷抗旱能力的重要标志。对于不同柳枝稷品种而言，此种生理响应程度是不同的，反映了不同柳枝稷品种抗旱能力的差异。

植物在受到干旱胁迫的时候，体内超氧化物歧化酶和过氧化物酶活性会发生相应变化，以减少不利条件对自身的伤害（霍红等，2011）。本研究结果表明，在干旱胁迫条件下，柳枝稷体内丙二醛含量极显著增加，诱导了抗氧化保护系统相关酶类活性的显著增强，表现出柳枝稷较强的抗旱能力。这也很好地验证了前人的研究结论。不同柳枝稷品种间比较，在干旱胁迫条件下，丙二醛含量存在较大差异，抗氧化酶活性强度大小不同。与对照相比，抗氧化酶活性强度增加幅度差异较大。反映了不同品种柳枝稷抗旱能力的不同。

鉴定不同品种柳枝稷抗旱性差异时，选用不同指标其最终的鉴定结果是不一致的。康俊梅等（2004）采用聚类分析方法对 41 份紫花苜蓿抗旱性进行鉴定，分析结果表明 41 份苜蓿可分为强抗旱、中抗旱和弱抗旱三大类。本研究选取株高、地上部生物量、地下部生物量、总生物量、根冠比、最大净光合速率、可溶性糖、脯氨酸含量和超氧化物歧化酶活性 9 个指标对 8 个品种柳枝稷进行聚类分析，综合评价其抗旱性。研究结果表明，8 个柳枝稷品种可分为强抗旱、中抗旱和弱抗旱三大类，其中强抗旱品种为 'Alamo' 'Kanlow'；中抗旱品种为 'CIR' 'New York' 和 'Forestburg'；弱抗旱品种为 'Trailblazer' 'Pathfinder' 和 'Blackwell'。

本试验主要结论如下：①干旱胁迫处理下，柳枝稷的生长虽然受到显著抑制，但柳枝稷通过生理响应尽可能降低了干旱胁迫环境对自身的伤害，满足了其生长、生存的需求；②柳枝稷具有较强的抗旱能力；③不同柳枝稷品种中 'Alamo' 'Kanlow' 抗旱能力整体表现良好，比较适合在干旱半干旱地区的推广种植。

## 参 考 文 献

白玉娥. 2004. 根茎类禾草耐盐性评价及生理基础的研究. 呼和浩特：内蒙古农业大学博士学位论文.

曹光球，林思祖，黄世国. 2011. 阿魏酸和肉桂酸对杉木种子发芽的效应. 植物资源与环境学报，10（02）：63-64.

柴丽娜，路苹，王金淑. 1996. 干旱胁迫冬小麦幼苗根冠比的动态变化与品种抗旱性关系的研究. 北京农学院学报，11（2）：19-23.

陈海燕，崔香菊，陈熙，等. 2007. 盐胁迫及 La$^{3+}$对不同耐盐性水稻根中抗氧化酶及质膜 H$^+$-ATPase 的影响. 作物学报，33（7）：1086-1093.

陈建，张光灿，张淑勇，等. 2008. 辽东栎木光合和蒸腾作用对光照和土壤水分的响应过程. 应用生态学报，19（6）：

1185-1190.

陈珂, 焦娟玉, 尹春英. 2009. 植物对水分胁迫的形态及生理响应. 湖北农业科学, 48（4）: 992-995.

陈新红, 叶玉秀, 周青, 等. 2008. 盐胁迫对小麦幼苗形态和生理特性的影响. 安徽农业科学, 36（33）: 14408-14410.

程序. 2007. 中国生态农业与生物质工程对循环经济的作用. 中国生态农业学报, 15（2）: 1-4.

杜菲, 陈新, 杨春华, 等. 2011. NaCl 胁迫对不同柳枝稷材料种子萌发与幼苗生长的影响. 草地学报, 19（06）: 1018-1024.

杜利霞, 董宽虎, 夏方山, 等. 2009. 盐胁迫对新麦草种子萌发特性和生理特性的影响. 草地学报, 17（06）: 789-794.

樊明寿, 孙亚卿, 邵金旺, 等. 2006. 不同形态氮素对燕麦营养生长和氮素利用的影响. 作物学报, 21（1）: 114-118.

范希峰, 侯新村, 武菊英, 等. 2012a. 我国北方能源草研究进展及发展潜力. 中国农业大学学报, 17（6）: 150-158.

范希峰, 侯新村, 朱毅, 等. 2012b. 盐胁迫对柳枝稷苗期生长和生理特性的影响. 应用生态学报, 23（6）: 1476-1480.

侯新村, 范希峰, 武菊英, 等. 2012. 草本能源植物修复重金属污染土壤的潜力. 中国草地学报, 34（1）: 59-64.

侯新村, 范希峰, 左海涛, 等. 2010. 氮肥对挖沙废弃地能源草生长特性与生物质产量的影响. 草地学报, 18（2）: 268-273, 279.

霍红, 张勇, 陈年来, 等. 2011. 干旱胁迫下五种荒漠灌木苗期的生理响应和抗旱评价. 干旱区资源与环境,（25）: 185-189.

康俊梅, 樊奋成, 杨青川. 2004. 41 份紫花苜蓿抗旱鉴定试验研究. 草地学报, 12（1）: 21-24.

李长有, 金昌民, 杨微, 等. 2008. 单盐胁迫对盐生植物碱地肤的影响. 吉林农业科学, 33（05）: 57-60.

李长有. 2009. 盐碱地四种主要致害盐分对虎尾草胁迫作用的混合效应与机制. 长春: 东北师范大学博士学位论文.

李丹丹, 田梦雨, 崔昊, 等. 2009. 小麦苗期耐低氮胁迫的基因型差异. 麦类作物学报, 29（2）: 222-227.

李富恒, 于龙凤, 安福全. 2007. 缺钾培养对玉米幼苗部分生理指标的影响. 东北农业大学学报, 38（4）: 459-463.

李继伟, 左海涛, 李青丰, 等. 2011. 柳枝稷根系垂直分布及植株生长对土壤盐分类型的响应. 草地学报, 19（4）: 644-651.

李生秀. 1999. 植物营养与肥料学科的现状与展望. 植物营养与肥料学报, 5（3）: 193-205.

李源, 刘贵波, 高洪文, 等. 2009. 紫花苜蓿种质苗期抗旱性综合评价研究. 草地学报, 17（6）: 807-812.

林舜华, 黄银晓, 蒋高明, 等. 1994. 海河流域植物硫素含量特征的研究. 生态学报, 14（3）: 235-242.

蔺吉祥, 李晓宇, 唐佳红, 等. 2011. 盐碱胁迫对小麦种子萌发、早期幼苗生长及 $Na^+$、$K^+$ 代谢的影响. 麦类作物学报, 31（6）: 1148-1152.

刘敏轩, 张宗文, 吴斌, 等. 2012. 黍稷种质资源芽、苗期耐中性混合盐胁迫评价与耐盐生理机制研究. 中国农业科学, 45（18）: 3733-3743.

刘小芳, 薛长湖, 王玉明, 等. 2011. 刺参中无机元素的聚类分析和主成分分析. 光谱学与光谱析, 31（11）: 3119-3122.

吕福堂, 张秀省. 2010. 不同基因型玉米吸钾特性和耐低钾机理研究. 玉米科学, 18（1）: 61-65.

罗大庆, 薛会英, 权红, 等. 2011. 干旱胁迫下砂生槐、锦鸡儿的生理生化特性与抗旱性. 干旱区资源与环境, 25（9）: 122-127.

马闯, 张文辉, 刘新成, 等. 2008. 渗的盐分和水分胁迫对杠柳种子萌发的影响. 植物研究, 28（4）: 465-470.

裴惠娟, 张满效, 安黎哲. 2011. 非生物胁迫下植物细胞壁组分变化. 生态学杂志, 30（6）: 1279-1286.

彭正萍, 孙鼎雷, 刘会玲. 2009. 缺磷对不同基因型玉米苗期生长及氮磷钾吸收的影响. 河北农业大学学报, 6（32）: 8-13.

沈禹颖, 阎顺国, 余玲. 1991. 盐分浓度对碱茅草种子萌发的影响. 草业科学, 8（3）: 68-71.

石德成, 盛艳敏, 赵可夫. 1998. 不同盐浓度的混合盐对羊草苗的胁迫效应. 植物学报, 40（12）: 1136-1142.

苏正淑, 张宪政. 1989. 几种测定植物叶绿素含量的方法比较. 植物生理学通讯,（5）: 77-78.

汤继华, 谢惠玲, 黄绍敏. 2005. 缺氮条件下玉米自交系叶绿素含量与光合效率的变化. 华北农学报, 20（5）: 10-12.

汪剑鸣, 刘瑛, 孙学兵, 等. 2003. 红麻苗期主要矿质营养缺乏研究初报. 中国麻业, 25（3）: 124-127.

汪晓丽, 陶玥玥, 盛海君, 等. 2010. 硝态氮供应对小麦根系形态发育和氮吸收动力学的影响. 麦类作物学报, 30 (1): 129-134.

王宝山. 2010. 逆境植物生物学. 北京: 高等教育出版社.

王芳, 朱军, 布如力, 等. 2007. 盐胁迫对新疆两个小麦品种种子发芽及幼苗生长的影响. 新疆农业大学学报, 30 (1): 1-5.

王会梅, 徐炳成, 李凤民, 等. 2006. 不同立地柳枝稷生长响应的初步研究. 水土保持研究, 13 (3): 91-93.

王磊, 隆小华, 孟宪法, 等. 2011. 不同形态氮素配比对盐胁迫下菊芋幼苗生理的影响. 生态学杂志, 30(2): 255-261.

王萍, 殷立娟, 李建东. 1994. 中性盐和碱性盐对羊草幼苗胁迫的研究. 草业学报, 3 (02): 37-43.

王晓江. 2007. 库布齐沙漠几种沙生灌木光合、耗水及耐旱生理生态特性研究. 北京: 北京林业大学博士学位论文.

尉秋实, 赵明, 李昌龙, 等. 2006. 不同土壤水分胁迫下沙漠葳的生长及生物量的分配特征. 生态学杂志, 25 (1): 7-12.

武维华. 2007. 植物响应低钾胁迫及钾营养高效的分子调控网络机制研究. 中国基础科学, (2): 18.

徐炳成, 山仑, 李凤民. 2005. 黄土丘陵半干旱区引种禾草柳枝稷的生物量与水分利用效率. 生态学报, 25: 2206-2213.

徐静, 董宽虎, 高文俊, 等. 2011. $NaCl$ 和 $Na_2SO_4$ 胁迫下冰草幼苗的生长及生理响应. 中国草地学报, 33 (1): 36-40, 41.

徐莲珍, 蔡靖, 姜在民, 等. 2008. 水分胁迫对 3 种苗木叶片渗透调节物质与保护酶活性的影响. 西北林学院学报, 23 (2): 12-16.

许大全. 2002. 光合作用效率. 上海: 上海科学技术出版社: 32-34.

严小龙, 张福锁. 1997. 植物营养遗传学. 北京: 中国农业出版社.

杨明峰, 韩宁, 陈敏, 等. 2002. 植物盐胁迫响应基因表达的器官组织特异性. 植物生理学通讯, 38 (4): 394-398.

杨远昭. 2007. 新疆三种盐生植物种子萌发对主要生态因子响应的研究. 乌鲁木齐: 新疆农业大学硕士学位论文.

易九红, 刘爱玉, 李瑞莲, 等. 2010. 不同棉花品种苗期低钾胁迫响应研究. 中国农学通报, 26 (5): 101-106.

于晓丹, 杜菲, 张蕴薇. 2010. 盐胁迫对柳枝稷种子萌发和幼苗生长的影响. 草地学报, 18 (06): 810-815.

云锦凤. 2010. 低碳经济与草业发展的新机遇. 中国草地学报, 32 (3): 1-3.

曾华. 2011. 辽宁省水稻品种苗期耐盐能力评价. 北方水稻, 41 (02): 10-13.

张定一, 张永清, 杨武德, 等. 2006. 不同基因型小麦对低氮胁迫的生物学响应. 作物学报, 21 (9): 1349-1354.

张建锋, 李吉跃, 邢尚君, 等. 2003. 盐分胁迫下盐肤木种子发芽试验. 东北林业大学学报, 31 (8): 28-30.

张丽梅, 贺立源, 李建生, 等. 2004. 玉米自交系耐低磷材料苗期筛选研究. 中国农业科学, 37 (12): 1955-1959.

张维理, 田哲旭, 张宁, 等. 1995. 我国北方农用氮肥造成地下水硝酸盐污染的调查. 植物营养与肥料学报, 19(2): 80-87.

张秀玲, 李瑞利, 石福臣. 2007. 盐胁迫对罗布麻种子萌发的影响. 南开大学学报 (自然科学版), 40 (04): 13-18.

张志良, 瞿伟菁, 李小芳. 2003. 植物生理学实验指导. 北京: 高等教育出版社.

张志良. 2010. 植物生理学实验指导. 4 版. 北京: 高等教育出版社.

张志勇, 王清连, 李召虎. 2009. 缺钾对棉花幼苗根系生长的影响及其生理机制. 作物学报, 35 (4): 718-723.

赵春. 2013. 盐胁迫对柳枝稷种子发芽特性的影响. 安徽农业科学, 41 (03): 954-956.

赵娜, 于卓, 马艳红, 等. 2007. 高丹草幼苗抗旱和耐盐性的品种间差异. 中国草地学报, 29 (3): 39-44.

郑光华. 2004. 种子生理研究. 北京: 科学出版社.

郑敏娜, 李向林, 万里强, 等. 2009. 四种暖季型禾草对水分胁迫的生理响应. 中国农学通报, 25 (09): 114-119.

周广生, 梅方竹, 朱旭彤. 2003. 小麦不同品种耐蚀性生理指标综合评价及其预测. 中国农业科学, 36 (11): 1379-1382.

朱毅，范希峰，武菊英，等. 2012. 水分胁迫对柳枝稷生长和生物质品质的影响. 中国农业大学学报，17（02）：59-64.

邹琦. 2000. 植物生理学实验指导. 北京：中国农业出版社：11-12，72-75，159-174.

左海涛，李继伟，郭斌，等. 2009. 盐分和土壤含水量对营养生长期柳枝稷的影响. 草地学报，17（6）：760-766.

Al-Hamzawi MKA. 2007. Effect of sodium chloride and sodium sulfate on growth，and ions content in Faba-Bean（*Vicia Faba*）. Jornal of Kerbala University，5（4）：152-163.

Anderson BE，Moore KJ. 2000. Native Warm-season Grasses：Research Trends and Issues. Iowa：Soil Science Society of America，Inc.

Bednarz CW，Oosterhuis DM，Evans RD. 1998. Leaf photosynthesis and carbon isotope discrimination of cotton in response to potassium deficiency. Environ Exp Bot，（39）：131-139.

Cheeseman JM. 1998. Mechanism of salinity tolerance in plant. Plant Physiol，87：547-550.

Diaz U，Saliba-Colombani V，Loudet O，et al. 2006. Leaf yellowing and anthocyanin accumulation are two genetically independent strategies in response to nitrogen limitation in *Arabidopsis thaliana*. Plant Cell Physiology，47：74-83.

Farquhar GD，von CS，Berry JA. 2001. Models of photosynthsis. Plant Physiology，125（1）：42-45.

Greenway H，Munns R. 1980. Mechanisms of salt tolerance in nonhalophytes. Annu Rev Plant Physiol，31：149-190.

Hall KE，George GR，Riedl RR. 1982. Herbage dry matter yields of switchgrass，big bluestem and indiangrass with N fertilization. Agronomy Journal，74（1）：47-51.

Hameda El Sayed Ahmed El Sayed. 2011. Influence of NaCl and Na$_2$SO$_4$ treatments on growth development of broad bean（*Vicia Faba* L.）plant. Journal of Life Sciences，5：513-523.

Hoson T，Soga K，Mori R，et al. 2002. Stimulation of elongation growth and cell wall loosening in rice coleoptiles under microgravity conditions in space. Plant and Cell Physiology，43：1067-1071.

Hsiao TC. 1973. Plant responses to water stress. Annual Review of Plant Biology，24（5）：519-570.

Lea PJ，Azevedo RA. 2006. Nitrogen use efficiency uptake of nitrogen from the soil. Annals of Applied Biology，149：243-247.

Liu Y，Wang QZ，Zhang YW，et al. 2014. Synergistic and antagonistic effects of salinity and pH on germination in switchgrass（*Panicum virgatum* L.）. Public library of science one，9（1）：e85282.

Mass EV，Poss JA. 1989. Salt sensitivity of wheat at various growth stages. Irrigation Science，10（1）：29-40.

Mauchamp A，Mésleard F. 2001. Salt tolerance in *Phragmites australis* populations from coastal *Mediterranean marshes*. Aquatic Botany，70（1）：39-52.

Muir JP，Sanderson MA，Ocumpaugh WR，et al. 2001. Biomass production of 'Alamo' switchgrass in response to nitrogen，phosphorus，and row spacing. Agronomy Journal，93（5）：896-901.

Munns R，Termaat A. 1986. Whole-plant responses to salinity. Functional Plant Biology，13（1）：143-160.

Neto A，de Prisco AD，Tarquinio-Enéas-Filho J，et al. 2004. Effects of salt stress on plant growth，stomatal response and solute accumulation of different maize genotypes. Brazilian Journal of Plant Physiology，16（1），31-38.

Pettigrew W. 1999. Potassium deficiency increases specific leaf weights and leaf glucose levels in field grown cotton. Agron J，91：962-968.

Piro G，Leucci MR，Waldron K. 2003. Exposure to water stress causes changes in the biosynthesis of cell wall polysaccharides in roots of wheat cultivars varying in drought tolerance. Plant science，165（3）：559-569.

Raun WR，Johnson VG. 1999. Improving nitrogen use efficiency for cereal production. Agronomy Journal，91：357-363.

van Zandt PA，Tobler MA，Mouton E，et al. 2003. Positive and negative consequences of salinity stress for the growth and reproduction of the clonal plant，*Iris hexagona*. Journal of Ecology，91：837-846.

Wallingford W. 1980. Function of potassium in plants. Potassium for Agriculture，（1）：10-27.

Wang QZ，Wu CH，Xie B，et al. 2012. Model analysing the antioxidant responses of leaves and roots of switchgrass to NaCl-salinity stress. Plant Physiology and Biochemistry，58：288-296.

Wissuwa M. 2003. How do plants achieve tolerance to phosphorus deficiency? Small causes with big effects. Plant Physiol，133：1947-1958.

Zhu JK. 2001. Plant salt tolerance. Trends in Plant Science，6（2）：66-71.

# 第五章　柳枝稷栽培生理研究

## 第一节　北京地区新收获柳枝稷种子的萌发和出苗特性研究

## 一、引言

柳枝稷种子较小，千粒重只有 1g 左右，且具有很高的休眠性（Shen et al.，2001）。新收获种子的发芽率只有 3%～28%（Burson et al.，2009；Zarnstorff et al.，1994），经两年甚至更长时间的后熟后才能正常发芽，但此时发芽势显著下降（Shen et al.，2001；谢正苗，1996）。种子大小（Smart and Moser，1999）、播种深度（Newman and Moser，1988）、环境温度（Hsu et al.，1985）及播种时间（Vassey et al.，1985）均能显著影响柳枝稷种子萌发出苗。同时也有研究表明，采集地不同，即使同一植物种子的最适萌发温度（郑光华等，1999）和出苗率（刘桂霞等，2006）也会存在显著差异。相同培养条件下，采集于得克萨斯州 Temple 的柳枝稷种子的发芽率为 9%～28%，而采集于 College Station 的只有 3%～10%（Burson et al.，2009），说明柳枝稷种子的发芽率受采集地点的影响也很显著。文献中有关柳枝稷种子萌发特性的研究，以用于生产牧草的高地型品种居多，而对目前用于生产生物质原料的低地型柳枝稷 'Alamo' 研究较少。

本节所研究的柳枝稷 'Alamo' 已在北京地区种植多年，而北京地区的气候特征及环境条件与原产地之间存在很大差异，这些差异是否会影响 'Alamo' 种子的发芽率和最适萌发条件值得我们去研究。对此，本节研究了温度、光照和播种深度对北京地区新收获柳枝稷种子萌发和出苗的影响。

## 二、材料与方法

### 1. 试验材料

供试柳枝稷品种为 *Panicum virgatum* cv. Alamo，2005 年从美国引进，2006 年 5 月种植于北京草业与环境研究发展中心草圃基地，该基地位于北京市昌平区小汤山镇（39°34′N，116°28′E），属典型的暖温带大陆性季风气候，海拔 50m，年均气温 10～12℃，年均降水量 600mm，年无霜期 90～200d，≥10℃的年积温 4200d·℃。本试验所用柳枝稷种子于 2008 年 11 月从该实验基地采集，种子风干后在室温条件下保存于实验室，所有试验均于 2008 年 12 月至 2009 年 1 月在光照培养箱中完成。

### 2. 试验方法

（1）温度处理　　温度设置为：20℃、25℃、30℃、35℃和40℃恒温。光照设置为：光照 12h/黑暗 12h，光照强度 400μmol/($m^2$·s)。采用纸上发芽（韩建国，2000），在培养皿底部铺两层浸湿的滤纸，将柳枝稷种子均匀地摆放在滤纸上，然后将培养皿置于 RXZ 系列人工气候箱中，期间滤纸始终保持湿润而无明水。每个培养皿 100 粒种子，重复 4 次。每天观察发芽（胚芽长度达到种子的一半作为发芽标准）情况（韩建国，2000）。

（2）光照处理　　设两个光照处理：①光照12h/黑暗12h，光照强度为400μmol/($m^2$·s)；②光照 0h/黑暗 24h，30℃恒温。培养方法同上，采用纸上发芽，每皿 100 粒种子，重复 4 次。每天观察发芽情况。

（3）播种深度处理　　播种深度设置为：0mm、2mm、4mm、8mm、16mm和32mm。光照设置为：光照 12h/黑暗 12h，光照强度 400μmol/($m^2$·s)，30℃恒温。发芽基质为河沙，试验期间沙床始终保持湿润。将培养盒置于 RXZ 系列人工气候箱中，每盒 50 粒种子，重复 4 次。每天观察发芽情况。

### 3. 发芽和出苗指标的计算方法

1）发芽势（%）为第 5 天正常发芽的种子数占供试种子总数的百分率。

2）发芽（出苗）率（%）为第 15 天正常发芽（出苗）的种子粒数占供试种子总数的百分率。

3）发芽（出苗）指数（GI）= $\sum G_t/D_t$，式中 $G_t$ 为 $t$ 时间内的发芽（出苗）种子数，$D_t$ 为相应的发芽（出苗）天数（Evers and Parsons，2003）。

### 4. 数据分析

试验数据采用 SAS 8.2 进行方差显著性分析，差异显著水平为 0.05。

## 三、结果与分析

### 1. 温度对柳枝稷种子发芽的影响

在 20～40℃时，随温度升高柳枝稷种子的发芽速率逐步加快，其发芽开始、高峰和结束的天数均显著减少（图 5-1，表 5-1），而其发芽势、发芽率和发芽指数则呈现先升高后降低的趋势。30～35℃时，柳枝稷种子的发芽势、发芽率和发芽指数均较高。低于该温度范围，柳枝稷种子的发芽速率明显变缓，其发芽势、发芽率和发芽指数均显著下降。高于该温度范围，柳枝稷种子的发芽速率趋于增加，但发芽势、发芽率和发芽指数却趋于降低，且发芽率下降达差异显著水平（表 5-1）。

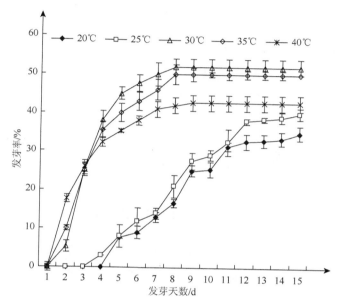

图 5-1　不同温度条件下柳枝稷种子的发芽动态

**表 5-1　不同温度处理对柳枝稷种子发芽速率、发芽势、发芽率和发芽指数的影响**

| 处理/℃ | 发芽开始时间/d | 发芽高峰时间/d | 发芽结束时间/d | 发芽势/% | 发芽率/% | 发芽指数 |
|---|---|---|---|---|---|---|
| 20 | 6.0a | 10.0b | 15.0a | 0.0c | 35.0c | 4.6b |
| 25 | 5.0a | 9.0a | 15.0a | 3.0c | 40.0b | 5.4b |
| 30 | 2.0b | 4.0c | 9.0b | 38.0a | 52.0a | 15.9a |
| 35 | 2.0b | 4.0c | 8.0b | 35.5ab | 50.0a | 15.5a |
| 40 | 2.0b | 3.0c | 8.0b | 32.3b | 42.7b | 15.4a |

注：同列不同小写字母表示差异显著（$P < 0.05$）

**2. 光照对柳枝稷种子发芽的影响**

温度为 30℃时，光暗交替条件下柳枝稷种子的发芽开始和结束时间均比黑暗条件下提前 1d（图 5-2，表 5-2）。且该条件下柳枝稷种子的发芽势和发芽指数也显著高于黑暗处理（$P < 0.05$）（表 5-2）。

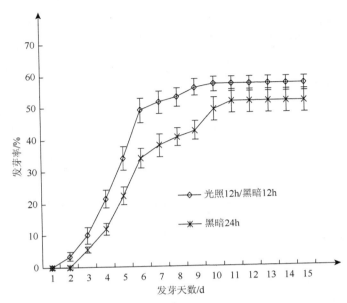

图 5-2　不同光照条件下柳枝稷种子的发芽动态

**表 5-2　不同光照处理对柳枝稷种子发芽速率、发芽势、发芽率和发芽指数的影响**

| 处理/℃ | 发芽开始时间/d | 发芽高峰时间/d | 发芽结束时间/d | 发芽势/% | 发芽率/% | 发芽指数 |
|---|---|---|---|---|---|---|
| 光照 12h/黑暗 12h | 2.0b | 5.0a | 10.0b | 49.0a | 57.5a | 8.9a |
| 黑暗 24h | 3.0a | 5.0a | 11.0a | 34.0b | 51.5a | 6.1b |

注：同列不同小写字母表示差异显著（$P < 0.05$）

### 3. 播种深度对柳枝稷种子出苗的影响

除不覆土（0mm）处理外，播种深度从 2mm 到 32mm，柳枝稷出苗时间也从播种后 2d 推迟到 7d，出苗高峰时间也从 5d 推迟到 11d；柳枝稷种子的出苗指数显著降低；出苗率在 2～16mm 处理间无显著差异，播深达 32mm 时显著降低（图 5-3，表 5-3）。所有处理中 2mm 时柳枝稷种子的出苗速度最快，出苗指数和出苗率最高，不覆土时出苗状况最差。

## 四、讨论与结论

### 1. 柳枝稷种子的休眠性

新收获的柳枝稷种子需要后熟才能正常发芽，因而具有很高的休眠性（Shen et al.，2001），且这一特性与采集地有很大关系（Burson et al.，2009）。采集于得

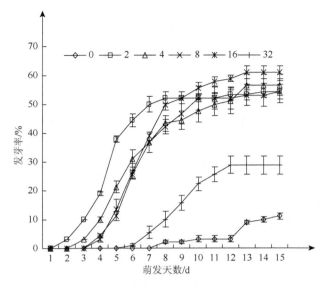

图 5-3  不同播种深度条件下柳枝稷种子的出苗动态

表 5-3  不同播种深度对柳枝稷种子出苗速率、出苗率和出苗指数的影响

| 处理/mm | 出苗开始时间/d | 出苗高峰时间/d | 出苗结束时间/d | 出苗率/% | 出苗指数 |
|---|---|---|---|---|---|
| 0 | 8.0a | 12.0a | 15.0a | 11.1b | 0.4c |
| 2 | 2.0c | 5.0c | 12.0a | 55.6a | 9.9a |
| 4 | 3.0c | 5.0c | 14.0a | 56.7a | 7.0b |
| 8 | 4.0bc | 6.0bc | 15.0a | 55.6a | 5.5b |
| 16 | 5.0b | 7.0b | 13.0a | 61.1a | 5.9b |
| 32 | 7.0a | 11.0a | 12.0a | 27.8b | 1.5c |

注：同列不同小写字母表示差异显著（$P<0.05$）

克萨斯州 Temple 的'Alamo'种子在 35℃/20℃变温条件下的发芽率为 28%，30℃恒温条件下为 9%；采集于得克萨斯州 College Station 的'Alamo'种子相同条件下的发芽率分别 10%和 3%（Burson et al.，2009）；采集于俄克拉何马州的'Alamo'种子在 30℃/20℃变温条件下的发芽率为 42%（Evers and Parsons，2003）。本试验中采集于北京地区的新收获的柳枝稷种子的在适宜的条件下发芽率可达 50%以上，显著高于国外文献报道（Burson et al.，2009；Evers and Parsons，2003），这可能是因为北京地区的年均气温（10~12℃）、降水量（600mm）、无霜期（90~200d）和活动积温（4200d·℃）中的某些生态因子影响了柳枝稷种子的休眠性，具体原因有待进一步研究。

## 2. 柳枝稷种子发芽的适宜温度

温度是种子萌发的一个重要的生态因素，过高或过低均不利于种子萌发（韩建国，2000），如醉马草（*Achnatherum inebrians*）种子在 5℃条件下不萌发，10℃时萌发较慢，20～30℃时萌发较快（鱼小军等，2009）；囊果碱蓬（*Suaeda physophora*）在 15℃种子的萌发延缓，30℃条件下种子萌发速率加快（王雷等，2005）；白藜（*Chenopodium iljinii*）种子在 30℃时的发芽率显著低于 25℃时（杨远昭等，2007）。本试验中，柳枝稷种子在 20℃和 25℃条件下萌发较慢，30℃以上时萌发速率明显加快，超过 40℃时，发芽势和发芽率又显著降低。此外，30～35℃时柳枝稷种子的萌发速率、发芽势、发芽率和发芽指数均高于其他处理，可以认为 30～35℃是柳枝稷种子的最适萌发温度。

## 3. 柳枝稷种子发芽对光照的需求

大多数植物种子的萌发不受光照影响，如青阳参（*Cynanchum otophyllum*）（张光飞等，2008）、苦豆（*Sophora alopecuroides*）（王进等，2007）等；一些植物种子萌发的部分指标受光照条件影响，如中间鹅观草（*Roegneria sinica*）（解继红等，2009）；另一些植物种子的萌发是必须要光照的，如莴苣（*Lactuca sativa*）（何丽萍和李贵，2009）。本试验中，光暗交替条件下柳枝稷种子的发芽速度较快，发芽势和发芽指数也显著高于黑暗条件，光照有利于柳枝稷种子萌发。

## 4. 柳枝稷种子出苗的适宜播种深度

种子的萌发率和出苗率受播种深度的影响很大。一般而言，土壤湿度随深度的增加而增大，土壤表面较为干燥，如果播种太浅，种子会因表层土壤缺水而无法萌发，或即使萌发，种苗也因扎根困难而不能成活（王庆锁，2001）；因此不覆土的情况下，羊草（黄双全等，2007）的出苗率显著降低。本试验中，柳枝稷种子在不覆土情况下的出苗率也显著低于覆土处理。播种过深时，种子萌发和出苗过程中所消耗的物质能量较多，种子出土时间推迟，出苗率会降低（王庆锁，2001；聂春雷和郑光润，2005），羊草（刘桂霞等，2006）、西方冰草（*Agropyron smithii*）（彭鸿嘉，2001）等植物种子的出苗率均与播种深度呈负相关，其适宜播种深度均为 1～2cm。本试验中柳枝稷种子出苗时间随着播种深度增加而逐渐推迟，发芽势和发芽指数逐渐降低，其适宜播种深度为 2～16mm。

本试验主要结论如下：①柳枝稷种子适宜发芽温度为 30℃，此时的发芽速率较快，发芽势、发芽率和发芽指数最高；低于该温度，发芽速率和发芽率显著下降；高于该温度，发芽率显著降低；②光暗交替条件下柳枝稷种子的发芽速率、发芽势和发芽指数显著提高；③柳枝稷种子的适宜播种深度为 2～16mm，不覆土或播种深度过深（≥32mm）均不利于出苗；④适宜条件下，北京地区新收获的柳枝稷种子的发芽率可达 50%以上。进行温室育苗时，应该尽量增加光照时间，温度控制在 30～35℃，播种深度控制在 10mm 左右。

## 第二节　边际土地类型和移栽方式对柳枝稷苗期生长的影响

### 一、引言

中国科学院水利部水土保持研究所于 1992 年开始在半干旱黄土丘陵沟壑区引种柳枝稷（李代琼等，1999），研究方向主要集中在其牧草利用价值和生态效益上（徐炳成等，2005；吴全忠等，2005），以生产生物质能源为目的系统研究在我国尚未开展（胡松梅等，2008；李高扬等，2008）。柳枝稷能否作为一种能源植物在我国华北地区贫瘠沙化的边际土地上规模化种植尚未见报道。为此，以柳枝稷为材料，研究不同边际土地和移栽方式对柳枝稷苗期生长状况的影响，为柳枝稷在边际土地的规模化种植提供依据。

### 二、材料与方法

#### 1. 试验材料

供试植物材料为柳枝稷，种子来源于北京草业与环境研究发展中心，2007 年 11 月采集于北京小汤山试验基地，品种为'Alamo'（2005 年从美国引进）。

供试土壤材料共有 4 种：壤土（对照）、面砂土（0.05～1mm 的砂粒含量为 50%）、粗砂土（0.05～1mm 的砂粒含量大于 70%）、砾石土（粒径大于 1mm 的砾石含量为 37%）。其中，壤土采集于北京草业与环境研究发展中心小汤山试验基地，其他 3 种边际土壤采集于北京市昌平区南口镇不同类型挖沙废弃地。供试土壤理化性状见表 5-4。

**表5-4　供试土壤理化性状**

| 土壤类型 | 碱解氮/(mg/kg) | 速效磷/(mg/kg) | 速效钾/(mg/kg) | 有机质/% | pH |
|---|---|---|---|---|---|
| 壤土 | 29.05 | 26.92 | 92.10 | 2.04 | 7.65 |
| 面砂土 | 23.33 | 18.52 | 74.08 | 1.71 | 7.70 |
| 粗砂土 | 11.90 | 1.72 | 38.05 | 1.05 | 7.72 |
| 砾石土 | 7.93 | 1.15 | 25.37 | 0.70 | 5.15 |

### 2. 试验设计

育苗于 2008 年 6 月 15 日在日光温室中进行，使用 96 穴苗盘，穴口长宽均为 2cm，高 8cm。培养基质配比：1m³ 草炭土（养分含量：有机质 40%，腐殖酸 30%，速效氮 1180mg/kg，速效磷 14mg/kg，速效钾 123mg/kg）加入等体积壤土（养分含量见表 5-4），再加入 15kg 复合肥（N、P、K 含量均为 15%）。每穴播种 3 粒，出苗后保留 1 株，待幼苗长到 5 片真叶时进行移栽。

2008 年 8 月 5 日将柳枝稷幼苗移栽到花盆中，盆口直径 17cm，盆底直径 12.5cm，盆高 25cm，每盆装基质 3.0kg，移栽幼苗 1 株。试验设 4 种土壤类型，每种土壤类型均设营养钵、裸苗+营养土和裸苗移栽 3 种移栽方式，共 12 个处理，具体移栽过程如下。

1）营养钵移栽：将柳枝稷幼苗轻轻从穴盘中取出，挑选钵体没有破损的单株，整体移栽到花盆中。

2）裸苗移栽：将柳枝稷幼苗从营养钵中取出，轻轻抖动，将根系与基质分开，获得裸苗，仅把裸苗移栽到花盆中。

3）裸苗+营养土移栽：将柳枝稷幼苗从营养钵中取出，轻轻抖动，将根系与基质分开，获得裸苗，把裸苗和抖落的基质同时移栽到花盆中。

试验采用裂区设计，土壤类型为主区，移栽方式为副区，每处理移栽 15 盆，作为 15 次重复进行排列，1 周后统计成活率，剔除没有成活的植株，每处理保留 8 盆，作为 8 次重复继续试验。

### 3. 调查内容与方法

移栽后每周调查 1 次株高、主茎叶片数和分蘖数等农艺性状指标。试验结束后，将柳枝稷的地上部茎叶和地下部根系分开，用清水冲洗干净，装入纸袋，在鼓风干燥箱中于 105℃ 杀青 30min，70℃ 烘干至恒量，测定生物量。

### 4. 数据分析

试验数据采用 SAS 8.2 进行方差显著性分析，差异显著水平为 0.05。

## 三、结果与分析

### 1. 不同土壤类型及移栽方式对柳枝稷幼苗成活率及农艺性状的影响

在 4 种土壤类型中，面砂土中柳枝稷的平均成活率最高，达到 97.8%，显著高于其他 3 种土壤；壤土中柳枝稷的生长状况最佳，其株高、分蘖数和主茎叶片数等农艺性状指标的绝对值最高，面砂土中柳枝稷的分蘖数显著低于壤土，但株高和主茎叶片数差异不显著，粗砂土和砾石土中柳枝稷生长状况较差，其 3 个农艺性状指标值均显著低于壤土和面砂土（表 5-5）。

表 5-5　不同土壤类型对柳枝稷成活率和生长状况的影响

| 土壤类型 | 成活率/% | 株高/cm | 分蘖数 | 主茎叶片数 |
| --- | --- | --- | --- | --- |
| 壤土 | 88.9b | 73.6a | 3.9a | 7.2a |
| 面砂土 | 97.8a | 70.0a | 2.7b | 6.9a |
| 粗砂土 | 88.9b | 42.3b | 1.7c | 5.6b |
| 砾石土 | 84.4b | 45.2b | 1.7c | 5.7b |

注：同列不同小写字母表示差异显著（$P<0.05$）

在 3 种移栽方式中，营养钵和裸苗+营养土两种移栽方式，柳枝稷幼苗的成活率均为 100%，显著高于裸苗移栽方式。裸苗移栽条件下，面砂土中的柳枝稷幼苗的成活率最高，为 93.3%；壤土和粗砂土次之，均为 66.7%；砾石土中最低，只有53.3%（表 5-6）。

表 5-6　不同移栽方式对柳枝稷成活率和生长状况的影响

| 土壤类型 | 移栽方式 | 成活率/% | 株高/cm | 分蘖数 | 主茎叶片数 |
| --- | --- | --- | --- | --- | --- |
| 壤土 | 营养钵 | 100.0a | 77.0a | 5.2a | 6.8a |
| | 裸苗+营养土 | 100.0a | 76.6a | 3.2b | 7.0a |
| | 裸苗 | 66.7b | 67.2b | 3.2b | 6.8a |
| 面砂土 | 营养钵 | 100.0a | 76.7a | 3.0a | 6.8a |
| | 裸苗+营养土 | 100.0a | 72.4a | 3.0a | 6.8a |
| | 裸苗 | 93.3b | 61.0b | 2.2b | 7.0a |
| 粗砂土 | 营养钵 | 100.0a | 48.2a | 1.8a | 5.6a |
| | 裸苗+营养土 | 100.0a | 40.4b | 1.8a | 5.6a |
| | 裸苗 | 66.7b | 38.2b | 1.4b | 5.6a |
| 砾石土 | 营养钵 | 100.0a | 52.6a | 2.4a | 5.8a |
| | 裸苗+营养土 | 100.0a | 45.2b | 1.4b | 6.2a |
| | 裸苗 | 53.3b | 37.8c | 1.4b | 5.0a |

注：同列不同小写字母表示差异显著（$P<0.05$）

与营养钵移栽相比，裸苗+营养土移栽柳枝稷幼苗的株高有降低趋势，壤土和面砂土中差异不显著，粗砂土和砾石土中差异显著；裸苗移栽柳枝稷幼苗的株高降低的幅度较大，不同土壤类型中降幅从高到低依次为砾石土＞粗砂土＞面砂土＞壤土，其中砾石土最高，为 28.1%，壤土最低，为 12.7%。除粗砂土外，其他 3 种土壤中裸苗移栽柳枝稷幼苗的株高均显著低于裸苗+营养土移栽（表 5-6）。与营养钵相比，裸苗+营养土移栽和裸苗移栽柳枝稷分蘖数有减少的趋势，裸苗+营养土移栽在壤土和砾石土中达到差异显著水平。3 种移栽方式对柳枝稷主茎叶片数没有显著影响，4 种土壤类型表现一致（表 5-6）。

### 2. 不同土壤类型及移栽方式对柳枝稷生物量的影响

柳枝稷干物质积累量在 4 种类型土壤中差异显著，从高到低依次为壤土＞面砂土＞粗砂土＞砾石土。不同土壤类型对柳枝稷幼苗地上部与地下部干物质积累量的影响与对总干物质积累量的影响一致。但不同土壤类型对根冠比的影响与对干物质积累量的影响基本相反，砾石土最高，粗砂土次之，面砂土最低，且柳枝稷在粗砂土和砾石土中的根冠比显著高于壤土和砂石土（表 5-7）。

**表 5-7　不同土壤类型对柳枝稷生物量的影响**

| 土壤类型 | 地上部生物量/g | 地下部生物量/g | 总生物量/g | 根冠比 |
|---|---|---|---|---|
| 壤土 | 1.50a | 2.27a | 3.77a | 1.51b |
| 面砂土 | 0.98b | 1.43b | 2.41b | 1.46b |
| 粗砂土 | 0.48c | 0.87c | 1.36c | 1.81a |
| 砾石土 | 0.27d | 0.52d | 0.78d | 1.94a |

注：同列不同小写字母表示差异显著（$P<0.05$）

与营养钵移栽相比，裸苗移栽柳枝稷干物质积累量有降低的趋势，在面砂土、粗砂土和砾石土中均达到差异显著水平；裸苗+营养土移栽柳枝稷干物质积累量也有降低的趋势，但降幅低于裸苗移栽，在面砂土和粗砂土中显著低于营养钵移栽，在粗砂土和砾石土中显著高于裸苗移栽，其他处理差异不显著（表 5-8）。

**表 5-8　不同移栽方式对柳枝稷生物量的影响**

| 土壤类型 | 移栽方式 | 地上部生物量/g | 地下部生物量/g | 总生物量/g | 根冠比 |
|---|---|---|---|---|---|
| 壤土 | 营养钵 | 1.61a | 2.41a | 4.02a | 1.50a |
| | 裸苗+营养土 | 1.56a | 2.37a | 3.93a | 1.52a |
| | 裸苗 | 1.33a | 2.02a | 3.35a | 1.52a |
| 面砂土 | 营养钵 | 1.26a | 1.89a | 3.15a | 1.50a |
| | 裸苗+营养土 | 0.91b | 1.14b | 2.05b | 1.25a |
| | 裸苗 | 0.77b | 1.25b | 2.02b | 1.62a |

续表

| 土壤类型 | 移栽方式 | 地上部生物量/g | 地下部生物量/g | 总生物量/g | 根冠比 |
|---|---|---|---|---|---|
| 粗砂土 | 营养钵 | 0.76a | 1.34a | 2.10a | 1.76a |
|  | 裸苗+营养土 | 0.45b | 0.85b | 1.30b | 1.89a |
|  | 裸苗 | 0.24c | 0.43c | 0.67c | 1.79a |
| 砾石土 | 营养钵 | 0.32a | 0.66a | 0.98a | 2.06a |
|  | 裸苗+营养土 | 0.30a | 0.54a | 0.84a | 1.80a |
|  | 裸苗 | 0.18b | 0.35b | 0.53b | 1.94a |

注：同列不同小写字母表示差异显著（$P<0.05$）

## 四、讨论与结论

### 1. 柳枝稷对边际土地的适应能力

边际土地生态环境比较恶劣，往往面临干旱、洪涝、盐渍、贫瘠等多种生物及非生物逆境胁迫，不利于植物的生长发育。柳枝稷具有很强的生态适应性，能够抵抗高温、低温和干旱等多种逆境胁迫（Sanderson et al.，1996；Porter，1966），能够适应多种类型边际土壤。本试验结果表明，柳枝稷能够适应北京地区的边际土地，能够在贫瘠的面砂土、粗砂土和砾石土等边际土壤中成活、生长，并获得一定的生物质产量。

柳枝稷对氮肥反应比较敏感，虽然生长季末其茎叶中的氮素可以通过体内循环转移到根茎中，从而减少对氮素的需求，但在肥力较差的土地上施用氮肥的增产效果是显著的（Wright，1994），随施氮量增加柳枝稷产量不断提高，美国南部地区的研究表明氮肥年施用量为 200kg/hm$^2$ 时，柳枝稷产量仍能有所响应（Ma et al.，2001）。柳枝稷的磷、钾肥利用效率较高，通常对增施磷、钾肥反应很小，甚至没有反应（Moore and Anderson，2001；Hall et al.，1982）。本试验结果表明柳枝稷的生长发育状况及生物量随着 3 种边际土地土壤养分含量的降低而逐渐降低，边际土地的贫瘠程度显著影响柳枝稷的生物量。根据前人的研究结果可以推测，在京郊边际土地上种植柳枝稷时，适当的增施氮肥能够显著提高柳枝稷的生物量，具体的施用量应根据不同的土壤类型进行深入研究。

### 2. 边际土地上柳枝稷移栽方式比较

目前文献中关于柳枝稷的种植方式均为大田直接播种，但柳枝稷种子比较小，千粒重只有 1g 左右，且具有很高的休眠性（Evers and Parsons，2003；Smart and Moser，1999），直接播种对土壤条件要求较高，边际土地生境条件难以满足。对于大多数作物，种子萌发和早期幼苗阶段对环境胁迫最为敏感（吴凤萍等，2008），生产上如何避开这一敏感阶段就成为提高柳枝稷成活率和保苗率的技术关键。

育苗移栽是提高作物产量，增强其抗逆能力的一种非常有效的种植方式，棉花（*Gossypium herbaceum* L.）（夏敬源和夏文省，2008）、绵毛优若藜［*Ceratoides lanata*（Pursh）Howell］（刘虎俊等，2006）、番茄（*Lycopersicon esculentum* Mill.）（李爱国等，2008）、羊草［*Leymus chinensis*（Trin.）Tzvel.］（黄立华等，2008）等很多作物都可以通过育苗移栽的方式来提高成活率或增加产量。本试验结果表明，采用育苗移栽的方式在边际土地上种植柳枝稷也是非常有效的一种方法，但不同移栽方式取得的效果不同。

1）采用营养钵移栽，柳枝稷生长状况最好，但养钵移栽存在运输成本高、运载量小、不宜长距离运输的缺点。

2）采用裸苗移栽，可以将幼苗打捆运输，运载量高，成本大幅降低，易实现长距离运输，但采用裸苗移栽，柳枝稷株高、主茎叶片数、分蘖数和干物质积累量均显著降低，移栽后缓苗时间也比较长（数据未列出），前期长势较弱，这可能是因为在获得柳枝稷裸苗时，对根系造成了一定的伤害。

3）采用裸苗+营养土移栽方式，既可以改善裸苗的生长状况，也可以降低成本，实现长距离运输。

本试验主要结论如下：①柳枝稷具有很强的适应性，能够适应我国华北地区贫瘠沙化的边际土地，目前在边际土地上柳枝稷直接播种难以成苗，可以通过育苗移栽的方法种植柳枝稷，在劳动力充裕，种植地点与种苗基地距离较近的情况下可以采用育苗移栽的方式；②种植地点与种苗基地距离较远时，裸苗+营养土的移栽方式是目前比较理想的选择。

# 第三节　收获时间对柳枝稷产量和品质的影响

## 一、引言

柳枝稷是多年生根茎类草本植物，其生活周期可划分为返青、拔节、抽穗、开花、成熟和衰老等过程。柳枝稷根茎中储藏着大量营养物质，这些营养物质一方面帮助其越过寒冷的冬季，另一方面可以在其返青期和拔节期提供能量，促进其营养生长。夏季或秋初是柳枝稷各项生命活动最旺盛的时期，具有较高的光合速率和生长速率，地上部 N、P、K 等营养元素的含量也较高（Kasi and Ragauskas，2010）。柳枝稷一般在开花期达到最高生物质产量，随后开始程序化衰老，其茎叶中储藏的碳水化合物和营养元素开始回流到根系中，以保持强大、健康的根系系统，提高养分利用效率、增加越冬率、延长寿命，实现持续高产（Thomason et al.，2004）。因此，收获时间对产量有显著影响，且不同地区由于生境条件不同也存在较大差异（刘吉利等，2012），在美国南部地区 9 月中旬收获可以获得最高产量，美国中西部 8 月中旬收获可以获得最高产量（Vogel et al.，2001）。收获时间对柳枝稷品质有显著影响。在生长中期收获，尤其在孕穗期收获，其地上部生物质中营养元素的含量较高，氮、磷、钾的移除量显著增加；在生长末期收获，养分已回流到根茎中，地上部生物质中元素含量和移除量显著降低，水分含量也迅速降低（Adler et al.，2006；Muir and Sanderson，2001），可提高燃烧效率、降低 $NO_x$、$SO_2$ 等有害气体排放、减少炉渣和腐蚀问题（Lewandowski et al.，2003；Hadders and Olsson，1997），但对甲烷转化产生不利影响，与夏季收获相比甲烷产量降低 25% 左右（Massé et al.，2010）。

柳枝稷的生长发育、形态建成遵循特定的生长规律，在不同的生长发育阶段，其形态特征、生理特性、产量、品质等存在较大差异。因此，明确柳枝稷在不同生长发育阶段的产量、品质变化规律，从而确立最佳收获时间，对于提高产量和品质具有重要作用。

目前，在我国有关柳枝稷在不同生育时期产量和品质变化规律的研究报道较少，不利于柳枝稷作为能源植物在我国推广应用。鉴于此，本研究拟通过田间试验，系统研究北京地区柳枝稷在不同生长期的产量和品质变化规律，为生产上确立适宜的收获时间、提高产量和品质等提供依据。

## 二、材料与方法

### 1. 试验时间与地点

试验于 2006～2007 年在国家精准农业示范基地进行，该基地位于北京市昌平区小汤山镇（39°34′N，116°28′E），属典型的暖温带大陆性季风气候，平均海拔 50m，年均气温 12～17℃，年降水量 400～600mm，2006 年、2007 年的年降水量分别为 502.7mm 和 460.0mm，年无霜期 190～200d，≥10℃的年积温 4200d·℃左右。试验区为砂壤土，前茬作物为小麦（Triticum aestivum）/玉米（Zea mays）长期轮作，土壤 pH 为 7.62，有机质含量为 1.52%，碱解氮 84.0mg/kg，速效磷 16.5mg/kg，速效钾 129.0mg/kg（范希峰等，2010）。

### 2. 试验材料

试验供试能源草种为柳枝稷（品种为'Alamo'），于 2005 年从美国引进。

### 3. 试验设计与安排

试验采用随机区组方式排列，设 5 个取样时间，重复 3 次，小区面积 30m$^2$（6.0m×5.0m）。2006 年 4 月 5 日育苗，5 月 10~12 日移栽，苗龄 5 叶期，株行距均为 0.8m，每穴种植 1 株。2006 年一次施入复合肥 375kg/hm$^2$ 作为底肥（移栽时施入种植穴中，氮、磷、钾养分配比为 20：12.5：10）；2007 年 7 月对试验区追施尿素 150kg/hm$^2$（大雨后傍晚撒施在靠近植株的土壤表面）。自 2007 年 7 月 28 日起，约每月取样 1 次，时间分别为 7 月 28 日（H$_1$）、8 月 28 日（H$_2$）、9 月 28 日（H$_3$）、10 月 31 日（H$_4$）、11 月 27 日（H$_5$），留茬高度为 15cm。

### 4. 调查内容与方法

每小区取中间两行测产，面积约为 10m$^2$，刈割后先测量鲜重，再随机抽取 4~6kg 鲜样，置于鼓风干燥箱中，105℃杀青 30min，75℃烘干至质量恒定，计算含水量，折算干物质产量，再从中随机抽取一部分粉碎过 1mm 筛，测定热值、纤维素、半纤维素、木质素和 N、P、K、S、Cl、Si 含量。元素含量采用 Vario EL Ⅲ 元素分析仪进行分析；热值用 XPY-1C 型氧弹式热量计测定；灰分、挥发分、固定碳，用 GB/T212—2008 煤工业分析方法测定（中国煤炭工业协会，2009）；挥发分（$V_{ad}$）按照下式计算：

$$V_{ad} = (m_1/m) \times 100 - M_{ad}$$

式中，$V_{ad}$ 为空气干燥样品的挥发分（%），$m$ 为空气干燥样品的质量（g），$m_1$ 为样品加热后减少的质量（g），$M_{ad}$ 为空气干燥样品的水分含量（%）。

纤维素、半纤维素和木质素含量用范氏纤维法测定（杨胜，1993）；氮元素用 H$_2$SO$_4$-H$_2$O$_2$ 消煮-扩散法测定；钾元素用 H$_2$SO$_4$-H$_2$O$_2$ 消煮-火焰光度法测定；硅元素用 H$_2$SO$_4$-H$_2$O$_2$ 消煮-重量法测定；硫元素用 HNO$_3$-HClO 消煮-BaSO$_4$ 比浊法测定（李酉开，1989）；氯元素用莫尔法（碱性干灰化-AgNO$_3$ 滴定法）测定（陈旭红，2003）；柳枝稷生物质中元素移除量等于其地上部生物质产量与元素含量的乘积值。

### 5. 数据分析

试验数据采用 SAS 软件（Ver.9.0）进行方差显著性分析，差异显著水平为 0.05。

## 三、结果与分析

### 1. 柳枝稷干物质产量和木质纤维素类物质含量变化

自抽穗期以后，柳枝稷在不同生育期的生物量呈先升高后降低的趋势（表 5-9），

5 次取样中 $H_2$ 时期产量最高，为 20.31t/hm²。与 $H_1$ 时期的纤维素（33.49%）含量相比，$H_5$ 时期的纤维素含量（39.48%）逐渐升高，增幅达 17.89%；木质素含量从 7.73%增加到 9.53%，增幅为 23.29%；半纤维素含量显著降低（$P<0.05$），从 33.99%降至 29.85%，降幅达 12.18%。单位面积柳枝稷地上部干物质中纤维素、半纤维素和木质素的总产量均呈先升高后降低的趋势，均在 $H_2$ 时期获得最高产量，分别为 6.94t/hm²、6.34t/hm² 和 1.54t/hm²；纤维素和木质素在 $H_1$ 时期产量最低，分别为 5.21t/hm² 和 1.20t/hm²，半纤维在 $H_5$ 时期产量最低，为 4.25t/hm²。

**表 5-9 不同生长时期柳枝稷干物质产量和木质纤维素含量**

| 取样时期 | 干物质产量/(t/hm²) | 纤维素 | | 半纤维素 | | 木质素 | |
|---|---|---|---|---|---|---|---|
| | | 含量/% | 产量/(t/hm²) | 含量/% | 产量/(t/hm²) | 含量/% | 产量/(t/hm²) |
| $H_1$ | 15.55±1.13b | 33.49±0.86c | 5.21±0.44b | 33.99±0.44a | 5.28±0.39b | 7.73±0.30b | 1.20±0.08b |
| $H_2$ | 20.31±1.29a | 34.17±0.39c | 6.94±0.49a | 31.21±0.82b | 6.34±0.41a | 7.55±0.26bc | 1.54±0.14a |
| $H_3$ | 16.90±0.66b | 36.21±0.21b | 6.12±0.25ab | 31.02±0.66b | 5.24±0.24b | 8.64±0.26ab | 1.46±0.07ab |
| $H_4$ | 15.16±1.02b | 38.15±0.27ab | 5.78±0.40b | 30.56±0.49b | 4.63±0.32bc | 9.03±0.28a | 1.36±0.08ab |
| $H_5$ | 14.24±1.15b | 39.48±0.92a | 5.62±0.50b | 29.85±0.55b | 4.25±0.36c | 9.53±0.21a | 1.35±0.09ab |

注：同列不同小写字母表示不同时期差异显著（$P<0.05$）

### 2. 柳枝稷热值、含水量、挥发分、灰分和固定碳含量变化

自抽穗期以后，随生长期推迟，柳枝稷热值逐渐升高（表 5-10），$H_5$ 时期的热值（19.25MJ/kg）显著高于 $H_1$ 时期（18.32MJ/kg），增幅为 5.07%；含水量逐步下降，尤其到了生长末期下降速率非常快，$H_4$ 时期即下降至 28.87%，十分接近生物质长期安全储藏的含水量（25%），$H_5$ 时期比 $H_4$ 时期下降了 57.40%，只有 12.30%；挥发分显著升高（$P<0.05$），灰分和固定碳含量显著降低，与 $H_1$ 时期相比，$H_5$ 时期的挥发分显著升高了 3.11%、灰分显著降低了 23.64%、固定碳显著降低了 6.44%。

**表 5-10 不同生长时期柳枝稷热值、含水量、挥发分、灰分和固定碳含量**

| 取样时期 | 热值/(MJ/kg) | 含水量/% | 挥发分/% | 灰分/% | 固定碳/% |
|---|---|---|---|---|---|
| $H_1$ | 18.32±0.11c | 36.27±0.74a | 76.82±0.16d | 5.16±0.12a | 18.01±0.08a |
| $H_2$ | 18.43±0.13c | 31.99±0.62b | 77.31±0.11c | 4.70±0.09b | 18.00±0.14a |
| $H_3$ | 18.77±0.09bc | 30.75±2.47bc | 77.59±0.07bc | 4.32±0.13bc | 18.09±0.12a |
| $H_4$ | 18.92±0.14ab | 28.87±0.74c | 77.99±0.26b | 4.25±0.14bc | 17.77±0.16a |
| $H_5$ | 19.25±0.19a | 12.30±0.57d | 79.21±0.10a | 3.94±0.21c | 16.85±0.21b |

注：同列不同小写字母表示不同时期差异显著（$P<0.05$）

### 3. 柳枝稷中各元素含量变化

柳枝稷地上部元素含量是评价其燃烧品质的重要指标。自抽穗期以后，随生长期推迟，除硅元素外，柳枝稷生物质中的氮、磷、钾、氯和硫等含量变化明显（表 5-11）。氮、氯两种元素含量先升高后降低，均在 $H_2$ 时期达到最高值，与 $H_1$ 时期相比只有氯元素达到显著差异水平（$P < 0.05$），之后迅速下降，与 $H_2$ 时期相比，到 $H_5$ 时期氮元素和氯元素分别下降了 69.23% 和 75.54%；磷、钾、硫 3 种元素含量均逐渐降低，与 $H_1$ 时期相比，在 $H_5$ 时期以上 3 种元素分别下降了 91.32%、60.24% 和 33.33%。与 $H_2$ 时期相比，柳枝稷中氮、磷、钾、氯、硫 5 种元素含量均在 $H_3$ 时期迅速下降，下降速率是各时期最高值，分别达到 51.65%、64.32%、26.87%、46.20%、20.00%。

**表 5-11　不同生长时期柳枝稷中的元素含量**

| 取样时期 | 氮 | 磷 | 钾 | 氯 | 硫 | 硅 |
|---|---|---|---|---|---|---|
| $H_1$ | 0.85±0.04a | 0.219±0.040a | 0.83±0.03a | 1.14±0.03b | 0.102±0.005a | 2.44±0.17a |
| $H_2$ | 0.91±0.02a | 0.185±0.009a | 0.67±0.04b | 1.84±0.13a | 0.100±0.014a | 2.22±0.14a |
| $H_3$ | 0.44±0.02b | 0.066±0.027b | 0.49±0.04c | 0.99±0.05b | 0.080±0.004ab | 2.03±0.08a |
| $H_4$ | 0.37±0.02b | 0.027±0.004b | 0.42±0.03c | 0.58±0.02c | 0.069±0.003b | 2.46±0.19a |
| $H_5$ | 0.28±0.02c | 0.019±0.001b | 0.33±0.01d | 0.45±0.01c | 0.068±0.003b | 2.30±0.08a |

注：同列不同小写字母表示不同时期差异显著（$P < 0.05$）

### 4. 柳枝稷中元素移除量变化

收获时间不同，柳枝稷地上部生物质中氮、磷、钾、硫、氯、硅 6 种元素移除量均呈先上升后下降趋势（表 5-12），在 $H_2$ 时期时达到最高值，$H_5$ 时期时为最低值，分别只有 $H_2$ 时期时的 21.54%、7.25%、35.38%、48.90%、17.26% 和 72.12%。氮、磷、钾是主要营养元素，在植物长发育过程中起重要作用，而这些元素主要通过柳枝稷的根系从土壤中获取，其地上部对这些元素的移除量越大，土壤中营养元素含量会显著下降，需要增加施肥予以补充，增加种植成本，不利于生产可持续性。

**表 5-12　不同生长时期柳枝稷地上部元素的移除量**

| 取样时期 | 氮 | 磷 | 钾 | 氯 | 硫 | 硅 |
|---|---|---|---|---|---|---|
| $H_1$ | 131.6±10.01b | 31.87±3.35a | 128.84±10.54a | 177.09±12.78b | 15.97±1.41b | 387.49±47.28ab |
| $H_2$ | 184.41±10.04a | 37.76±3.49a | 135.11±8.87a | 368.24±21.88a | 19.59±1.67a | 454.28±46.33a |
| $H_3$ | 74.082±4.37c | 11.96±5.08b | 83.69±8.02b | 168.08±11.31b | 13.58±0.87b | 343.26±21.69b |
| $H_4$ | 54.68±3.69d | 3.93±0.54b | 62.71±1.78c | 87.77±3.86c | 10.55±0.86b | 376.53±42.26ab |
| $H_5$ | 39.73±2.45d | 2.74±0.31b | 47.81±4.88c | 63.55±4.50c | 9.58±0.66c | 327.62±27.53b |

注：同列不同小写字母表示不同时期差异显著（$P < 0.05$）

## 四、讨论与结论

　　柳枝稷是多年生根茎类能源草，其生活周期可划分为返青、拔节、抽穗、开花、成熟和衰老等过程（Arvid et al.，2008）。按照生长发育规律，柳枝稷地上部生物量会经历一个先升高后降低的过程，会在某一个生长时期达到峰值，随后因地上部养分再分配和向地下根茎回流，而使产量逐步降低，会显著影响产量、品质和可持续性（Makaju et al.，2013），故确立适宜的收获时间非常重要。在美国得克萨斯州，9 月中旬柳枝稷生物质产量达到最高，随后逐步降低，到 11 月产量会降低 12%～19%；而在美国威斯康星州和南达科他州，8 月柳枝稷的生物量最高，随后逐步降低（Casler and Boe，2003）。柳枝稷生物量最高的时期，并不是其最佳收获时期，在得克萨斯州，低地型柳枝稷应该在 10 月收获，此时收获产量有所降低，但在来年可以获得最高产量，并且这种高产是稳定可持续的；Casler 等也得出类似的结论，认为如果在生物量最高的 8 月收获，两年后产量会显著降低，而在 10 月收获才可以获得稳产高产（Casler and Boe，2003）。这是因为，在柳枝稷生长期内进行收获，会显著影响养分回流过程，进而影响根系发育和营养物质储备，造成下一生长季根系活力减弱、死亡率升高，并且收获次数越多越不利于获得高产（Adler et al.，2006；Cuomo et al.，1996）。因此，考虑柳枝稷生产的可持续性，其适宜收获时间为其养分回流过程完成的时间，此时收获可以持续稳定地获得高产（Casler and Boe，2003）。

　　在不同生长期，柳枝稷生物质品质也有明显的动态变化规律。春季返青以后，柳枝稷根系中储藏的营养物质输出用于地上部生长发育，地上部矿质元素含量增加；在生长末期，茎叶中的营养物质回流到根系中，地上部生物质中的矿质元素含量逐步降低。不同矿质元素开始回流时间不同，氮元素回流在结实期之前完成，而磷、钾的回流会一直持续到衰亡期（Guretzky et al.，2011）。因此，延迟收获可以提高多年生能源草的品质。延迟收获使生物质中矿质元素含量降低，如 Cl、K、Ca、P、S、N 等，可显著降低 $NOx$、$SO_2$ 等有害气体排放（Hadders and Olsson，1997；Lewandowski and Heinz，2003；Burvall，1997；Paulrud and Nilsson，2001），减少肥料用量，降低投入（Lewandowski and Heinz，2003；Burvall，1997）；使水分含量降低，增强生物质储存的安全性，提高燃烧效率，进而降低运输和干燥成本（Lewandowski et al.，2003）。柳枝稷养分回流过程完成后，进一步延迟收获，由于淋洗作用，其生物质品质仍会有所提高，但由于呼吸消耗、生物降解及机械损失等（Lewandowski et al.，2003；Hadders and Olsson，1997）过程，其地上部生物量会显著降低，最高可损失 30%～40%（Lewandowski et al.，2003；Hadders and Olsson，1997）。因此，综合考虑产量和品质，在生长末期，柳枝稷养分回流过程完成后，是其最适宜的收获时期。

　　本研究中的北京地区，柳枝稷'Alamo'一般在 5 月返青、6 月拔节、7 月抽穗、8 月开花、9 月结实、10 月末衰老枯萎，其产量、品质变化规律明显。柳枝稷的生物量在 8 月末达到最高值，此后逐步下降；7 月底以后，其各项品质指标变化明显，纤维素和木质素含量逐步升高，半纤维素含量逐渐降低，热值、挥发分逐步升高，水分、灰分、固定碳含量逐步降低，氮、氯含量先升高后降低，磷、钾、硫含量逐步降低。与 10 月末相比，柳枝稷在 11 月末时，除含水量、挥发分、固定碳元素和钾元素有显著变化之外，其他指标均无显著差异，且 10 月是柳枝稷各项品质指标变化最显著的时期，说明柳枝稷的养分回流过程在 10 月末已经完成，此时北京霜期到来，生活周期已经结束。在此时进行收获，柳枝稷'Alamo'的品质已经达到较高水平，且不会因为生理过程而发生显著变化，同时其生物量的物理性损失最少。因此，此时收获可以兼顾产量和品质，是比较适宜的收获时期。

# 第四节　除穗对柳枝稷地上部生物质品质的影响

## 一、引言

　　近年来，关于不同收获时间及收获次数对能源植物生物质品质的影响的研究取得了一定的进展。延迟收获可显著降低秸秆含水量、矿质元素含量和灰分含量，纤维素和木质素含量显著增高，半纤维素含量降低，因此延迟收获提高了玉米秸秆的燃烧品质（刘吉利等，2009）。对荻草的延迟收获研究结果表明，延迟收获极大提高了荻草的燃烧品质和气化品质（Burvall，1997）。人工除穗明显影响了柳枝稷的生长、发育，增强了其营养生长，最终增加了地上部生物质干重，但在人工除穗处理条件下，柳枝稷的生物质品质如转化品质和燃烧品质的变化尚不清楚。

　　基于此，本节对人工除穗处理下柳枝稷细胞壁组成、燃烧品质和降解效率进行了研究，以揭示人工除穗对柳枝稷生物质品质的影响规律，从而为柳枝稷边际土地规模化种植与应用提供依据。

## 二、材料与方法

### 1. 试验材料与设计

除穗试验于 2013 年在田间进行田间，供试柳枝稷品种为'Alamo'（低地

型）和‘CIR’（高地型），于北京草业与环境研究发展中心能源草种植基地
（39°34′N，116°28′E）开展。试验所用的‘Alamo’和‘CIR’两个柳枝稷品种
于 2012 年 4 月底进行幼苗移栽，一次性浇足安家水，主要用于生物质产量和
品质等指标的品比试验。试验地地势平坦，海拔 50m，具体气候条件同本章第
三节。柳枝稷生长地土壤肥力均匀，土壤 pH 为 7.6，土壤有机质含量为 15.2g/kg，
速效氮含量为 84mg/kg，速效钾含量为 129mg/kg，速效磷含量为 16.5mg/kg。
品比试验设 6 重复（图 5-4），每品种、每重复种植柳枝稷 40 株左右。柳枝稷
株距、行距均为 1m。品比试验过程中，柳枝稷栽培管理措施保持一致，且未对
其进行任何处理。2013 年 6 月中旬两个柳枝稷品种先后开始抽穗，随机选取每
品种的 3 个重复分别进行除穗处理，其余 3 个重复不予处理作为对照，对照与
除穗处理间其余栽培管理措施保持一致。除穗处理自柳枝稷抽穗开始一直持续
到抽穗结束。

| TR-A | TR-C | CK-A | CK-C |
|------|------|------|------|
| TR-C | CK-A | TR-A | CK-A |
| CK-A | TR-A | CK-C | CK-C |

图 5-4　柳枝稷田间除穗试验布局图

TR-A. 除穗‘Alamo’；TR-C. 除穗‘CIR’；CK-A. 对照‘Alamo’；CK-C. 对照 CIR

## 2. 柳枝稷取样方法和样品处理

柳枝稷取样时，在每个小区中随机挑选 9 株柳枝稷单株作为一重复，对
照与除穗处理柳枝稷各取 3 个重复，取样时留茬高度<5cm。所有样品在取样
完毕后，首先用蒸馏水洗净，然后置于 120℃下杀青 20min，在 80℃烘箱中
烘干至恒重。然后将柳枝稷各器官如茎、叶、鞘进行分离，并去除穗和种子。
采用中药粉碎机对柳枝稷各部分进行粉碎、混匀，过 40 目筛，然后置于干燥
器中待测。

## 3. 测定项目及方法

首先称取 0.1g 左右柳枝稷茎粉末于研钵中，向其中加入磷酸缓冲液（pH7.0，
0.2mol/L）并充分研磨至匀浆状。然后转移至 15mL 离心管中，置于 50℃摇床中
振荡 60min，然后 3000g 离心 5min，沉淀再用磷酸缓冲液洗 3 次，蒸馏水洗 2 次，
收集所有上清液即为可溶性糖，定容、待测。然后向离心管中加入 10mL 氯仿-甲
醇（1：1，$V:V$）并于摇床中 40℃（150r/min）振荡 1h，分别用甲醇、丙酮和蒸

馏水洗涤 1 次，除去样品中脂类物质。然后向离心管中加入 10mL DMSO-H$_2$O（9：1，$V:V$）并置于摇床上（100r/min）轻轻振荡过夜。之后再用 DMSO-H$_2$O 溶液洗涤 2 次，蒸馏水洗涤 3 次，收集所有混合液于 50mL 离心管中，透析 24h 即得到淀粉。然后再用草酸铵溶液于沸水条件下煮 1h，然后离心，用草酸铵溶液和蒸馏水各洗涤 2 次以除去样品中果胶质。再向其中加入 4.0mol/L KOH（内含 1.0mg/mL 的 NaHB$_4$）溶液，摇匀后置于摇床上（150r/min）振荡 1h，经过上述碱溶液洗涤 1 次，蒸馏水洗涤 3 次至中性后，再用三氟乙酸（TFA）去除残余半纤维素。离心管中剩余残渣即为纤维素。

对各步骤中提取出的组分分别采用硫酸蒽酮法（Fry，1988）和苔黑酚法（Dische，1962）测定五碳糖和六碳糖含量即为各组分的含量。Klason 木质素含量的测定采用硫酸水解法（Sluiter et al.，2008），得到酸溶木质素和酸不溶木质素，两者和即为总木质素含量。采用 GC/MS 对半纤维素单糖组成进行测定（Adams et al.，1996），略有改动，将细胞壁组分提取过程中获取的 4mol/L KOH 提取液和提取后的残渣进行裂解，将单糖充分释放，然后采用 GC/MS 仪（Agilent 5977 A GC/MSD）对其进行测定，以肌醇作为内标物。采用 X 射线衍射仪对原材料中纤维素结晶度进行测定（Zhang et al.，2013）。采用铜乙二胺法测定柳枝稷原材料中纤维素聚合度（Kumar and Kothari，1999）。采用碱硝基苯氧化法测定木质素单体组成（Wu et al.，2013）。

（1）预处理与酶解　　首先称取 0.5g 左右样品粉末于 15mL 离心管中，然后向其中分别加入 10mL 1%（$V/V$）H$_2$SO$_4$ 或 1%（$m/V$）NaOH 分别作为酸和碱预处理。对于酸预处理，首先将离心管摇匀后置于 121℃处理 20min，然后将其取出，置于 150r/min、50℃摇床上振荡 2h。对于碱预处理则直接将离心管置于 150r/min、50℃摇床上振荡 2h。取出后用自来水冷却，4000r/min 离心 10min，吸取 1mL 上清液保存于–20℃冰箱中，待测。处理后残渣用蒸馏水洗 6 次，乙酸缓冲液（0.2mol/L 乙酸-乙酸钠溶液，pH4.8）冲洗 2 次，然后向其中加入 10mL 0.2%的纤维素复合酶（β 葡聚糖酶活性≥6.5×10$^4$U，纤维素酶活性≥700U，木聚糖酶活性≥10×10$^4$U）溶液，充分摇匀后将离心管置于 150r/min、50℃摇床上振荡 48h，然后离心，取上清液保存于–20℃待测。六碳糖和五碳糖含量采用硫酸蒽酮法和苔黑酚法分别测定。

（2）矿质元素和灰分含量测定　　柳枝稷材料中 C、N、H、S 含量的测定采用德国 Vario Macro CNHS 元素分析仪进行测定。首先称取 50mg 左右样品粉末，并用锡箔纸进行包裹，压制成薄饼状，过程中保持锡箔纸外清洁，然后将样品放入仪器样品盘中。测定前，仪器还原管温度保持在 850℃左右，燃烧管温度保持在 1150℃左右，以氦气作为载气，压力控制在 1100mbar，氧气压力控制在 0.2~0.22MPa。采用苯甲酸片作为标准物质制作标准曲线。样品测定时，每测定 20 个样品需要测定 2 个标准样品，并保持相关系数维持在 0.9～1.1。金属矿质元素含量的测定采用电子耦合等离子体仪器（ICP）进行测定（Lemus et al.，2002）。灰分含量采用马弗炉 SX₂-4-10 燃烧法进行测定，具体操作步骤为：称取 0.5g 左右样品于瓷坩埚中，首先将瓷坩埚置于通风橱内的电加热板上进行预燃烧，待无烟后转移到马弗炉中继续燃烧，温度首先设定为 300℃，30min 后设置为 550℃，燃烧 3h 后取出，采用称重法计算出灰分含量。

（3）热值测定　　采用德国 IKA 产热量分析仪 C2000 对柳枝稷样品进行热值测定，首先称取 0.5g 左右样品粉末，压制成片状，再次称量，记录准确质量。将压制好的片状样品置于燃烧坩埚中，采用一已知热值的棉线将电极和样品间进行紧密连接，然后在氧弹中加入 10mL 蒸馏水，缓慢拧紧盖子，置于热值分析仪主机上进行测定。测定时，氧气压力控制在 0.3MPa 左右。采用苯甲酸片作为标准物质对仪器进行标定和制作标准曲线，标准曲线相关系数 $R^2 >$ 0.9990。

### 4. 统计分析方法

采用 Excel 2007 对数据进行差异显著性 $t$ 检验，差异显著水平为 $P < 0.05$ 和 0.01。采用 Origin 8.5 作图。

## 三、结果与分析

### 1. 柳枝稷地上部各器官生物质降解效率

为探索人工除穗处理对柳枝稷地上部生物质降解效率的影响，本试验采用 1% $H_2SO_4$ 预处理后酶解（ACE）、1% NaOH 预处理后酶解（ALE）和直接酶解（DE）3 种处理方法分别对柳枝稷地上部各器官降解效率（总产糖效率，五碳糖、六碳糖产糖效率和纤维素降解效率）的差异进行了测定和分析。柳枝稷茎在上述 3 种处理方法下降解效率差异显著，而叶和鞘的降解效率差异并不明显，因此本文只对除穗后柳枝稷茎降解效率结果进行分析讨论。

试验结果表明，与对照相比，在 ACE、ALE 和 DE 3 种处理方法下，除穗柳枝稷 'CIR' 和 'Alamo' 茎产糖效率分别显著提高 19% 和 19%、21% 和 14%、52% 和 18%。在 AEC 和 ALE 预处理步骤，除穗 'CIR' 和 'Alamo' 茎产糖效率分别显著高于对照 18% 和 20%、16% 和 12%。在 ACE 和 ALE 酶解步骤及直接酶解处理下，上述两种柳枝稷茎产糖效率分别显著高于对照 52% 和 18%、21% 和 18%、22% 和 14%（图 5-5）。

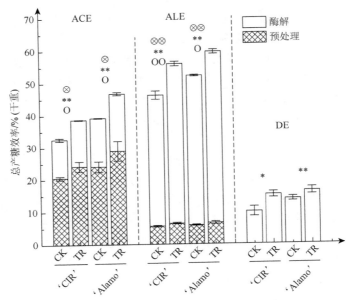

图 5-5　柳枝稷茎总产糖效率

*代表酶解产糖效率差异显著（$P<0.05$），**代表酶解产糖效率差异极显著（$P<0.01$），O 代表预处理产糖效率差异显著（$P<0.05$），OO 代表预处理产糖效率差异极显著（$P<0.01$），⊗代表总产糖效率差异显著（$P<0.05$），⊗⊗代表总产糖效率差异极显著（$P<0.01$），ACE 代表酸预处理后酶解，ALE 代表碱预处理后酶解，DE 代表直接酶解，‘CIR’代表‘Cave-in-rock’

　　在 DE 处理下，‘CIR’和‘Alamo’茎六碳糖产糖效率分别显著高于对照 53%和 18%。在 ACE 处理下，‘CIR’和‘Alamo’预处理和酶解总六碳糖产糖效率分别显著高于对照 48%和 38%。在 ACE 预处理步骤和酶解步骤‘CIR’和‘Alamo’茎六碳糖产糖效率分别显著高于对照 22%和 18%，22%和 18%。在 ALE 处理下，‘CIR’和‘Alamo’茎预处理和酶解步骤总六碳糖产糖效率分别显著高于对照 18%和 15%。在预处理步骤，六碳糖产糖效率并未体现出明显变化，而在酶解步骤，‘CIR’和‘Alamo’茎六碳糖产糖效率分别显著高于对照 20%和 19%（图 5-6）。另外，本研究对茎中纤维素降解效率也进行了计算，在 ACE、ALE 和 DE 处理下，除穗后柳枝稷茎中纤维素降解效率分别显著高于对照 8%和 8%、5%和 8%、38%和 8%（图 5-7）。

　　在直接酶解处理下，与对照相比，‘CIR’和‘Alamo’茎五碳糖产糖效率并未体现出明显变化。在 ACE 的预处理和酶解步骤，除穗‘Alamo’茎总五碳糖产糖效率显著高于对照 14%，而在预处理和酶解步骤五碳糖产糖效率分别显著高于对照 14%和 15%。在 ACE 处理下，‘CIR’柳枝稷茎五碳糖产糖效率并未发生显著变化。在 ALE 处理下，‘CIR’和‘Alamo’茎总五碳糖产糖效率分别显著高于对照 25%和 14%，在预处理和酶解步骤分别显著高于对照 32%和 24%、41%和 10%（图 5-8）。

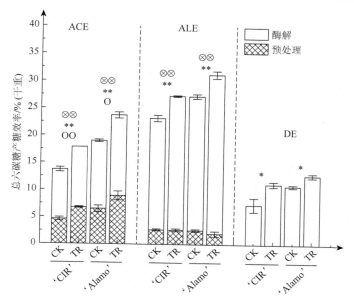

图 5-6　柳枝稷茎六碳糖产糖效率

\*代表酶解产糖效率差异显著（$P<0.05$），\*\*代表酶解产糖效率差异极显著（$P<0.01$），O 代表预处理产糖效率差异显著（$P<0.05$），OO 代表预处理产糖效率差异极显著（$P<0.01$），⊗⊗代表总产糖效率差异极显著（$P<0.01$），ACE 代表酸预处理后酶解，ALE 代表碱预处理后酶解，DE 代表直接酶解，'CIR'代表'Cave-in-rock'

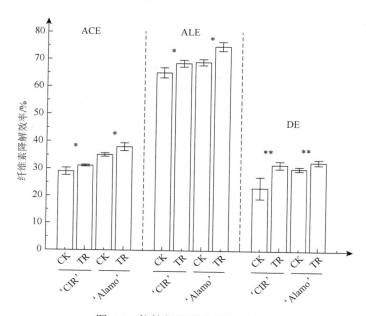

图 5-7　柳枝稷茎纤维素降解效率

\*代表纤维素降解效率差异显著（$P<0.05$），\*\*代表纤维素降解效率差异极显著（$P<0.01$），ACE 代表酸预处理后酶解，ALE 代表碱预处理后酶解，DE 代表直接酶解，'CIR'代表'Cave-in-rock'

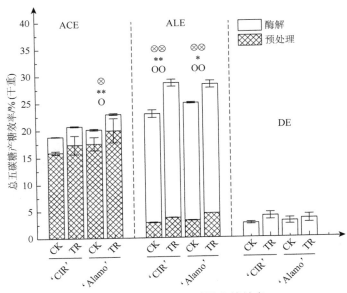

图 5-8　柳枝稷茎五碳糖产糖效率

*代表酶解产糖效率差异显著（P<0.05），**代表酶解产糖效率差异极显著（P<0.01），O 代表预处理产糖效率差异显著（P<0.05），OO 代表预处理产糖效率差异极显著（P<0.01），⊗代表总产糖效率差异显著（P<0.05），⊗⊗代表总产糖效率差异极显著（P<0.01），ACE 代表酸预处理后酶解，ALE 代表碱预处理后酶解，DE 代表直接酶解，‘CIR’代表‘Cave-in-rock’

　　3 种处理方法之间比较，柳枝稷茎产糖效率体现出较大差异。其中，在 ALE 处理条件下，五碳糖、六碳糖和总糖产糖效率均最高。总六碳糖中 88%～94% 和 62%～67% 的六碳糖分别产生于 ACE 和 ALE 的酶解步骤，预处理步骤产生量较少。ACE 的预处理步骤五碳糖产糖比例为 84%～87%。而在 ACE 和 ALE 酶解步骤五碳糖产量所占总五碳糖产量的比例分别为 13%～16% 和 84%～88%。因此，在两种处理方法的酶解步骤，五碳糖和六碳糖总产糖效率所占的比例为 88%～89% 和 37%～39%。在 ALE 下，纤维素降解效率为 65%～75%，而在 DE 下，纤维素降解效率为 23%～33%。

### 2. 柳枝稷茎细胞壁组成、结构特征

　　由于除穗后柳枝稷茎降解效率体现出了较大的差异，本研究进一步对柳枝稷茎细胞壁结构与非结构性多糖类物质进行了分析和测定，并对细胞壁主要成分如纤维素、半纤维素和木质素的组分与精细结构进行了测定，以探讨柳枝稷茎高降解效率的内在原因。

　　测定结果表明，除穗‘CIR’和‘Alamo’茎细胞壁中纤维素含量显著高于对照，分别为 11.43% 和 9.24%。半纤维素和木质素含量则呈现出略微下降的趋势，分别降低 0.77% 和 3.6%，9.27% 和 2.96%，但均未达到显著水平。非结构性多糖类

物质如可溶性糖和淀粉含量也发生了明显的改变，除穗后'CIR'和'Alamo'茎中可溶性糖含量分别显著高于对照 178%和 83.3%，淀粉含量分别显著高于对照 92.59%和 127.3%（表 5-13）。

表 5-13 柳枝稷茎细胞及细胞壁各组分

| 品种 | 处理 | 主要细胞壁聚合物/%（干重） | | | 储存性碳水化合物/%（干重） | |
| --- | --- | --- | --- | --- | --- | --- |
| | | 纤维素 | 半纤维素 | 木质素 | 可溶性糖 | 淀粉 |
| CIR | CK | 31.5±1.1* | 26.1±0.2 | 15.1±0.6 | 1.8±0.3** | 2.7±0.2** |
| | TR | 35.1±0.8 | 25.9±0.6 | 13.7±0.5 | 5.0±0.4 | 5.2±0.3 |
| Alamo | CK | 35.7±1.1* | 25.0±0.9 | 13.5±1.5 | 2.4±0.1** | 3.3±0.4** |
| | TR | 39.0±1.1 | 24.1±0.8 | 13.1±1.9 | 4.4±0.3 | 7.5±0.5 |

注：CK 代表对照，TR 代表除穗处理，*和**分别代表在 $P<0.05$ 和 0.01 水平上差异显著

影响细胞壁降解效率的因素很多，如半纤维素和木质素对纤维素的包裹作用、木质素单体组成、半纤维素的单糖组成及纤维素自身的结构特征。因此，本研究对细胞壁中纤维素结晶度和聚合度、木质素单体组成及半纤维素单糖组成分别进行了详细地测定和分析。

测定结果表明，除穗后柳枝稷茎细胞壁中纤维素结构特征存在不同的变化。除穗后'CIR'和'Alamo'茎细胞壁中纤维素结晶度分别显著低于对照 15%和 17%，而各柳枝稷品种茎细胞壁中纤维素聚合度则体现出不同的变化，除穗'CIR'纤维素聚合度显著低于对照 12%，但在'Alamo'中则无明显变化（图 5-9）。除

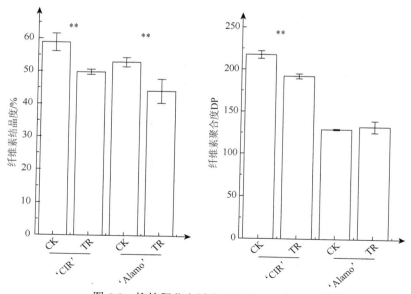

图 5-9 柳枝稷茎中纤维素结晶度和聚合度

**代表差异极显著（$P<0.01$），'CIR'代表'Cave-in-rock'

穗后，柳枝稷茎细胞壁中半纤维素单糖组成也发生了一定的变化，其中以阿拉伯糖和木糖含量变化最为明显，而鼠李糖、岩藻糖、甘露糖、葡萄糖和半乳糖变化并未达到显著水平。除穗后'CIR'和'Alamo'茎中半纤维素单糖阿拉伯糖百分含量分别显著高于对照12.38%和20.35%，木糖百分含量分别显著低于对照1.16%和2.93%，木糖/阿拉伯糖值显著低于对照13.25%和19.74%（表5-14）。木质素单体组成结构也发生了显著变化，具体表现为，除穗后'CIR'和'Alamo'茎中木质素单体G含量分别显著高于对照10.04%和6.64%，S单体含量并未发生明显变化。'CIR'中H单体含量显著高于对照84.24%，而'Alamo'中H单体含量无显著变化。'Alamo'中S/G值显著低于对照14.29%，'CIR'中低11%，但未达到显著水平。'CIR'中H/G值和H/S值分别显著高于对照75%和71.43%，而'Alamo'中两者则无显著差异（表5-15）。

**表 5-14　柳枝稷茎中半纤维素单糖组成**

| 品种 | 处理 | 半纤维素单糖组成/%（总单糖） | | | | | | | 木糖/阿拉伯糖 |
| | | 鼠李糖 | 岩藻糖 | 阿拉伯糖 | 木糖 | 甘露糖 | 葡萄糖 | 半乳糖 | |
| CIR | CK | 0.3±0.03 | ND | 10.5±0.3** | 86.0±0.3** | 0.4±0.1 | 1.4±0.02 | 1.4±0.04 | 8.3±0.3** |
| | TR | 0.2±0.02 | 0.01 | 11.8±0.1 | 85.0±0.1 | 0.3±0.2 | 1.4±0.1 | 1.3±0.1 | 7.2±0.1 |
| Alamo | CK | 0.3±0.1 | ND | 11.3±0.5* | 85.2±0.7* | 0.3±0.1 | 1.5±0.02 | 1.5±0.03 | 7.6±0.4* |
| | TR | 0.3±0.1 | 0.01 | 13.6±0.3 | 82.7±0.2 | 0.4±0.1 | 1.5±0.02 | 1.6±0.03 | 6.1±0.1 |

注：ND表示未检测到，*和**分别代表在$P<0.05$和$P<0.01$水平上差异显著，'CIR'代表'Cave-in-rock'

**表 5-15　柳枝稷茎中木质素单体组成**

| 品种 | 处理 | 木质素单体含量/(μmol/g)（干重） | | | S/G | H/G | H/S |
| | | H | G | S | | | |
| CIR | CK | 105.3±18.0* | 244.9±10.8* | 159.4±5.1 | 0.65±0.05 | 0.4±0.1* | 0.7±0.1* |
| | TR | 194.0±32.3 | 269.5±8.6 | 157.3±4.2 | 0.58±0.01 | 0.7±0.1 | 1.2±0.2 |
| Alamo | CK | 115.0±11.5 | 257.6±7.0** | 185.5±7.4 | 0.72±0.03* | 0.5±0.04 | 0.6±0.04 |
| | TR | 131.1±16.1 | 274.7±7.9 | 170.5±2.3 | 0.62±0.02 | 0.5±0.1 | 0.8±0.1 |

注：H为对羟基肉桂醛，G为香草醛，S为紫丁香醛，*和**分别代表在$P<0.05$和$P<0.01$水平上差异显著，'CIR'代表'Cave-in-rock'

### 3. 柳枝稷地上部生物质燃烧品质

生物质的燃烧品质主要包括生物质的燃烧热值和灰分及各种矿质元素的含量。为进一步研究除穗对柳枝稷地上部生物质燃烧品质的影响，本研究分别对柳枝稷地上部生物质燃烧热值、矿质元素含量和灰分含量进行了测定。试验结果表明，柳枝稷地上部各器官热值均在 18MJ/kg 左右，除穗后，与对照相比，两个柳枝稷品种茎、叶和鞘燃烧热值并未表现出明显差异，但除穗后'Alamo'茎的燃烧热值显著高于对照 0.29%（图 5-10）。

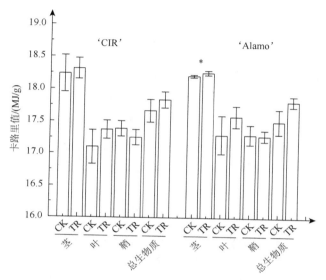

图 5-10　柳枝稷地上部生物质热值

\*代表在 $P<0.05$ 水平上差异显著，'CIR'代表'Cave-in-rock'

除穗后柳枝稷地上部生物质矿质元素含量变化较小，其中'CIR'和'Alamo'地上部生物质中 N 和 S 含量分别显著高于对照 13%和 15%、80%和 59%。其他元素含量并未体现出显著变化。'CIR'地上部生物质中除了镁、铝和钾元素外，其他元素浓度均略有增加。'Alamo'地上部生物质中各元素含量均呈现出略微增加的趋势。与对照相比，除了镁、铝和钾，除穗后柳枝稷地上部生物质灰分含量均呈现出升高趋势，但并未达到显著水平（表 5-16）。

表 5-16　柳枝稷地上部生物质矿质元素含量　　（单位：mg/g，干重）

| 元素 | 'CIR' | | 'Alamo' | |
|---|---|---|---|---|
| | CK | TR | CK | TR |
| N | 4.7±0.3 | 5.3±0.4** | 6.1±0.4 | 11.0±0.9** |
| C | 432.1±16.1 | 435.6±17.8 | 436.7±4.2 | 437.1±6.1 |
| H | 59.6±1.2 | 61.1±1.5 | 59.6±0.9 | 60.8±1.6 |
| S | 0.8±0.1 | 0.9±0.1* | 0.9±0.3 | 1.4±0.2* |

续表

| 元素 | 'CIR' | | 'Alamo' | |
| --- | --- | --- | --- | --- |
| | CK | TR | CK | TR |
| Al | 0.1±0.01 | 0.1±0.01 | 0.2±0.02 | 0.2±0.01 |
| Ca | 2.8±0.2 | 2.8±0.2 | 2.7±0.3 | 2.8±0.5 |
| Fe | 0.1±0.03 | 0.2±0.1 | 0.1±0.03 | 0.1±0.02 |
| K | 9.5±0.1 | 9.4±0.2 | 9.0±0.5 | 9.9±0.7 |
| Mg | 0.9±0.1 | 0.9±0.1 | 1.2±0.2 | 1.2±0.3 |
| Na | 1.8±0.2 | 1.9±0.1 | 2.2±0.2 | 2.5±0.3 |
| P | 0.8±0.1 | 0.8±0.1 | 0.7±0.1 | 0.8±0.1 |
| Si | 8.2±0.6 | 8.7±0.7 | 8.0±0.2 | 8.2±0.2 |
| Ash | 19.6±3.5 | 21.6±2.9 | 20.1±1.6 | 21.1±2.3 |

注：*和**分别代表在 $P<0.05$ 和 $P<0.01$ 水平上差异显著，'CIR' 代表 'Cave-in-rock'

## 四、讨论与结论

能源草尤其是柳枝稷因为能够提供大量的木质纤维素材料越来越受到人们的重视（Schmer et al.，2008）。然而木质纤维素类物质由于其高度复杂的细胞壁结构而很难降解（Dixon，2013），在边际土地进行能源草的规模化种植一方面希望有较高的生物质产量，另一方面还希望有较好的生物质品质。人工除穗使柳枝稷地上部生物质产量显著增加，但对于人工除穗条件下柳枝稷生物质品质的变化尚不清楚，基于此，本试验采用酸预处理酶解、碱预处理酶解和直接酶解 3 种处理方法对除穗柳枝稷地上部生物质的降解效率进行了研究。由细胞壁的复杂结构导致的多种因素共同影响着其降解性能，因此本文还对柳枝稷地上部生物质细胞壁组成及精细结构进行了测定，以探讨其内在的作用机制。

除穗后，柳枝稷茎在 3 种处理方法下表现出较高的产糖效率，这表明人工除穗显著改变了柳枝稷茎细胞壁的抗降解屏障结构，使其对细胞壁降解的阻碍作用变弱。纤维素是世界上最为丰富的物质，可以提供大量的清洁燃料乙醇，它主要是由葡萄糖残基通过 β-1，4 糖苷键连接的线型葡聚糖链组合而成的聚合物（Douglas et al.，2012）。本研究结果表明，除穗后柳枝稷茎中纤维素含量显著增加，这对茎六碳糖产糖效率的提高起着一定的积极作用。然而柳枝稷茎中非结构性多糖类物质如淀粉含量显著高于对照，这对预处理尤其是酸预处理条件下六碳糖产率的显著提高起到不容忽视的作用。除了纤维素含量对降解效率的影响外，纤维素自身的结构特征如纤维素的结晶度和聚合度对其降解效率也有显著的影响作用（Hendriks and Zeeman，2009）。本研究结果表明，一方面，除穗后柳枝稷茎中纤维素降解效率显著增高，而且纤维素结晶度显著低于对照，这正是纤维素降解效率显著增高的主要原因。然而纤维素的聚合度在两个柳枝稷品种中并未体现出比较一致的变化规律，这表明人工除穗对不同柳枝稷茎中纤维素聚合度影响的不同。另一方面，纤维素降解效率的提高也可能是由其他因素所致。例如，木质素和半纤维素的包裹对纤维素降解的阻碍作用。本研究结果表明，直接酶解条件下，柳枝稷茎六碳糖产糖效率和纤维素降解效率均显著高于对照，这说明柳枝稷茎细胞壁的原位结构已经发生改变。酸预处理和碱预处理对细胞壁抗降解屏障的作用机制是不同的（Mosier et al.，2005）。碱作用下，细胞壁中的一些氢键和其他共价键被打断从而使细胞壁聚合物逐层发生裂解，然而在酸处理下，部分单糖或寡糖类物质及部分木质素类物质从细胞壁中被提取出来（Zheng et al.，2009；Hsu et al.，2010；Dien et al.，2006）。这种作用机制的差异也在本研究结果中酸预处理和碱预处理五碳糖及六碳糖产糖效率的差异中体现出来。除穗后茎在碱预处理下五碳糖产糖效率并未表现出显著差异，这很可能是由于茎中半纤维素含量无显著差异所致。然而，除穗柳枝稷茎碱预处理后酶解效率显著高于对照，这表明茎细胞壁中木质素的阻碍作用比较容易被去除，也说明了人工除穗对柳枝稷茎细胞壁中木质素的组成结构产生了一定的影响。

　　木质素是一种具有高度复杂网络状无定型结构的芳香类物质，主要由 3 种单体（H、G、S）组成，木质素含量与木质素单体组成对细胞壁的降解有着重要的影响作用（Li et al.，2014a）。目前研究最多的就是木质素单体 S/G 值对降解效率的影响，但关于此方面的研究目前尚无定论，关于木质素单体对细胞壁降解效率的影响机制仍不清楚（Lundvall et al.，1994；Studer et al.，2011）。本研究结果表明，人工除穗后，柳枝稷茎细胞壁中木质素单体 H 和 G 含量显著升高，S 含量却有所下降，这表明较低的 S/G 值有利于提高柳枝稷茎细胞壁的降解效率。转基因柳枝稷中较低的 S/G 值导致较高的降解效率的研究结果（Baxter et al.，2014）也支持了本研究的此种结论。另外，植物细胞壁的木质化程度自伸长期到生殖期会显著加深，木质素单体 S 相对含量和 S/G 值会随着植株的成熟逐渐增高，且木质素单体 G 在较早的生育期内开始沉积，而 S 则在较晚的生育期开始沉积（Chen et al.，2002）。由于柳枝稷在除穗后营养生长的增强，相比较对照而言，木质化程度较低，且木质素单体 S 的沉积较少，这可能是除穗柳枝稷茎中木质素单体 S/G 值较低的主要原因。单子叶植物中木质素以富含 H 单体为主要特征，相比较 S 和 G 单体，H 单体仅仅占木质素总含量的很少比例（Baucher et al.，1998）。然而，本研究结果表明，柳枝稷茎木质素单体 H 含量较高，推测可能主要由于羟基肉桂酸被包括在内。不同木质素单体间的主要差异就是苯环上被甲氧基所取代的数目不同，不同木质素单体的比例主要影响了木质素单体和单体间及木质素和半纤维素、纤维素间的共价键如醚键和酯键的连接类型和数量，从而导致不同的降解效率。

目前最新研究结果表明，富含 G 单体的木质素在弱碱预处理中更容易被去除，从而提高了芒草的降解效率（Li et al.，2014b），也有研究结果表明，含量较少的木质素与其他多糖类物质间的键连接类型和数目及形成的网络结构显著影响了芒草的降解效率（Li et al.，2014a）。本研究结果表明，茎中较低的 S/G 值同时伴随着较低的纤维素结晶度和较高的降解效率，此种结果在转基因柳枝稷中也被发现（Baxter et al.，2014）。推测 S/G 尤其是木质素单体 G 可能对纤维素的结晶度具有负影响作用，而有利于细胞壁降解效率的提高。但关于木质素单体 G 与纤维素结晶度及聚合度的作用关系及机制目前尚不清楚。

　　细胞壁中半纤维素是由各种单糖组成的具分支状结构的聚合物（Scheller and Ulvskov，2010）。在植物细胞次生壁中，作为半纤维素的主要物质木聚糖容易受到阿拉伯糖在其 C-2 或者 C-3 位置上的替代，或葡萄糖醛酸及其甲基衍生侧链在 C-2 位置上的替代。半纤维素在木质素和纤维素的相互交联中起着重要的作用。纤维素的结构中既包括结晶区，同时又包括非结晶区（Mittal et al.，2011），半纤维素中阿拉伯糖主要与纤维素中非结晶区相互作用、交联，从而显著影响了纤维素的结晶度（Li et al.，2013）。本研究结果表明，除穗后柳枝稷茎中纤维素结晶度显著降低，这表明半纤维素的结构尤其是阿拉伯糖的替代程度显著影响了纤维素的结晶度，从而提高了茎的降解效率。然而在本研究中，纤维素聚合度与半纤维素单糖间的相互作用关系仍不明朗。

　　一般来说，能源作物的生产过程力图增加木质纤维素类物质的产量，降低其中 N 和矿质元素的浓度及水分含量（Lewandowski et al.，1997）。多年生能源作物如柳枝稷中矿质元素的含量随着植株的成熟，由于养分回流而逐渐降低（Madakadze et al.，1999；Jørgensen，1997）。本研究结果表明，除穗后柳枝稷地上部生物质中 N 和 S 含量显著高于对照，导致在燃烧过程中会释放出较多的氮氧化物和硫氧化物，因此对柳枝稷的燃烧应用不利。而且除穗后柳枝稷地上部生物质中金属元素含量如铝、钙、铁、镁、钠都体现出略微增加的趋势。生物质中金属元素含量尤其是碱性金属元素含量的增加使生物质在燃烧过程中容易产生易熔融的灰分，从而结渣，因此对燃烧炉会产生不利影响（Miles et al.，1996）。从柳枝稷生产过程中对土壤肥力的影响角度考虑，除穗后柳枝稷地上部生物质较高含量的 N 表明除穗后柳枝稷对土壤中 N 的需求增加，这在长时间内可能会对土壤中 N 含量及柳枝稷自身的生长年限会产生一定的影响。

　　除穗处理可显著增加茎纤维素、木质素和非结构性多糖含量，同时可显著提高茎中纤维素和非结构性多糖含量，改变纤维素、半纤维素和木质素的结构，有利于提高其降解效率。除穗后柳枝稷地上部生物质氮（N）和硫（S）含量显著增加，不利于其燃烧利用。

## 第五节　氮肥对两种沙性栽培基质中有机碳类物质
## 含量的影响

## 一、引言

土壤有机碳含量为陆地生物量碳的 2.4 倍（Lai，1999），其动态平衡不仅直接影响土壤肥力和作物产量，其排放与固存对全球气候变化也有重要影响（朱连奇等，2006），有机碳是土壤质量评价的重要参考指标。在植物生长过程中，土壤中有机质的含量处于动态变化之中，一方面原有有机质在土壤微生物的作用下进行矿化分解，另一方面由于植物残体和根系分泌物的转化而形成新的有机质，当土壤新形成的有机质含量超过矿化分解量时就形成碳汇（杨兰芳和蔡祖聪，2006）。土壤有机质含量的改变会影响团聚体的构成，从而改善土壤的可耕性、透气性和透水性（王发刚等，2008），根系分泌物与土壤颗粒的结合又能增加团聚体的稳定性，改善土壤结构性能（Hütsch et al.，2002）。

King 等（2002）和 Nadelhofer 等（1999；2000）研究发现树木根系衰老、死亡之后会影响林地生态系统碳的储存和循环；王俊波等（2007）研究发现，不同生长年限的刺槐（*Robinia pseudoacacia* L.）人工林地上土壤有机碳含量的垂直分布趋势一致，最大值都出现在土壤表层；杨兰芳等（2006）研究表明玉米（*Zea mays* L.）种植可增加土壤有机碳的含量，随玉米生长时间的延长，玉米根际碳沉积对土壤有机碳的贡献增大；樊军等（2003）研究证实施肥与种植作物能提高土壤微生物量碳氮含量，长期施用土粪肥能显著提高微生物量碳氮含量；杨德成等（2011）研究表明，东祁连山高寒草地土壤微生物量碳的季节动态与植物生长动态基本一致；谢芳等（2008）发现长期施用不同肥料对土壤水溶性有机碳和土壤微生物量碳的影响差异显著，单施化肥处理下的水溶性有机碳含量明显低于无肥处理，但土壤微生物量碳含量高于无肥处理；周萍等（2006）研究表明不同施肥处理主要影响耕层土壤的总有机碳和颗粒态碳含量，不同施肥条件下颗粒态碳分配比例在土壤深度上也有差异。目前国内外针对土壤有机碳对肥料施用响应的研究主要集中在常见的大田作物上，且以条件较好的壤土为栽培基质，而有关沙化类边际土地上，通过氮肥施用促进能源作物柳枝稷根系的生长来影响土层中总有机碳、颗粒态有机碳、微生物量碳和水溶性有机碳等有机碳类物质含量的研究鲜有报道。

因此，本节通过 PVC 管柳枝稷栽培试验系统研究在粗沙和河沙生境下，氮肥的施用对栽培基质中有机碳类物质的影响，以期为在京郊边际土地上栽植柳枝稷及其对受损生境的修复提供科学依据。

## 二、材料与方法

### 1. 试验地概况

试验地点位于北京草业与环境研究发展中心小汤山试验基地，该试验基地位于北京市昌平区小汤山镇（39°34′N，116°28′E），属典型的暖温带大陆性季风气候，海拔 50m，年均气温 12～17℃，年降水量 400～600mm，年无霜期 190～200d，≥10℃的年积温在 4200d·℃左右。

### 2. 试验材料

供试柳枝稷品种为'Alamo'，引种于美国，种子于 2008 年 11 月在小汤山试验基地采集。2009 年 5 月 14 日播种，栽培基质粗沙土取自北京市昌平区马池口镇挖沙废弃地，为沙土与石块（粒径为 2～60mm）的混合物；河沙取自小汤山试验基地附近的建筑工地，经水洗处理（表 5-17）。试验采用 PVC 土柱装填 2 种栽培基质，埋入地下，土柱上端与地面齐平，底部通透，土柱直径 315mm，长度为 2.0m，每个土柱内栽植柳枝稷一株，试验于 2012 年开展。

**表 5-17　供试栽培基质的理化性质**

| 基质种类 | pH | 有机质/% | 碱解氮/(mg/kg) | 速效磷/(mg/kg) | 速效钾/(mg/kg) |
|---|---|---|---|---|---|
| 粗沙土 | 7.81 | 0.12 | 10.50 | 3.95 | 49.50 |
| 河沙 | 7.74 | 0.03 | 0.79 | 0.31 | 1.27 |

### 3. 试验设计

试验设置 5 个氮肥梯度处理，施用氮（N）浓度分别为 CK（0.0mg/kg）、$N_1$（30.0mg/kg）、$N_2$（90.0mg/kg）、$N_3$（150.0mg/kg）、$N_4$（180.0mg/kg），每组 4 次重复。

供试氮肥为尿素，2009 年 7 月在柳枝稷苗期时作为追肥一次性表施，2010 年 7 月和 2011 年 7 月各表施 1 次。试验处理前全部土柱内均施过磷酸钙、硫酸钾，使土壤中磷（$P_2O_5$）和钾（$K_2O$）的浓度分别达到 20.0mg/kg 和 120.0mg/kg。全生育期自然降水，不进行人工灌溉。

### 4. 测定项目与方法

2011 年 10 月底，剖开 PVC 管，每 60cm 为一层采集根系和土样（随土层深度增加，整个土柱共分为 3 层，分别为 0～60cm、60～120cm、120～180cm）。

柳枝稷根干重：将各土层中根系取出，用清水冲洗干净，然后在 80℃下烘干至恒重，计算根干重（g）。

有机碳类物质的测定分析主要包括以下 4 个方面。

1）总有机碳（total organic carbon，TOC）：采用重铬酸钾（$K_2Cr_2O_7$）外加热法进行测定。

2）土壤微生物量碳（soil microbial biomass carbon，SMBC）：采用氯仿熏蒸-K2S04 提取法，使用总有机碳自动分析仪（TOC-V CPH）测定提取液中的有机碳，SMBC 的转换系数 $K_{EC}$ 为 0.45。

3）水溶性有机碳（water-soluble organic carbon，WSOC）：称取 25g 新鲜土样，加入 50mL 蒸馏水，于室温下振荡 30min，离心 10min（4500r/min），上清液过 0.45μm 滤膜，滤液中的有机碳用 TOC-V CPH 测定。

4）颗粒态有机碳（particulate organic carbon，POC）：先进行颗粒物提取，取过 2mm 筛的风干土样 20g，放入 250mL 塑料瓶，加入 100mL NaOH（0.5mol/L），手摇 3min，再用恒温振荡器振荡 18h（90r/min）。土壤悬液过 53μm 筛，并反复用蒸馏水冲洗。收集所有留在筛中的物质，在 60℃下烘 48h 至恒重，并计算其所占土壤的百分含量，再根据公式计算得出 POC 含量：

POC（g/kg）=颗粒物中土壤有机碳 SOC（g/kg）×颗粒物占土壤的百分比

### 5. 数据分析

采用 Excel 2007 进行数据分析和图表制作。采用 SAS 软件 Duncan's 新复极差法进行方差显著性分析，差异显著水平为 $P=0.05$。

## 三、结果与分析

### 1. 氮肥对柳枝稷根干重的影响

对于 2 种栽培基质来说，氮肥施用能显著促进柳枝稷根干重的增加。各施氮水平下，随土层深度增加，根干重均呈逐渐下降趋势。氮肥对柳枝稷不同土层内根干重的影响如表 5-18 所示。

表 5-18 氮肥对不同土层中柳枝稷根干重的影响 （单位：g）

| 基质类型 | 氮肥处理 | 0～60cm | 60～120cm | 120～180cm |
|---|---|---|---|---|
| 粗沙土 | CK | 22.07e | 10.34e | 7.23d |
| | N₁ | 31.03d | 14.82d | 9.12c |
| | N₂ | 38.63c | 20.46c | 9.31c |
| | N₃ | 48.94a | 24.98a | 12.38a |
| | N₄ | 45.57b | 22.19b | 10.94b |

| 基质类型 | 氮肥处理 | 0~60cm | 60~120cm | 120~180cm |
|---|---|---|---|---|
| 河沙 | CK | 16.07d | 9.54e | 6.28e |
| | N₁ | 20.67c | 11.58d | 7.60d |
| | N₂ | 27.93b | 14.94c | 8.09c |
| | N₃ | 40.09a | 16.49b | 8.73b |
| | N₄ | 40.15a | 17.82a | 9.57a |

注：同一种栽培基质同一列中不同字母表示在 0.05 水平上差异显著

对于粗沙土，在所有土层中，随施氮水平增加，从 CK 到 $N_3$，柳枝稷的根干重逐步增加，从 $N_3$ 到 $N_4$，根干重呈下降趋势。0~60cm 和 60~120cm 土层内，CK、$N_1$、$N_2$、$N_3$、$N_4$ 各处理之间的差异均达到显著水平；120~180cm 土层内，$N_4$、$N_3$、$N_2$、$N_1$ 各处理与 CK 之间的差异均达到显著水平，但 $N_1$ 与 $N_2$ 之间差异不显著。3 个土层内均以 $N_3$ 处理下的根干重为最大值，分别为 48.94g、24.98g 和 12.38g。各施氮水平下，柳枝稷 55%以上的根干重均分布在 0~60cm 土层内，分别为 CK：55.68%、$N_1$：56.45%、$N_2$：56.48%、$N_3$：56.71%、$N_4$：57.90%。

对于河沙，从 CK 到 $N_4$，所有土层中的根干重均逐步增加。60~120cm 和 120~180cm 土层内，CK、$N_1$、$N_2$、$N_3$、$N_4$ 各处理之间的差异均达到显著水平；0~60cm 土层内，$N_4$、$N_3$、$N_2$、$N_1$ 各处理与 CK 之间的差异均达到显著水平，但 $N_3$ 与 $N_4$ 之间差异不显著。3 个土层内均以 $N_4$ 处理下的根干重为最大值，分别为 40.15g、17.82g 和 9.57g。各施氮水平下，50%以上的根干重均分布在 0~60cm 土层内，分别为 CK：50.39%、$N_1$：51.87%、$N_2$：54.81%、$N_3$：61.38%、$N_4$：59.44%。

## 2. 氮肥对总有机碳（TOC）含量的影响

TOC 是指进入土壤生物残体等有机物质的输入与以土壤微生物分解作用为主的有机物质的损失之间的平衡（朱连奇，2006），是土壤质量评价及土地可持续利用管理中必须考虑的重要指标（张金波和宋长春，2003），氮肥对 2 种沙性栽培基质不同土层内 TOC 含量的影响如图 5-11 所示。

对于 2 种栽培基质来说，氮肥施用对 TOC 含量有明显的促进作用。0~60cm、60~120cm 和 120~180cm 3 个土层内，随着氮肥施用浓度的增加，从 CK 到 $N_4$，TOC 含量呈逐步增加趋势；同一氮肥梯度下，随土层深度的增加，TOC 含量呈依次减少的趋势，这与 2 种栽培基质不同土层中柳枝稷根干重的变化趋势一致。

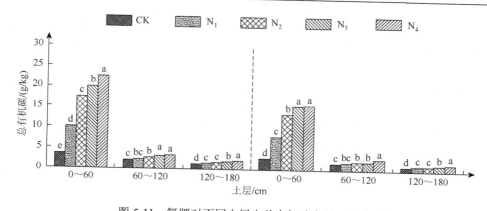

图 5-11　氮肥对不同土层中总有机碳含量的影响

左图为粗沙土，右图为河沙，同一种栽培基质，同一土层内，不同字母表示在 0.05 水平上差异显著

对于粗沙土来说，0～60cm 土层内，CK、$N_1$、$N_2$、$N_3$、$N_4$ 各施氮水平之间的差异达到显著水平；对于 60～120cm 土层，$N_3$ 和 $N_4$ 之间差异不显著，但显著高于 CK、$N_1$、$N_2$ 各处理；对于 120～180cm 土层，$N_1$ 与 $N_2$ 之间差异不显著，但与 CK、$N_3$、$N_4$ 各处理之间差异显著。0～60cm、60～120cm 和 120～180cm 3 个土层内均以 $N_4$ 处理下的 TOC 含量为最大值，分别为 22.47g/kg、3.43g/kg 和 2.01g/kg。各施氮水平下，超过 52%的 TOC 分布在 0～60cm 土层内，分别为 CK：51.69%、$N_1$：72.18%、$N_2$：80.45%、$N_3$：80.07%、$N_4$：80.53%。随着土层深度的增加，TOC 含量均呈现下降趋势，从 CK 和 $N_4$ 两处理的对比情况来看，TOC 含量降幅最大的为 0～60cm 土层，下降了 84.40%，其次为 60～120cm 和 120～180cm 土层，分别下降了 41.27%和 36.97%。

在河沙中，0～60cm 土层内，CK、$N_1$、$N_2$、$N_3$ 各处理之间达显著水平，$N_3$ 与 $N_4$ 之间差异则不显著；对于 60～120cm 土层，CK 与 $N_1$ 之间的差异不显著、$N_1$、$N_2$、$N_3$ 各处理间的差异也不显著，但 $N_4$ 与其余各梯度间的差异达显著水平；对于 120～180cm 土层，$N_3$ 和 $N_4$ 之间差异不显著，但与 CK、$N_1$、$N_2$ 之间差异达显著水平。3 个土层内均以 $N_4$ 处理下的 TOC 含量为最大值，分别为 17.22g/kg、2.98g/kg 和 1.79g/kg。各施氮水平下，51%以上的 TOC 分布在 0～60cm 土层内，分别为 CK：51.15%、$N_1$：72.14%、$N_2$：80.52%、$N_3$：81.57%、$N_4$：78.66%。随土层深度增加，TOC 含量均呈递减趋势，从 CK 和 $N_4$ 两处理的对比情况来看，TOC 含量降幅最大的为 0～60cm 土层，下降了 82.87%，其次为 60～120cm 和 120～180cm 土层，分别下降了 44.58%和 34.90%。

### 3. 氮肥对颗粒态有机碳（POC）含量的影响

POC 是土壤中与砂粒结合（粒径 53～2000pm）的有机质的暂存库（史奕等，

2003），主要来源于分解程度中等的植物残体（Six et al.，2002），为腐殖化程度较低但活性较高的组分，在土壤中周转速度较快，对表层土壤中植物残体的积累和根系分布的变化非常敏感（Cambardella and Elliott, 1992；Franzluebbers and Arshed, 1997），被认为是土壤有机碳库中活动性较大的碳库（周萍等，2006）。氮肥对不同土层内 POC 含量的影响如图 5-12 所示。

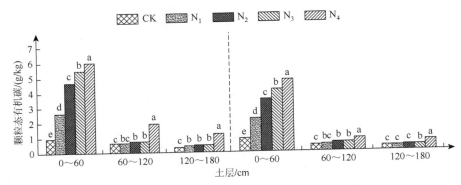

图 5-12　氮肥对不同土层中颗粒态有机碳（POC）含量的影响

左图为粗沙土，右图为河沙，同一种栽培基质，同一土层内，不同字母表示在 0.05 水平上差异显著

对于 2 种栽培基质来说，合理施用氮肥能显著促进 POC 含量的增加。同一土层，随着氮肥施用浓度的增加，从 CK 到 $N_4$，POC 含量呈逐步增加趋势；同一氮肥梯度下，随土层深度增加，POC 含量依次减少，这与 2 种栽培基质不同土层中柳枝稷根干重的变化趋势一致。0～60cm 土层下，CK、$N_1$、$N_2$、$N_3$、$N_4$ 各处理之间的差异均达到显著水平；60～120cm 土层内，$N_4$ 与其余各梯度间的差异均达显著水平，但 CK 与 $N_1$ 之间的差异不显著，$N_1$、$N_2$、$N_3$ 各处理间的差异也均不显著。

对于粗沙土，120～180cm 土层内，$N_1$、$N_2$、$N_3$ 各处理间的差异并不显著，但与 CK 和 $N_4$ 两处理间表现出显著差异。3 个土层内均以 $N_4$ 处理下的 POC 为最大值，分别为 5.97g/kg、1.91g/kg 和 1.24g/kg。各施氮水平下，超过 48%的 POC 分布在 0～60cm 土层内，分别为 CK：48.99%、$N_1$：71.66%、$N_2$：80.08%、$N_3$：81.67%、$N_4$：65.52%。随着土层深度的增加，POC 含量均呈递减趋势，由 CK 和 $N_4$ 两个处理的对比情况可知，POC 含量降幅最大的为 0～60cm 土层，下降了 84.30%，其次为 120～180cm 和 60～120cm 土层，分别下降 72.66%和 66.52%。

对于河沙，120～180cm 土层内，CK、$N_1$、$N_2$ 各处理之间的差异不显著，但与 $N_3$、$N_4$ 处理间的差异达显著水平。3 个土层内均以 $N_4$ 处理下的 POC 为最大值，分别为 5.17g/kg、0.93g/kg 和 0.75g/kg。各施氮水平下，54%以上的 POC 分布在 0～60cm 土层内，分别为 CK：54.86%、$N_1$：73.59%、$N_2$：79.67%、$N_3$：81.39%、

N₄：75.45%。随着土层深度的增加，POC 含量均呈递减趋势，从 CK 和 N₄ 两个处理的对比情况来看，POC 量降幅最大的为 0～60cm 土层，下降了 81.27%，其次为 120～180cm 和 60～120cm 土层，分别下降了 54.16%和 51.36%。

### 4. 氮肥对微生物量碳（SMBC）含量的影响

SMBC 和微生物量氮共同构成了土壤微生物生物量的主体部分（谢芳等，2008），SMBC 在土壤中比例很小，却是土壤有机质中最为活跃的部分，能够反映土壤养分有效状况和生物活性，是评价微生物量和活性的重要参数指标（董博等，2010）。氮肥对不同土层内 SMBC 含量的影响如图 5-13 所示。

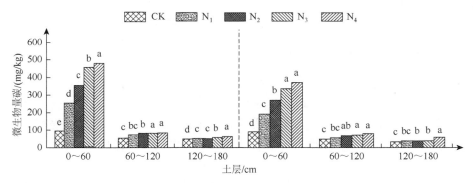

图 5-13　氮肥对不同土层中微生物量碳含量的影响

左图为粗沙土，右图为河沙，同一种栽培基质，同一土层内，不同字母表示在 0.05 水平上差异显著

对于 2 种栽培基质，合理施用氮肥能显著地促进 SMBC 含量的增加。同一土层内，随氮肥浓度增加，从 CK 到 N₄，SMBC 含量呈逐步增加的趋势；在各氮素处理下，随着土层深度的增加，SMBC 含量依次减少，这与 2 种栽培基质不同土层中柳枝稷根干重的变化趋势一致。

对于粗沙土，0～60cm 土层内，CK、N₁、N₂、N₃、N₄ 各处理之间的差异达到显著水平；对于 60～120cm 土层，N₃ 与 N₄ 处理间、CK 与 N₁ 处理间、N₁ 与 N₂ 处理间差异均不显著，但 CK 与 N₂、N₃ 处理之间差异达到显著水平；对于 120～180cm 土层，N₁ 与 N₂ 处理间差异并不显著，但 CK、N₁、N₃、N₄ 各处理之间的差异达到显著水平。3 个土层内均以 N₄ 处理下的 SMBC 含量为最大值，分别为 484.93mg/kg、90.36mg/kg 和 70.25mg/kg。各施氮水平下，45%以上的 SMBC 分布在 0～60cm 土层内，分别为 CK：45.32%、N₁：66.03%、N₂：71.56%、N₃：75.56%、N₄：75.13%。随土层深度增加，SMBC 含量呈递减趋势，从 CK 和 N₄ 两处理的对比情况来看，SMBC 含量降幅最大的为 0～60cm 土层，下降了 79.59%，其次为 120～180cm 和 60～120cm 土层，分别下降了 27.75%和 22.79%。

对于河沙，0～60cm 土层内，$N_3$ 与 $N_4$ 处理间差异并不显著，但 CK、$N_1$、$N_2$、$N_3$ 各处理之间的差异达显著水平；对于 60～120cm 土层，CK 与 $N_1$ 处理间，$N_1$ 与 $N_2$ 处理间，$N_2$、$N_3$、$N_4$ 各处理间的差异均不显著，但 CK 与 $N_2$ 间的差异达显著水平；对于 120～180cm 土层，CK 与 $N_1$ 处理间，$N_1$、$N_2$、$N_3$ 各处理间的差异均不显著，但 CK、$N_2$ 与 $N_4$ 各处理间的差异达显著水平。0～60cm、60～120cm 和 120～180cm 3 个土层内均以 $N_4$ 处理下的 SMBC 含量为最大值，分别为 391.00mg/kg、84.26mg/kg 和 55.50mg/kg。各施氮水平下，49%以上的 SMBC 分布在 0～60cm 土层内，分别为 CK：49.67%、$N_1$：64.61%、$N_2$：69.97%、$N_3$：73.57%、$N_4$：73.67%。随着土层深度的增加，SMBC 含量均呈递减趋势，从 CK 和 $N_4$ 两个处理的对比情况来看，SMBC 含量降幅最大的为 0～60cm 土层，下降了 74.88%，其次为 120～180 和 60～120cm 土层，分别下降了 31.36%和 24.92%。

**5. 氮肥对水溶性有机碳（WSOC）含量的影响**

WSOC 通常是指能通过 0.45μm 微孔滤膜的水溶性有机物质（Thurman，1985）。WSOC 在土壤有机碳中比例很小，一般含量不超过 200mg/kg，但它却会影响土壤中有机物质和无机物质的转化、迁移和降解（倪进治等，2003），是土壤微生物可直接利用的有机碳源（Burford and Bremner，1975），对土壤中的 $^{13}C$ 研究表明，WSOC 的 $\delta^{13}C$ 值与土壤有机质的 $\delta^{13}C$ 值相似，而 SMBC 的 $\delta^{13}C$ 值（稳定碳同位素比值）与作物的 $\delta^{13}C$ 值相似（Gregorich et al.，2000）。氮肥对不同土层内 WSOC 含量的影响如图 5-14 所示。

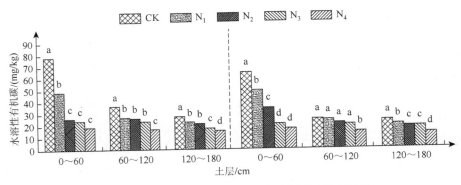

图 5-14　氮肥对不同土层中水溶性有机碳含量的影响

左图为粗沙土，右图为河沙，同一种栽培基质，同一土层内，不同字母表示在 0.05 水平上差异显著

对于 2 种栽培基质来说，氮肥的施用对各土层内的 WSOC 含量有显著的抑制作用。同一土层内，随施氮水平升高，从 CK 到 $N_4$，WSOC 含量逐步下降。各施氮水平下，随土层深度增加，WSOC 含量呈现依次下降的趋势。

对于粗沙土，0～60cm 土层内，N$_2$、N$_3$、N$_4$ 各处理之间的差异不显著，但CK、N$_1$、N$_2$ 各处理之间的差异达显著水平；60～120cm 土层内，N$_1$、N$_2$、N$_3$ 各处理之间的差异不显著，但 CK、N$_1$、N$_4$ 间的差异达显著水平；120～180cm 土层内，N$_1$ 与 N$_2$ 处理之间的差异不显著，但与其余各处理间的差异达显著水平。3 个土层内均以 N$_4$ 处理下的 WSOC 含量为最小值，分别为 18.45mg/kg、16.41mg/kg和 15.24mg/kg。各施氮水平下，36%以上的 WSOC 分布在 0～60cm 土层内，分别为 CK：55.27%、N$_1$：49.63%、N$_2$：35.78%、N$_3$：37.12%、N$_4$：36.83%。

对于河沙，0～60cm 土层内，N$_3$ 与 N$_4$ 处理间的差异并不显著，但与 CK、N$_1$、N$_2$ 各处理之间的差异均达到显著水平；60～120cm 土层内，CK、N$_1$、N$_2$、N$_3$ 间的差异并不显著，但与 N$_4$ 处理间的差异达到显著水平；120～180cm 土层内，N$_2$ 与 N$_3$ 处理之间的差异并不显著，但与其余各处理间的差异达显著水平。3 个土层内均以 N$_4$ 的 WSOC 含量为最小值，分别为 17.13mg/kg、14.34mg/kg 和 13.32mg/kg。各施氮水平下，38%以上的 WSOC 分布在 0～60cm 土层内，分别为 CK：56.98%、N$_1$：52.30%、N$_2$：46.49%、N$_3$：35.27%、N$_4$：38.24%。

#### 6. 根干重与有机碳类物质含量相关性分析

对柳枝稷根干重、TOC、POC、SMBC 和 WSOC 进行相关性分析，结果表明，根干重与 TOC、POC、SMBC 和 WSOC 都呈正相关，但未达显著水平；TOC 与 SMBC 呈极显著正相关，与 POC 呈显著正相关；POC 与 SMBC 呈显著正相关（表 5-19）。这表明在试验条件下，柳枝稷根系生物量的积累促进了土壤中有机碳类物质的增加。

表 5-19　根干重与各有机碳类物质含量间的相关性分析

| 项目 | 根干重 | 总有机碳 | 颗粒态碳 | 微生物量碳 | 水溶性有机碳 |
|---|---|---|---|---|---|
| 根干重 | 1.000 | | | | |
| 总有机碳 | 0.503 | 1.000 | | | |
| 颗粒态碳 | 0.135 | 0.266* | 1.000 | | |
| 微生物量碳 | 0.903 | 20.40** | 75.36* | 1.000 | |
| 水溶性有机碳 | 0.086 | 0.018 | −0.147 | 0.003 | 1.000 |

注：*表示差异性在 0.05 水平显著，**表示差异性在 0.01 水平显著

## 四、讨论与结论

大量研究发现，植物根系的分泌物与根系残体是土壤中有机碳形成的重要物质来源之一，植物根系的生物量能直接影响土壤有机碳的含量。本试验表明，柳

枝稷的根系生物量与土壤 TOC、POC、SMBC 之间的正相关性较强，这与前人研究结果一致。

前人研究表明，氮肥施用能显著影响土壤中的有机碳类物质的含量。例如，长期施肥处理能使土壤耕层中的有机碳增加并对有机碳在不同粒级土壤团聚体中的分布产生显著影响（孙天聪等，2005；李文西等，2011）；长期单施氮肥、氮磷肥和氮磷钾肥处理的 SMBC 含量显著高于不施肥处理，但 WSOC 含量显著低于无肥处理（谢芳等，2008）；化肥与有机肥并施且种植苜蓿（*Medicago sativa* L.）处理下的微生物量碳氮含量是长期休闲地的 3.7 倍（樊军和郝明德，2003）；施用氮肥将导致土壤中 WSOC 含量的减少且 WSOC 含量和土壤矿化 N 的含量成对数关系（Liang et al.，1998；Chantigny et al.，1999）；各种有机肥与无机肥单施或配施处理均不同程度地增加土壤颗粒有机碳和氮及矿质结合有机碳和氮的含量。本试验表明，对 2 种沙性栽培基质而言，当施氮量从 CK 增加到 $N_4$ 时，TOC、POC、SMBC 和 WSOC 等表现出显著性差异（$P<0.05$）。随施氮浓度增加，各土层中 TOC 含量、SMBC 含量呈上升趋势，WSOC 含量呈下降趋势，这与前人研究结果一致。从 CK 到 $N_4$，POC 含量呈现逐步上升趋势，这与龚伟等（2008）研究结果一致，但与周萍等（2006）结果不同，可能原因如下：①周萍等试验以有机碳含量较高的壤土为基质，土壤中 POC 主要来自有机肥的直接输入，而与施入的作物生物量没有直接关系。而本试验以沙化土为栽培基质，土壤结构松散，施肥种类单一且为无机肥，因此，柳枝稷地下部生物量能够直接影响 POC 含量；②柳枝稷地下根系庞大，根系分泌物较多，相较于一般大田作物更易于在根际形成土壤团聚体结构，而施用氮肥又能显著地促进沙化性栽培基质上柳枝稷根干重、根长、根表面积、根体积的增加（朱毅等，2012）。

随土层深度增加，在不同土壤类型与不同立地环境下，有机碳在垂直分布上均呈现出逐步递减的趋势，且主要分布在土壤表层。本试验结果显示，2 种沙性栽培基质下，随土层深度增加，各土层中 TOC、POC、SMBC 和 WSOC 含量均表现出逐步下降的趋势，这与史奕等（2003）、周萍等（2006）、贾伟等（2008）研究结果一致。

土壤中有机碳的积累与演变是植物地上部残体、根系与土壤环境长期相互作用的结果，本试验研究了柳枝稷第 3 个生长季内氮肥对栽培基质内有机碳的影响情况，进一步的研究应该连续多年观测不同栽培基质中有机碳类物质对氮肥的响应情况；本试验把 PVC 管内的栽培基质界定为土壤内有机碳对氮肥响应的微环境，消除了其他作用因素的影响，可以阐明在边际土地上栽植单株柳枝稷时施用氮肥对土壤有机碳的影响，但在实际应用中，作为生物质能源原料的柳枝稷应进行规模化种植，单株之间存在根系交错、化感等相互作用，因此研究大面积土地上有机碳对氮肥处理的响应将成为未来相关研究的重点之一。

# 参 考 文 献

陈旭红. 2003. 植物茎叶中氯离子的测定. 宁夏农林科技,（4）：21-22.

董博, 郭天文, 曾骏, 等. 2010. 免耕对土壤有机碳和微生物量碳含量及作物产量的影响. 甘肃农业科技, 10：15-17, 18.

樊军, 郝明德. 2003. 长期轮作施肥对土壤微生物量碳氮的影响. 水土保持研究, 10（1）：85-87.

范希峰, 侯新村, 左海涛, 等. 2010. 三种草本能源植物在北京地区的产量和品质特性. 中国农业科学, 43（16）：3316-3322.

龚伟, 颜晓元, 蔡祖聪, 等. 2008. 长期施肥对小麦-玉米作物系统土壤颗粒有机碳和氮的影响. 应用生态学报, 19（11）：2375-2381.

韩建国. 2000. 牧草种子学. 北京：中国农业大学出版社.

何丽萍, 李贵. 2009. 光照对不同品种莴苣种子萌发的影响研究. 种子, 28（7）：31-34.

胡松梅, 龚泽修, 蒋道松. 2008. 生物能源植物柳枝稷简介. 草业科学, 25（6）：29-33.

黄立华, 梁正伟, 马红媛. 2008. 移栽羊草在不同pH土壤上的生长反应及主要生理变化. 中国草地学报, 30（3）：42-47.

黄双全, 刘桂霞, 韩建国. 2007. 种子大小和播种深度对羊草种苗建植的影响. 草业科学, 24（6）：44-49.

贾伟, 周怀平, 解文艳, 等. 2008. 长期秸秆还田秋施肥对褐土微生物量碳、氮量和酶活性的影响. 华北农学报, 23（2）：138-142.

李爱国, 曹建华, 宗建梅. 2008. 重盐碱地加工番茄移栽方法研究. 中国蔬菜,（1）：25-26.

李代琼, 刘国彬, 黄瑾, 等. 1999. 安塞黄土丘陵区柳枝稷的引种及生物生态学特性试验研究. 土壤侵蚀与水土保持学报, 5（增刊）：125-128.

李高扬, 李建龙, 王艳, 等. 2008. 利用高产牧草柳枝稷生产清洁生物质能源的研究进展. 草业科学, 25（5）：15-21.

李文西, 鲁剑巍, 鲁君明, 等. 2011. 苏丹草-黑麦草轮作制中施氮量对饲草产量与土壤氮碳积累的影响. 草业学报, 20（1）：55-61.

李酉开. 1989. 土壤农业化学常规分析方法. 北京：科学出版社.

刘桂霞, 韩建国, 赵霞. 2006. 播种深度对不同来源羊草种子出苗的影响. 种子, 25（9）：20-23.

刘虎俊, 王继和, 李爱德, 等. 2006. 绵毛优若藜的育苗试验. 草业科学, 23（1）：37-40.

刘吉利, 程序, 谢光辉, 等. 2009. 收获时间对玉米秸秆产量与燃料品质的影响. 中国农业科学, 42（6）：2229-2236.

刘吉利, 吴娜, 熊韶峻, 等. 2012. 收获时间对黄土高原柳枝稷生物质产量与燃料品质的影响. 中国农业大学学报, 17（6）：138-142.

倪进治, 徐建民, 谢正苗. 2003. 土壤水溶性有机碳的研究进展. 生态环境, 12（1）：71-75.

聂春雷, 郑元润. 2005. 鄂尔多斯高原4种主要沙生植物种子萌发与出苗对水分和沙埋的响应. 植物生态学报, 29（1）：32-41.

彭鸿嘉. 2001. 六种牧草种子大小和播种深度对出苗的影响. 草业科学, 18（6）：30-35.

史奕, 陈欣, 杨雪莲, 等. 2003. 土壤"慢"有机碳库研究进展. 生态学杂志, 22（5）：108-112.

孙天聪, 李世清, 邵明安, 等. 2005. 长期施肥对褐土有机碳和氮素在团聚体中分布的影响. 中国农业科学, 38（9）：1841-1848.

王发刚, 王启基, 王文颖, 等. 2008. 土壤有机碳研究进展. 草业科学, 25（2）：48-54.

王进, 韩多红, 陈叶, 等. 2007. 环境因子对苦豆子种子萌发和幼苗生长的影响. 草地学报, 15（3）：259-262.

王俊波, 季志平, 白立强, 等. 2007. 刺槐人工林有机碳与根系生物量的关系. 西北林学院学报, 22（4）：54-56.

王雷, 田长彦, 张道远, 等. 2005. 光照、温度和盐分对囊果碱蓬种子萌发的影响. 干旱区地理, 28（5）：670-674.

王庆锁. 2001. 土壤质地与播种深度对苜蓿出苗率的影响. 草地学报, 9 (3): 239-242.

吴凤萍, 韩清芳, 贾志宽. 2008. 4 个白花苜蓿品系种子萌发期耐盐性研究. 草业科学, 25 (8): 57-62.

吴全忠, 常欣, 程序. 2005. 黄土丘陵区柳枝稷生物量与土壤水分的动力学研究. 扬州大学学报 (农业与生命科学版), 26 (4): 70-73.

夏敬源, 夏文省. 2008. 棉花无土育苗移栽技术集成创新与推广应用. 中国棉花, 35 (1): 2-4.

谢芳, 韩晓日, 杨劲峰, 等. 2008. 长期施肥对棕壤微生物量碳和水溶性有机碳的影响. 农业科技与装备, 177: 10-13.

谢正苗. 1996. 牧草柳枝稷种子破休眠技术的研究. 种子, 3: 29-31.

解继红, 于靖怡, 徐柱, 等. 2009. 浸种和光照处理对中间鹅观草种子萌发的影响. 中国种业, 5: 43-44.

徐炳成, 山仑, 李凤民. 2005. 黄土丘陵半干旱区引种禾草柳枝稷的生物量与水分利用效率. 生态学报, 25 (9): 2205-2213.

杨德成, 龙瑞军, 陈秀蓉, 等. 2011. 东祁连山高寒灌丛草地土壤微生物量及土壤酶季节性动态特征. 草业学报, 20 (6): 135-142.

杨兰芳, 蔡祖聪. 2006. 玉米生长和施氮水平对土壤有机碳更新的影响. 环境科学学报, 26 (2): 280-286.

杨胜. 1993. 饲料分析及饲料质量检测技术. 北京: 北京农业大学出版社.

杨远昭, 李利, 王纯利, 等. 2007. 温度、NaC1 和水分胁迫对白藜种子萌发及其恢复的影响. 新疆农业大学学报, 30 (2): 9-12.

鱼小军, 陈本建, 师尚礼, 等. 2009. 温度和水分对醉马草种子萌发的影响. 草地学报, 17 (2): 218-221.

张光飞, 王定康, 瞿书华, 等. 2008. 光照和温度对青阳参种子萌发的影响. 种子, 27 (12): 80-81.

张金波, 宋长春. 2003. 土地利用方式对土壤碳库影响的敏感性评价指标. 生态环境, 12 (4): 500-504.

郑光华, 史忠礼, 赵同芳, 等. 1999. 实用种子生理学. 北京: 农业出版社.

中国煤炭工业协会. 2009. GB/T 212—2008 煤的工业分析方法. 北京: 中国标准出版社.

周萍, 张旭辉, 潘根兴, 等. 2006. 长期不同施肥对太湖地区黄泥土总有机碳及颗粒态有机碳含量及深度分布的影响. 植物营养与肥料学报, 12 (6): 765-771.

朱连奇, 朱小立, 李秀霞. 2006. 土壤有机碳研究进展. 河南大学学报 (自然科学版), 36 (3): 72-75.

朱毅, 侯新村, 武菊英, 等. 2012. 两种沙性栽培基质下柳枝稷根系生长对施氮水平的响应. 中国草地学报, 34 (5): 58-64.

Adams S, Pearson S, Hadley P. 1996. The effects of temperature and photoperiod on the flowering and morphology of trailing petunias. II Workshop on Environmental Regulation of Plant Morphogenesis, 435: 65-76.

Adler PR, Sanderson MA, Boateng AA, et al. 2006. Biomass yield and biofuel quality of switchgrass harvested in fall or spring. Agronomy Journal, 98 (6): 1518-1525.

Arvid Boe. 2008. Yield components of biomass in switchgrass. Crop Science, 48 (4): 1306-1311.

Baucher M, Monties B, Montagu MV, et al. 1998. Biosynthesis and genetic engineering of lignin. Critical reviews in plant sciences, 17 (2): 125-197.

Baxter HL, Mazarei M, Labbe N, et al. 2014. Two-year field analysis of reduced recalcitrance transgenic switchgrass. Plant biotechnology journal, 12 (7): 914.

Burford JR, Bremner JM. 1975. Relationships between denitrification capacities of soils and total water soluble and readily decomposable soil organic matter. Soil Biology & Biochemistry, 7: 389-394.

Burson BL, Tischler CR, Ocumpaugh WR. 2009. Breeding for reduced post-harvest seed dormancy in switchgrass: registration of TEM-LoDorm switchgrass germplasm. Journal of Plant Registrations, 3 (1): 99-103.

Burvall J. 1997. Influence of harvest time and soil type on fuel quality in reed canary grass (*Phalaris arundinacea* L.). Biomass and Bioenergy, 12 (3): 149-154.

Cambardella CA，Elliott ET. 1992. Particulate soil organic matter changes across a grassland cultivation sequence. Soil Science Society of America Journal，56：777-783.

Casler MD，Boe AR. 2003. Cultivar×environment interactions in switchgrass. Crop Science，43（6）：2226-2233.

Chantigny MH，Angers DA，Prevost D，et al. 1999. Dynamics of soluble organic C and C mineralization in cultivated soils with varying N fertilization. Soil Biology & Biochemistry，31：543-550.

Chen L，Auh C，Chen F，et al. 2002. Lignin deposition and associated changes in anatomy，enzyme activity，gene expression，and ruminal degradability in stems of tall fescue at different developmental stages. Journal of agricultural and food chemistry，50（20）：5558-5565.

Cuomo GJ，Anderson BE，Young LJ，et al. 1996. Harvest frequency and burning effects on monocultures of 3 warm-season grasses. Journal of Range Management，49（2）：157-162.

Dien BS，Jung H-JG，Vogel KP，et al. 2006. Chemical composition and response to dilute-acid pretreatment and enzymatic saccharification of alfalfa，reed canarygrass，and switchgrass. Biomass and Bioenergy，30（10）：880-891.

Dische Z. 1962. Color reactions of carbohydrates. Methods in carbohydrate chemistry，1：475-514.

Dixon RA. 2013. Microbiology：break down the walls. Nature，493（7430）：36-37.

Douglas BJ，Michael JB，Jay DB，et al. 2012. Plant cell walls to ethanol. Biochemical Journal，442（2）：241-252.

Evers GW，Parsons MJ. 2003. Soil type and moisture level influence on 'Alamo' switchgrass emergence and seedling growth. Crop Science，43（1）：288-294.

Franzluebbers AJ，Arshed MA. 1997. Particulate organic content and potential mineralization as affected by tillage and texture. Soil Science Society of America Journal，16：1382-1386.

Fry SC. 1988. The Growing Plant Cell Wall：Chemical and Metabolic Analysis. Harlow：Longman Group Limited.

Girio F，Fonseca C，Carvalheiro F，et al. 2010. Hemicelluloses for fuel ethanol：a review. Bioresource Technology，101（13）：4775-4800.

Gregorich EG，Liang BC，Drury CF，et al. 2000. Elucidation of the source and turnover of water soluble and microbial biomass carbon in agriculture soils. Soil Biology & Biochemistry，32：581-587.

Guretzky JA，Biermacher JT，Cook BJ，et al. 2011. Switchgrass for forage and bioenergy：harvest and nitrogen rate effects on biomass yields and nutrient composition. Plant Soil，339（1）：69-81.

Hadders G，Olsson R. 1997. Harvest of grass for combustion in late summer and in spring. Biomass and Bioenergy，12（3）：171-175.

Hall KE，George JR，Riedl RR. 1982. Herbage dry matter yields of switchgrass，big bluestem and indiangrass with N fertilization. Agronomy Journal，74（1）：47-51.

Hendriks A，Zeeman G. 2009. Pretreatments to enhance the digestibility of lignocellulosic biomass. Bioresource Technology，100（1）：10-18.

Hsu FH，Nelson CJ，Matches AG. 1985. Temperature effects on seedling development of perennial warm-season forage grasses. Crop Science，25：249-255.

Hsu TC，Guo GL，Chen WH，et al. 2010. Effect of dilute acid pretreatment of rice straw on structural properties and enzymatic hydrolysis. Bioresource Technology，101（13）：4907-4913

Hütsch BW，Augustin J，Merbach W. 2002. Plant rhizodeposition-an important source for carbon turnover in soils. Journal of Plant Nutrition and Soil Science，165：397-407.

Jørgensen U. 1997. Genotypic variation in dry matter accumulation and content of N，K and Cl in Miscanthus in Denmark. Biomass and Bioenergy，12（3）：155-169.

Kasi D，Ragauskas A. 2010. Switchgrass as an energy crop for biofuel production：a review of its lignocellulosic chemical properties. Energy and Environmental Science, 3 (9): 1182-1190.

King JS, Albaugh TJ, Allen HL, et al. 2002. Below-ground carbon input to soil is controlled by nutrient availability and fine root dynamics in loblolly pine. New Phytologist, 164: 389-398.

Kumar V, Kothari SH. 1999. Effect of compressional force on the crystallinity of directly compressible cellulose excipients. International Journal of Pharmaceutics, 177 (2): 173-182.

Lai R. 1999. World soils and the greenhouse effect. Global Change Newsletter, 37: 4-5.

Lemus R, Brummer EC, Moore KJ, et al. 2002. Biomass yield and quality of 20 switchgrass populations in southern Iowa, USA. Biomass and Bioenergy, 23 (6): 433-442.

Lewandowski I, Heinz A. 2003. Delayed harvest of miscanthus influences on biomass quantity and quality and environmental impacts of energy production. European Journal of Agronomy, 19 (1): 45-63.

Lewandowski I, Kicherer A. 1997. Combustion quality of biomass: practical relevance and experiments to modify the biomass quality of *Miscanthus x giganteus*. European Journal of Agronomy, 6 (3): 163-177.

Lewandowski I, Scurlock JMO, Lindvall E, et al. 2003. The development and current status of perennial rhizomatous grasses as energy crops in the US and Europe. Biomass and Bioenergy, 25 (4): 335-361.

Li FC, Ren SF, Zhang W, et al. 2013. Arabinose substitution degree in xylan positively affects lignocellulose enzymatic digestibility after various NaOH/H$_2$SO$_4$ pretreatments in *Miscanthus*. Bioresource Technology, 130: 629-637.

Li M, Si S, Hao B, et al. 2014a. Mild alkali-pretreatment effectively extracts guaiacyl-rich lignin for high lignocellulose digestibility coupled with largely diminishing yeast fermentation inhibitors in *Miscanthus*. Bioresource Technology, 169: 447-454.

Li Z, Zhao C, Zha Y, et al. 2014b. The minor wall-networks between monolignols and interlinked-phenolics predominantly affect biomass enzymatic digestibility in *Miscanthus*. Plos One, 9 (8): e105115.

Liang BC, Mackenzie AF, Schnitzer M, et al. 1998. Management-induced change in labile soil organic matter under continuous corn in eastern Canadian soils. Biology and Fertility of Soils, 26: 88-94.

Lundvall J, Buxton D, Hallauer A, et al. 1994. Forage quality variation among maize inbreds: *in vitro* digestibility and cell-wall components. Crop Science, 34 (6): 1672-1678.

Ma Z, Wood CW, Bransby DI. 2001. Impact of row spacing, nitrogen rate, and time on carbon partitioning of switchgrass. Biomass and Bioenergy, 20 (6): 413-419.

Madakadze IC, Stewart K, Peterson PR, et al. 1999. Switchgrass biomass and chemical composition for biofuel in eastern Canada. Agronomy Journal, 91 (4): 696-701.

Makaju SO, Wu YQ, Zhang H, et al. 2013. Switchgrass winter yield, year-round elemental concentrations, and associated soil nutrients in a zero input environment. Agronomy Journal, 105 (2): 463-470.

Massé D, Gilbert Y, Savoie P, et al. 2010. Methane yield from switchgrass harvested at different stages of development in Eastern Canada. Bioresource Technology, 101 (24): 9536-9541.

Miles TR, Miles Jr TR, Baxter LL, et al. 1996. Boiler deposits from firing biomass fuels. Biomass and Bioenergy, 10 (2): 125-138.

Mittal A, Katahira R, Himmel ME, et al. 2011. Effects of alkaline or liquid-ammonia treatment on crystalline cellulose: changes in crystalline structure and effects on enzymatic digestibility. Biotechnology for Biofuels, 4 (1): 41.

Moore KJ, Anderson BE. 2001. Native Warm season Grasses: Research Trends and Issues. Iowa: Soil Science Society of America, Inc.

Mosier N, Wyman C, Dale B, et al. 2005. Features of promising technologies for pretreatment of lignocellulosic biomass. Bioresource Technology, 96 (6): 673-686.

Muir JP, Sanderson MA, Ocumpaugh WR, et al. 2001. Biomass production of 'Alamo' switchgrass in response to nitrogen, phosphorus, and row spacing. Agronomy Journal, 93 (4): 896-901.

Nadelhofer KJ, Emmett BA, Gunderson P, et al. 1999. Nitrogen deposition makes a minor contribution to carbon sequestration in temperate forests. Nature, 398: 145-148.

Nadelhofer NJ. 2000. The potential effects of nitrogen deposition on fine-root production in forest ecosystem. New Phytologist, 147: 31-139.

Newman PR, Moser LE. 1988. Grass seedling emergence, morphology, and establishment as affected by planting depth. Agronomy Journal, 80: 383-387.

Paulrud S, Nilsson C. 2001. Briquetting and combustion of spring harvested reed canary grass: effect of fuel composition. Biomass and Bioenergy, 20 (1): 25-35.

Porter CL. 1966. An analysis of variation between upland and lowland switchgrass, *Panicum virgatum* L., in Central Oklahoma. Ecology, 47 (6): 980-992.

Sanderson MA, Reed RL, McLaughlin SB, et al. 1996. Switchgrass as a sustainable bioenergy crop. Bioresource Technology, 56: 83-93.

Scheller HV, Ulvskov P. 2010. Hemicelluloses. Plant Biology, 61 (1): 263.

Schmer MR, Vogel KP, Mitchell RB, et al. 2008. Net energy of cellulosic ethanol from switchgrass. Proceedings of the National Academy of Sciences, 105 (2): 464-469.

Shen ZX, Parrish DJ, Wolf DD, et al. 2011. Stratification in switchgrass seeds is reversed and hastened by drying. Crop Science, 41: 1546-1551.

Six J, Conant RT, Paul EA, et al. 2002. Stabilization mechanisms of soil organic matter: Implications for C-saturation of soils. Plant and Soil, 241: 155-176.

Sluiter A, Hames B, Ruiz R, et al. 2008. Determination of structural carbohydrates and lignin in biomass. Laboratory analytical procedure, (1): 1-18.

Smart AJ, Moser LE. 1999. Switchgrass seedling development as affected by seed size. Agronomy Journal, 91: 335-338.

Studer MH, DeMartini JD, Davis MF, et al. 2011. Lignin content in natural *Populus* variants affects sugar release. Proceedings of the National Academy of Sciences, 108 (15): 6300-6305.

Thomason WE, Raun WR, Johnson GV, et al. 2004. Switchgrass response to harvest frequency and time and rate of applied nitrogen. Journal of Plant Nutrition, 27 (7): 1119-1226.

Thurman EM. 1985. Organic Geochemistry of Natural Waters. Boston: Kluwer Academic.

Wolf DD, Fiske DA. 2009. Planting and managing switchgrass for forage, wildlife and conservation. Virginia: Virginia Cooperative Extension Publication, (1): 418-421.

Wright LL. 1994. Production technology status of woody and herbaceous crops. Biomass and Bioenergy, 6 (3): 191-209.

Wu Z, Zhang M, Wang L, et al. 2013. Biomass digestibility is predominantly affected by three factors of wall polymer features distinctive in wheat accessions and rice mutants. Biotechnology for Biofuels, 6 (1): 183.

Zarnstorff ME, Keys RD, Chamblee DS. 1994. Growth regulator and seed storage effects on switchgrass germination. Agronomy Journal, 86: 667-672.

Zhang W, Yi Z, Huang J, et al. 2013. Three lignocellulose features that distinctively affect biomass enzymatic digestibility under NaOH and $H_2SO_4$ pretreatments in *Miscanthus*. Bioresource Technology, 130: 30-37.

Zheng Y, Pan Z, Zhang R. 2009. Overview of biomass pretreatment for cellulosic ethanol production. International Journal of Agricultural and Biological Engineering, 2 (3): 51-68.

# 第六章　柳枝稷生命周期评价

## 第一节　LCA 简介及 GREET 模型运算

### 一、引言

一种产品从原料开采开始，经过原料加工、产品制造、产品包装、运输和销售，然后由消费者使用、回收和维修，最终再循环或作为废弃物处理和处置的整个过程称为产品的生命周期。而所谓产品的生命周期评价（life cycle assessment，LCA），联合国环境规划署的定义为：LCA 是评估产品整个系统的生命周期全部阶段——从原材料的提取和加工，到产品生产、包装、市场营销、使用、再使用和产品维护、直至再循环和最终废弃物处置的环境影响工具。国际标准 GB/T24040/1999（IS014040，1997）则将其定义为对一个产品系统的生命中输入、输出及其潜在环境影响的汇编和评价。综上所述，LCA 的定义可以概括为：对一种产品及其包装物、生产工艺、原材料、能源或其他某种人类活动行为全过程，包括原材料的采集、加工、生产、包装、运输、消费和回收利用及最终处理等进行资源和环境影响的分析与评价（Johnson，2006）。

### （一）LCA 的发展历程

#### 1. LCA 的早期研究

LCA 的思想萌芽于 20 世纪 60 年代末 70 年代初，这一时期暴发的石油危机，使人们意识到资源和能源的有限性，开始关注资源与能源的节约问题，最初的 LCA 主要集中在分析产品的能源和资源消耗上。1969 年，美国中西部研究所（Midwest Research Institute，MRI）的研究者开展的针对可口可乐公司的饮料包装评价研究，被认为是 LCA 研究开始的标志（EPA，1995），为目前生命周期分析的方法奠定了基础（杨建新，1999；杨建新和王如松，1998；王毅等，1998）。随后美国伊利诺伊大学、富兰克林研究会及斯坦福大学也相继展开了一系列针对其他包装品的研究。欧洲一些国家的研究机构和私人咨询公司也陆续开展了一些类似的研究，这一时期的研究工作主要由工业企业界发起，研究结果作为企业内部产品开发与管理的决策支持工具，研究对象大多数为产品包装的废弃物问题（Wang，1998）。

**2. LCA 的学术理论探讨阶段**

20 世纪 70 年代中期到 80 年代末期，生命周期评价方法论也得到了较好的发展。在这一阶段，公众对 LCA 的关注程度下降，案例研究锐减；政府公共事业部门参与支持，方法论研究兴起，关注重点向能源消耗转移。从 1975 年开始，美国国家环保局（Environmental Protection Agency，EPA）开始致力于研究如何制定能源保护和固体废弃物减量目标；同时，欧洲经济合作组织（Organization for European Economic，OEEC）也开始关注 LCA 的应用，于 1985 年公布了"液体食品容器指南"；英国的 BOUSTEAD 咨询公司针对清查分析方法做了大量研究，逐渐形成了一套较为规范化的分析方法，为后来著名的 BOUSTEAD 模型打下了坚实的理论基础；1984 年，受 REPA 方法的启发，瑞士联邦材料测试与研究实验室为瑞士环境部开展了一项有关包装材料的研究，该研究首次采用了健康标准评估系统，后来发展为临界体积法；同年，美国 Little 公司受美国钢铁协会的委托提出了"容器中含有的生命周期能源"的研究报告；其后，苏黎世大学冷冻工程研究所也利用荷兰莱顿大学环境科学中心和瑞士联邦森林景观厅的数据库，从生态平衡和环境评价等角度出发，对 LCA 进行了较为系统的研究。

**3. LCA 的快速发展**

20 世纪 80 年代中期到 90 年代初，随着区域性与全球性环境问题的日益严重和全球环境保护意识的增强，推动了可持续发展思想的普及和可持续发展行动计划的兴起。1990 年由国际环境毒理学和化学学会（SETAC）首次主持召开了有关 LCA 的国际研讨会，在该会议上首次提出了 LCA 的概念。1993 年 EPA 委托风险缩减工程实验室（risk reduction engineering laboratory）进行了生命周期清单分析的研究，出版了《生命周期评价——清单分析的原则与指南》，比较系统地规范了生命周期清单分析的基本框架，1995 年 EPA 又出版了《生命周期分析质量评价指南》《生命周期影响评价：概念框架、关键问题和方法简介》，这些都使生命周期评价的方法有了一定的方法论依据，使 LCA 进入了实质性的推广之中。20 世纪 90 年代初期后，由于欧洲和北美环境毒理学和化学学会及欧洲生命周期评价发展促进委员会（Society for Promotion of Life cycle Assessment Development）的大力推动，LCA 方法在全球范围内得到较大规模的应用。国际标准化组织（ISO）制定和发布了关于 LCA 的 ISO14040 系列标准。同时，各种 LCA 软件和数据库纷纷推出（表 6-1），促进了 LCA 的全面应用（于随然和陶璟，2012）。LCA 在许多工业行业中取得了很大成功，并在决策制订过程中发挥了重要的作用，已经成为产品环境特征分析和决策支持的有力工具。

**表 6-1　现有主流的 LCA 软件简介**

| 软件名+版本号 | 国别+提供商 | 主要功能 |
|---|---|---|
| JEMAI-LCAPro Ver.2 | 日本 JEMAI | 生命周期评价（LCA）、生命周期清单分析（LCI）、生命周期环境影响评价（LCIA） |
| AIST-LCA Ver.4 | 日本 AIST | 生命周期管理（LCM）、生命周期评价（LCA）、生命周期环境影响评价（LCIA）、产品管理、供应链管理、生命周期环境影响评价（LCIA） |
| EIME V3.0 | 法国 CODDE | 生命周期评价（LCA）、生命周期清单分析（LCI）、生命周期环境影响评价（LCIA）、面向环境设计（DfE、DfR） |
| SimaPro 7 | 荷兰 Pre Consultants. B.V. | 生命周期管理（LCM）、生命周期评价（LCA）、生命周期清单分析（LCI）、产品管理、供应链管理、生命周期环境影响评价（LCIA）、生命周期成本（LCC）、生命周期工程（LCE）、面向环境设计（DfE、DfR）、物质/材料流分析（SFA/MFA） |
| GaBi 4.3 | 德国 PE international GmbH | 生命周期管理（LCM）、生命周期评价（LCA）、生命周期清单分析（LCI）、产品管理、供应链管理、生命周期环境影响评价（LCIA）、生命周期成本（LCC）、面向环境设计（DfE、DfR）、物质/材料流分析（SFA/MFA） |
| KCL-ECO 4.0 | 芬兰 KCL | 生命周期管理（LCM）、生命周期评价（LCA）、生命周期清单分析（LCI）、产品管理、供应链管理、生命周期环境影响评价（LCIA）、生命周期工程（LCE）、面向环境设计（DfE、DfR）、物质/材料流分析（SFA/MFA） |
| Umberto 5.5 | 德国 ifu hamburg GmhH | 生命周期管理（LCM）、生命周期评价（LCA）、生命周期清单分析（LCI）、产品管理、供应链管理、生命周期环境影响评价（LCIA）、生命周期成本（LCC）、生命周期工程（LCE）、面向环境设计（DfE、DfR） |
| TRAM 4.5 | 法国 Ecobilan | 生命周期管理（LCM）、生命周期评价（LCA）、生命周期清单分析（LCI）、产品管理、供应链管理、生命周期环境影响评价（LCIA）、生命周期成本（LCC）、面向环境设计（DfE、DfR） |
| BEES 3.0d | 美国 NIST | 生命周期评价（LCA）、生命周期清单分析（LCI）、生命周期环境影响评价（LCIA）、生命周期成本（LCC） |
| OpenLCA framework （beta 1.1.1） | 欧洲 GreenDeltaTC | 生命周期管理（LCM）、生命周期评价（LCA）、生命周期清单分析（LCI）、产品管理、供应链管理、生命周期环境影响评价（LCIA）、生命周期成本（LCC）、生命周期工程（LCE）、面向环境设计（DfE、DfR）、物质/材料流分析（SFA/MFA） |
| GREET Ver2013 | 美国 Argonne National Laboratory | 生命周期管理（LCM）、生命周期评价（LCA）、生命周期清单分析（LCI）、产品管理、供应链管理、生命周期环境影响评价（LCIA）、生命周期成本（LCC）、生命周期工程（LCE）、面向环境设计（DfE、DfR） |

## （二）LCA 的组成部分及特征

LCA 面向的是产品系统，产品系统包括与产品生产、使用和用后处理相关的全过程，包括原材料采掘、原材料生产、产品制造、产品使用和用后处理。从产品角度看，以往的环境管理较注重"原材料生产""产品制造"和"废物管理"3

个环节，而忽视了"原材料采掘"和"产品使用"阶段。而一些综合性的环境影响评价结果表明，重大的环境压力往往与产品的使用阶段有密切的关系，仅仅控制某种生产过程中的排放物，很难减少产品所带来的实际环境影响，从末端治理与过程控制转向以产品为核心，评价整个"产品系统"总的环境影响的全过程管理是可持续发展的必然要求。

LCA 是对产品或服务"从摇篮到坟墓"的全过程评价：LCA 对整个产品系统从原材料的采集、生产、加工、包装、运输、消费、回收到最终处置的全生命周期有关的环境负荷进行分析，它可以从以上每一个环节来找到环境影响的来源和解决办法，从而综合考虑资源的使用和排放物的回收、控制。

LCA 是一种系统性、定量化的评价方法：它以系统的思维方式去研究产品或行为在整个生命周期中每一个环节的所有资源消耗、废弃物产生情况及其对环境的影响，定量评价这些能量和物质的使用过程中对环境的影响，辨识和评价改善环境影响的机会。

LCA 是一种充分重视环境影响的评价方法：LCA 强调分析产品或行为在生命周期各阶段对环境的影响，包括能源利用、土地占用及污染物排放等，最后以总量形式反映产品或行为的环境影响程度。LCA 注重研究系统对自然资源的影响、非生命生态系统的影响、人类健康和生态毒性领域内的环境影响，从独立、分散的清单数据中找出明确针对性的环境影响关联。通过影响指标可以得到比较明确的环境影响与特定产品系统中物质能量流的关联度，从而帮助人们找到解决问题的关键。

LCA 是一种开放的评价体系：LCA 研究不存在一种统一模式，只有大体的框架可以遵循，LCA 方法具有广泛的开放性，组织方式灵活多样，应根据具体的应用意图和用户要求，实际地予以实施。LCA 能容纳新的科学发现和最新的技术发明：只要有助于实现这种思想，尽管 LCA 已经从最初的自由发展发展到现在以国际标准来规范评价的过程，任何先进的方法和技术都能为其所用。

LCA 涉及面广，工作量大，涉及产品或行为的整个生命周期，不仅涉及企业内部，还涉及社会各个部门（李顺兴等，2004）。

## （三）LCA 的意义

生命周期评价为社会经济运行、可持续发展战略的实施及环境管理系统的运转带来了新的要求和内容，它的意义可以从以下几个方面来论述。

对产品进行 LCA 有利于提高环保的质量和效率，可以对市场营销进行引导，指导"绿色营销"和"绿色消费"，提高人们的生活品质，可以加强产品生态设计在实践中的应用，真正从源头进行污染预防，构筑出新的生产和消费系统。实践证明，通过产品 LCA 实现产品设计的生态化可以将环境负荷降低 20%～40%，从而极大提高环保的质量和效率。

通过对产品 LCA 的研究，加强与现有其他环境管理手段的结合，可以更好地服务于环保事业。目前在国际上除产品生命周期评价外，还有风险评价（RA）、环境影响评价（EA）、环境审计（EA）和环境绩效、物质流分析等几个理论体系，LCA 与以上几个工具互为补充可以达到最优效果。例如，借助于风险评价技术，能够评价产品生命周期产生的污染物，特别是有毒、有害污染物对人体健康、生物群体甚至整个生态系统的潜在风险影响大小，使得生命周期影响评价的对象从非生命环境扩大到人类和生物群体。

LCA 有助于企业实施生态效益计划，促进企业的可持续增长，实现生产、环保和经济效益三赢的局面，为企业向生态效益型转变提供支持和帮助。工业企业应用产品 LCA 理论，可以从 4 个方面获得益处。①产品系统的生态辨识与诊断：不同产品在不同的生命周期阶段对环境的影响是不同的，通过评价产品的生命周期，不但可以识别对环境影响最大的过程和产品寿命阶段，而且可以评估产品的资源效益，即对能耗、物耗进行全面平衡，既降低产品成本，又帮助设计人员尽可能采用有利于环境的原材料和能源，进而帮助企业有步骤、有计划地实施清洁生产，增强企业的环境综合竞争力。②产品环境评价与比较：以对环境影响最小化为目标分析比较某一产品系统内的不同方案或者对替代品进行比较，有助于企业在产品开发、技术改造中选择更加有利于环境的最佳"绿色工艺"。③生态设计与新产品开发：LCA 可直接应用于新产品的开发与设计之中，有助于企业实施生态效益计划。④再循环工艺设计：大量 LCA 工作结果表明，产品用后处理阶段的问题十分严重，解决这一问题要从产品的设计阶段考虑产品用后的拆解和资源的回收利用，以促进企业的可持续增长。

LCA 可以比较不同地区同一环境行为的影响；可以对同一确定的经济单位，比较不同国家间环境行为效果（宋彦勤等，2000）；可以评估和比较不同地区、不同国家的工业效率，寻求能源、资源的最低消耗，为国际环境政策协商提供技术支撑，为制定环境政策提供理论依据；可以通过分析不同情况下可能的替换政策的环境影响，评估政策变动所降低的环境影响效果，从中找到最佳政策方针，如战略规划、确定优先项、对产品或过程的设计或再设计。通过对产品 LCA 的研究，可以使政府和环境管理部门借助于 LCA 进行环境立法、制定环境标准和产品生态标志，为授予"绿色标签"产品的环境标志提供量化依据，对给定经济单位或行为计算能源和原材料使用效率，据此测算可提高、改善的领域，对指定产品进行工艺流程有效性评估，选择有关的环境表现（行为）参数。近年来，通过产品的 LCA 研究，一些国家相继在环境立法上开始反映产品和产品系统相关联的环境影响，制定环境法律、政策与建立产品环境标准；通过一系列生态标志计划促进生态产品设计、制造技术的创新，为评估和区别普通产品与生态标志产品提供了具体指标依据；优化政府能源、运输和废物管理方案；为公众提供有关产品和原材料的资源信息；促进国际环境管理体系的建立。

## （四）LCA 的框架及清单分析

1993 年，SETAC 在《生命周期评价纲要——实用指南》中将 LCA 的基本结构归纳为 4 个有机联系的部分：定义目的与确定范围（goal and scope definition）、清单分析（inventory analysis）、影响评价（impact assessment）和结果解释（interpretation）（GB/T 24040—1999，1997）。此后，ISO 对 LCA 进行了规范，1997 年 6 月 ISO 颁布了 ISO14040《环境管理——生命周期评价——原则和框架》标准，确立了 LCA 的原则和框架，在原来 SETAC 框架的基础上做了一些改动，ISO14040 将 LCA 分为相互联系、不断重复进行的 4 个步骤：目的与范围确定、清单分析、影响评价和结果解释（International Organization for Standardization，1997）。在此基础上，ISO14041 规范了 LCA 的目的和范围的确立及清单分析，ISO14042 则规范了影响评价，ISO14043 则确立了结果解释的内容和步骤。

生命周期清单分析（life cycle inventory）是对产品、工艺或活动在其整个生命周期阶段的资源、能源消耗和向环境的排放进行数据量化分析的过程（李蓓蓓，2002；SETAC，1993）。其核心是建立以产品为功能单位表达的产品系统的输入和输出。通常系统输入的是原材料和能源，输出的是产品和向大气、水体及土壤等排放的废弃物（如废气、废水、废渣、噪声）。清单分析的步骤包括数据收集的准备、数据收集、数据计算、清单分析结果输出等（夏添等，2005）。它开始于原材料的获取，中间过程包括制造、加工，分配、运输，利用、再利用、维护，结束于产品的最终处置。清单分析主要有以下用途：可帮助组织综合认识相互关联的产品系统；确定研究目的与范围，界定待分析的系统并建立系统模型，收集数据并就清单分析结果编制报告；通过量化产品系统的能流、原材料和向空气、水体及土壤的排放（环境输入输出数据），建立该系统环境表现（行为）的基础线；识别产品系统中能量和原材料消耗最多、污染排放最突出的单元过程，以进行有目标的改进；提供用来帮助确定生态标志准则的数据、制定备选政策方案。

清单分析是在整个生命周期内对能量与原材料需要量进行以数据为基础的客观量化过程，该分析评价贯穿于产品的整个生命周期，即原材料的提取、制造加工、销售使用再使用或维持原状及废弃物利用和废弃物处理等 4 个阶段。清单分析是一个不断重复的过程，其程序如图 6-1 所示（李蓓蓓等，2002）。

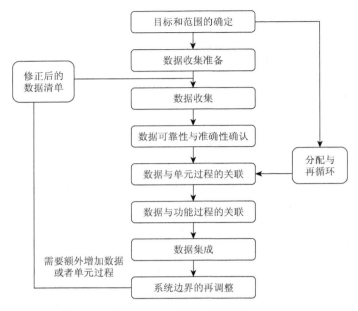

图 6-1　LCA 清单分析流程

## （五）国内外针对能源类 LCA 的研究进展

Gaines 和 Singh（1996）针对美国的电动汽车及蓄电池的生产、使用、报废过程的能源消耗、污染物排放进行了清单分析。Ishihara 等（1999）对车用镍-锂电池和铅酸电池的 WTW（well to wheel，从油井到车轮）能源消耗和 $CO_2$、$NO_x$ 排放进行了清单分析。这些研究揭示了与汽油车相比电动汽车生命周期能源消耗和排放的特点。Zamel 和 Li（2006）对加拿大的燃料电池汽车和汽油车进行了WTW 能源消耗和排放清单分析，结果表明：燃料电池汽车的 WTW 能源消耗和排放分别降低 87%和 49%。Ometto 等（2009）、Papong 和 Malakul（2010）分别针对巴西燃料乙醇WTW污染物排放和泰国木薯乙醇WTW过程中的净能源产出、能源效率进行了分析评价。Sheehan 等（1998）以美国公交车为研究对象，建立了石化柴油、生物柴油 WTW 清单分析数据库。Pleanjai 等（2009）分析了在泰国推广餐饮废油制生物柴油对降低泰国运输行业温室气体排放的潜力。Walter 对石油制 LPG、甲烷制甲醇、甲烷制天然气、纤维原料制乙醇、玉米制乙醇等 10 种汽车替代燃料 WTW 经济、排放和能源效率进行了清单分析。并建立了"中国煤制汽车燃料的经济、环境和能量生命周期评价模型"，对煤制甲醇、甲烷制甲醇、焦炉煤气制甲醇、煤制汽油、煤发电、石油制汽油和柴油 7 种应用形式的生命周期成本、对本地和全球的环境影响及能源效率进行了评价。Azapagic（1999）还把 LCA 用于化学过程的选择，针对 LCA 的多元化功能进行了应用。美国阿贡国家实验室的王全录博士于 2001 年 4 月用 Microsoft Excel 开发出用于环境和排放分析的软件 GREET（greenhouse gases，regulated emissions，and energy use in transportation），成为研究汽车代用燃料 LCA 的主流工具之一。

目前，就全生命周期各个阶段的具体技术而言，我国的研究主要集中在机电产品回收及其资源化方面，如再制造的相关技术，包括纳米表面工程、纳米热喷涂和剩余寿命预测的理论和技术等（徐滨士等，2005；张伟等，2000；Zhang et al.，2005）。同时在废旧家电产品的绿色模块化设计技术、线路板的分解技术等方面也进行了系统的研究（刘光复等，2002；唐涛等，2003；施震等，2001；刘志峰等，2008）。

国内对汽车替代燃料生命周期能源和排放评价研究虽然起步较晚，但已进行了大量深入的研究工作。代表性的研究主要有：清华大学的刘宏等（2007）、冯文等（2003）和邱彤等（2003）分别以我国的纯电动汽车、氢源燃料电池汽车和多种燃料电池汽车为研究对象，从能源利用、环境影响、经济角度对其进行了生命周期综合评价。中国人民大学环境学院的楚丽明等（2003）则把概念型 LCA、简化型 LCA 和详细型 LCA 应用到研究中，通过对各类污染排放物赋予权重，得出用于汽车代用燃料的氢能并不清洁，在整个生命周期过程中其环境污染要高于汽油的结论。

中国科学院的魏迎春等（2008）对煤基甲醇生命周期温室气体排放进行了清单分析。上海交通大学的张亮和黄震（2005）对天然气基车用替代燃料进行了生命周期能源和温室气体排放清单分析。同济大学的胡志远等（2004a；2004b）对木薯乙醇进行了生命周期能源和排放清单分析。同时胡志远针对生物柴油、汽车替代燃料等进行了生命周期能源和排放清单分析，建立了包括从木薯种植到乙醇燃烧过程中所有阶段的生命周期能源、环境和部分经济性评价模型（Hu et al，2004；2008；胡志远等，2005；2006；2007a；2007b）。张治山和袁希钢（2006）基于生命周期清单分析原理，建立了玉米燃料乙醇的净能量分析方法；董丹丹等（2007）针对生物基燃料乙醇生产工艺流程的能耗进行了研究分析；孔德柱等（2011）和庄新姝等（2009）针对糖质原料、纤维素原料生产燃料乙醇的生命周期的效益进行评价；张艳丽等（2009）应用全生命周期评价方法对国内 4 家分别以甜高粱、木薯和玉米为原料的燃料乙醇生产示范工程进行全面评价，对其经济性、环境影响和能量平衡给出定量的评价结果；李红强和王礼茂（2012）以甜高粱、木薯、甘薯、甘蔗糖蜜和农作物秸秆作为制取燃料乙醇的原料，构建了燃料乙醇替代的 $CO_2$ 减排潜力的评估模型。北京科技大学的张群等（2007）进行了模糊积分在多目标决策中的应用情况分析，针对基于 LCA 的决策方法进行研究。

## （六）LCA 的技术步骤

### 1. 系统界定

系统界定是对目标和研究范围进行定义的过程，即定义产品系统和系统边界，这是研究分析的第一步。产品系统是由提供一种或多种确定功能的中间产品联系起来的单元过程的集合，通过物质与能量的利用与循环，为人类提供产品或服务：通过系统界定确定的研究范围应能足以保证研究的广度、深度和详细程度，从而实现所确定的研究目标。系统的物理描述是对穿越系统边界的系统输入、输出的物质流和能量流的定量描述。LCA 是一个重复进行的过程，因而随着研究的深入和信息的积累，对研究范围进行修正。

### 2. 清单分析

清单分析是 LCA 基本数据的一种表达，是进行生命周期影响评价的基础。建立清单的过程即在所确定的产品系统内，针对每个过程单元，建立相应功能单位的系统输入和输出。清单分析是对产品、工艺或活动在其整个生命周期阶段的资源、能源消耗和向环境的排放进行数据量化分析。清单分析开始于原材料开采，直到产品的最终消费和处置。系统与包围它的系统边界分离，边界外的所有区域称为系统环境。系统环境既是系统所有输入的源，同时也是系统所有输出的汇。

### 3. 影响评价

影响评价有时也被称为结果解释。清单分析对产品整个生命周期内的物质、能源和环境交换（全部输入和输出）进行清查，清查后的结果就会通过 LCA 应用于各种决策过程，影响评价就是对这种物质、能量等交换的潜在影响进行解释，分析整个生产或服务系统的各个生命周期环节，找出敏感性因素，记录其影响指标，说明各种交换的相对重要性及每个生产阶段的贡献大小。

### 4. 改善分析

改善分析的目的是根据 LCA 前几个阶段的研究及清单分析的结果，以透明的方式来分析结果、形成结论、解释局限性、提出建议并报告生命周期解释的结果，尽可能提供对 LCA 研究结果的易于理解的、完善的和一致的说明。它基于 LCA 研究的发现，运用系统化的程序进行识别、判定、检查、评价和提出结论，以满足研究目的和范围中所规定的应用要求，而整个解释阶段需要不断重复。

## （七）LCA 中环境和能源因素的确定

在 LCA 中，评价系统对环境的影响，产品生产、使用和废弃过程中污染物的排放是重要的评价内容。清单分析中，计算单元过程的污染物排放量是基于执行这一过程的设备排放。因此定义了不同设备的各种污染物的排放因子，即某一设备在单位能量输入下的污染物排放量。这样，清单分析中，只要利用单元过程中每一个设备的能耗与相应设备的排放因子，就可以计算出单元过程的排放。由于 LCA 中广泛用到设备的排放因子，因此，一些国家的研究机构将典型技术下的各种典型设备的排放因子编制成表发布，供研究者选用。在中国，由于 LCA 方法的应用还不普及，且实现同一过程的技术水平差异很大，因此可以方便选取排放因子的数据库在国内还比较缺乏。在一些 LCA 研究中，往往采用国外的排放因子数据，这极大地降低了评价结果的准确性。在 LCA 中，对能源因素的评价十分重视产品体系的总能源使用效率。在这里能源效率被定义为在一个体系中可用能量的输出除以能量输入的总和，即每一个单元的能效等于产品的能量除以原料的能量与该单元能耗之和。对一个工艺过程来讲，就是产品的能量除以能量输入的总和。

## （八）GREET 模型简介

自 1995 年起，美国阿贡国家实验室开始致力于基于 Excel 的 LCA 模型研发，来评估汽车代用燃料和先进车辆技术的整个燃料循环的能源效率和排放影响。该模型在北美及欧洲已经得到广泛应用，同时在 DOE 的资助下，GREET 模型不断更新完善，目前已经推出最新的 2016 版。

针对不同的燃料类型和汽车技术，GREET 对汽车代用燃料进行从"油井"到"车轮"的生命周期评价。通过交互式操作界面输入边界条件和参数，可得到不同燃料类型和不同汽车技术的能耗与排放。排放的数据包括 5 种标准排放物与 3 种温室气体。输出结果包括排放和能耗及预设参数的输入记录。GREET 的数据来源于阿贡国家实验室的 GREET 模型数据库，人们在使用的过程中代入中国化边界条件即可近似得出所需能耗与排放的数据。

GREET 具有系统性强、交互性好、数据量全的特点。GREET 模型的使用者可自由选取年份来进行某种燃料生命周期的分析评估。GREET 模型发布年份之前的所用数据均来自于历史统计，而之后的数据则是根据目前石油工业和汽车工业的生产情况和发展趋势预测所得，从世界各国到美国各州的燃油成分标准和排放限制的变化及总体规划均影响了 GREET 模型中对于当前年份之后的数据预测。

根据 GREET 使用手册中对车辆具体参数的分类，GREET 将其研究对象分为

3 类：基本型乘用车、轻型货车、重型货车。在排放数据中，GREET 不仅可以得到某种汽车燃料在全生命周期内从"油井"到"车轮"的所有排放，也可得到燃料在最后使用地点的排放和能耗，其中不包括该燃料在原料阶段或燃料阶段运输到该使用地点之前的排放，也可描述为当地排放。原料与燃料的运输方式包括远洋油轮、普通船运、公路货运、管道运输和铁路运输。

## （九）GREET 模型的系统界定

汽车代用燃料和其他能源产品有共同的特点，即它们必须通过用户终端的用能设备才能发挥作用。如前所述，汽车燃料的生命周期评价被称为从"油井"到"车轮"的分析，即评价边界包括从一次能源开采到汽车使用为止的整个燃料生命周期过程，如图 6-2 所示。

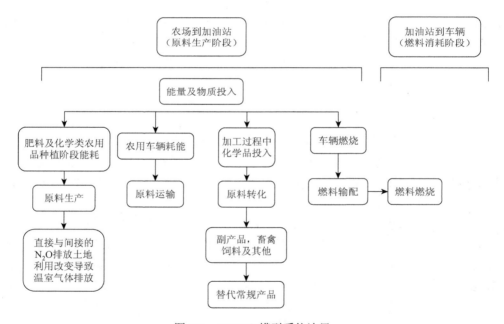

图 6-2　GREET 模型系统边界

由图 6-2 可知，汽车代用燃料的生命周期分析分成两个主要阶段，即燃料的生产输配和燃料使用阶段。第一个阶段由原料的开采运输、燃料的加工转化和燃料的输配组成，称为上游阶段；第二个阶段为汽车行驶阶段，称为下游阶段。上游阶段和下游阶段构成了整个生命周期过程，即系统评价边界。其中第一个阶段也称为"原料到加油站"，第二个阶段称为"原料到车轮"。系统的外部环境为物质、能量、标准排放、温室气体排放。其中物质、能量和资金为整个系统外部输入源，而标准排放、温室气体排放和能量为整个系统的外部输出汇。

**1. 各阶段能耗及排放的计算方法**

GREET 模型以某阶段产出 1 000 000BTU 热值为基准，计算某阶段的排放和能耗情况，该模型整合各个阶段的排放和利用，得到整个生命周期的结果。

**2. 清单分析**

在 GREET 模型中，清单分析的范围包括能源消耗与环境排放两方面，这是传统的 LCA 沿用的清单分析范围，也是较为成熟的清单分析范围划定方法。LCA 在应用的过程中往往用到经济分析，如目前流行的 EEE 分析（能源、环境、经济分析）。然而由于世界各个国家与地区地理位置、气候环境造成的物产差异及人文环境不同而造成的政策、税收等差异，各种原料、燃料、运输及汽车成本方面具有极大的地域性，不具有共通性，仅适于限于具体地点的具体案例 LCA 分析，因此利用 GREET 从能源消耗与环境排放两方面来进行生命周期的清单分析（表 6-2）。

表 6-2　GREET 输出的具体结果

| 评价项目 | 能耗指标 | 排放指标 |
|---|---|---|
| "油井"到"加油站"的能耗与排放 | 总能源消耗量、化石能源（煤、石油、天然气）消耗量，上游阶段能源效率 | 上游阶段的标准排放总量与温室气体排放总量；能源上游阶段当地的标准排放量与温室气体排放量 |
| 相对传统汽油的能耗与排放的变化百分比 | 总能源消耗量、化石能源（煤、石油、天然气）消耗量相对于传统汽油的变化百分比 | 相对传统汽油的标准排放总量变化百分比；相对传统汽油的温室气体排放总量变化百分比；相对传统汽油的当地标准排放的变化百分比；相对传统汽油的当地温室气体排放的变化百分比 |
| "油井"到"车轮"的能耗与排放 | 3 个阶段（原料阶段、燃料阶段、汽车运行阶段）分别的总能源消耗、化石能源（煤、石油、天然气）消耗量 | 3 个阶段（原料阶段、燃料阶段、汽车运行阶段）：标准排放总量、温室气体排放总量、当地标准排放量、当地温室气体排放 |

**3. 能耗分析**

在汽车代用燃料的生命周期分析中，能源分析的重要指标为能源效率。在我国对能源的利用进行评价或分析是必要的。根据联合国欧洲经济委员会的能源效率评价和计算方法，能源系统的总效率由 3 部分组成：开采效率（能源储量的采收率）、中间环节效率（包括加工转换效率和贮运效率）和终端利用效率（即终端用户得到的有用能量与过程开始时输入的能量之比）。

生命周期分析中的能源分析着眼于生命周期的全过程，以每一个单元过程为研究对象。本研究主要讨论了"原料到加油站"和"加油站到车轮"这两个过程，即系统的总能源效率由燃料效率和汽车效率构成，其中燃料效率主要是指原料开采运输、燃料的加工转化和燃料输配这一过程的能源效率。GREET 模型中给出了燃料效率（从"油井"到"加油站"的能源效率）。汽车代用燃料 LCA 中能源分析的另一个重要方面为燃料对化石燃料这一不可再生能源的替代性，因此在 GREET 模型的输出结果中，除了给出燃料的能源效率外，还给出了每功能单位内的能量消耗总量与化石燃料（煤、石油、天然气）消耗量，以比较燃料生产和使用过程中对于化石燃料的消耗量，以满足侧重于燃料清洁性的结果解释与改善分析。

### 4. 排放分析

汽车燃料不仅在使用过程中排放有害气体，在燃料生产过程中也涉及有害气体的排放。有时，甚至在上游阶段的有害排放要高于汽车行驶过程中的有害排放。在评价车辆环保与否时，从生命周期的角度来看，所涉及的环境问题包括：①原料开采运输与燃料的加工转换过程所涉及的污染物排放；②原料运输及燃料输配过程的污染物排放；③汽车在使用过程中所涉及的有害气体排放及可能的其他污染。

环境评价是估算生命周期整个过程中 VOC、CO、$NO_x$、固体颗粒排放物（$PM_{10}$ 和 $PM_{2.5}$）、$SO_x$、$CO_2$、$CH_4$ 和 $N_2O$ 的排放。评价指标分为标准排放和温室气体（GHGs）排放，其中标准排放又包括 VOC、CO、$NO_x$、$SO_x$ 和 $PM_{10}$、$PM_{2.5}$，GHGs 包括 $CO_2$、$CH_4$ 和 $N_2O$。

随着 LCA 方法的推广和广泛应用，它将会对生物质能的产品、工艺和材料、能源方案进行分析比较，以识别产品改进方向、方式，在战略决策和市场运作等方面辅助决策，因此 LCA 在企业和政府的决策方面发挥更大的作用。可以预见，LCA 方法将成为 21 世纪最有生命力和发展前途的环境管理工具。而结合中国的现实国情，选用 GREET 模型和碳平衡模型，通过基础数据采集分析与情景模拟，来核算能源草纤维素乙醇生命周期中的排放与能耗，并针对能源草种植环节的成本投入进行估算，并在此基础上通过指标体系构建，以期推动中国能源草纤维素乙醇发展的评价体系建设。

## 二、研究方法

### 1. 研究对象

供试材料主要为美国能源部选定的能源模式植物柳枝稷，通过使用美国阿贡国家实验室开发的 2012 版 GREET 模型对其生产纤维素乙醇生命周期进行评价，同时，在 GREET 模型的子模块中，存在二代纤维素乙醇转化工艺成熟的荻和杂交狼尾草，通过这 3 种生物质原料的生命周期评价，进行横向对比，可以更好地呈现柳枝稷作为纤维素乙醇生产原料的优越性。

具体研究方法：选用生物基乙醇（EtOH）燃料途径，在 GREET 中，生物基乙醇的原料来源选项包括玉米、甜高粱、甘蔗、纤维素类生物质原料（柳枝稷、荻、杂交狼尾草）、作物秸秆、林业废弃物、柳树、杨树。本研究的生物基乙醇选用原料为纤维素类生物质原料。原料及燃料均采用公路货车运输方式。本案例选用乙醇-汽油混合燃料，配合乘用车的弹性燃料发动机（FFV）使用，其乙醇体积百分比为 85%。在结果输出后，对模型中使用的美制单位与公制单位的换算公式为：1Btu=1055.06J，1BUA=35.238L，1gal=3.785L。

**2. 数据来源**

本研究利用 GREET 模型，认可 GREET 模型的计算逻辑，把涉及的多种车辆代用能源原料生产的实际数据进行代入，从而得到符合我国情况的 WTW 分析结果。

在数据来源方面，主要通过以下渠道获得：使用 3 种纤维素乙醇原料实际生产种植的试验数据；通过问卷调查进行相关数据的获取；对于无法调查取得的数据，通过查阅参考，引用权威文献的数据和官方数据库；并通过对国内外专家的咨询，对 GREET 模型内部的参数进行调整或直接采用。

种植环节的数据主要来源于北京草业与环境研究发展中心的资源圃，该资源圃位于北京市昌平区小汤山的国家精准农业示范基地（小汤山试验基地），数据为最近 5 年数据的统计值。小汤山试验基地位于北京市昌平区小汤山镇（39°34′N，116°28′E），该地区平均海拔为 50m，属典型的暖温带大陆性季风气候，年平均气温为 11.7℃，1 月、7 月平均气温分别为–4.1℃、25.8℃，年平均降水量为 569.8mm，年平均无霜期为 198d，≥10℃的年积温为 4200d·℃左右，年平均日照时数为 2641.4h。

**3. 参数设定**

在美国栽植的柳枝稷平均年产 11～13t/hm²，且有潜力超过 29t/hm²。为了维持一个合理的产量，必须在柳枝稷生长中施用肥料。干旱时可能还需要灌溉。荻产量能超过 29t/hm²（甚至高达 40t/hm²）。与柳枝稷相似，需要施用肥料达到稳定高产。

在本研究中，北京地区种植的柳枝稷采用种子直播方式进行种植，种植过程中不需要灌溉。荻和杂交狼尾草分别采用根茎和茎节移栽的方式进行种植，种植过程中需要灌溉。参照 GREET 模型运行的参数清单，本研究中，将种植环节主要的参数进行列表，其余有关柳枝稷、荻和杂交狼尾草的品质参数等相关数据不再列出。其中，纤维素乙醇生产的相关参数参照美国成熟的商业化纤维素乙醇生产工艺进行分析。

生物质原料进入纤维乙醇工厂，纤维原料经过酶的前处理分解纤维素和半纤维素作为简单单糖用于发酵。剩余木质素可用于热电联产来提供加工所需的热能和常规电力，电力可以输送至电网。纤维素乙醇工厂中生产的乙醇和常规电力产量受纤维原料组成的影响。木质素若不燃烧，也能生产生物制产品。本研究中假设木质素燃烧用来热电联产，表 6-3 说明了 3 种纤维原料乙醇路径关键假设。

表 6-3  纤维素乙醇生产参数假定

| 参数单位 | 平均值 | P10 | P90 | 分布函数类型 |
|---|---|---|---|---|
| 柳枝稷耕作环节 | | | | |
| 能量投入/MJ | 127 | 61 | 158 | 正态分布 |
| 氮肥投入/g | 11 962 | 6 851 | 16 975 | 正态分布 |
| 磷肥投入/g | — | — | — | — |
| 钾肥投入/g | — | — | — | — |
| 氮肥中 $N_2O$ 转化率 | 1.525 | 0.413 | 2.956 | 韦伯分布 |
| 荻耕作环节 | | | | |
| 能量投入/MJ | 113 | 57 | 141 | 正态分布 |
| 氮肥投入/g | 6 427 | 3 892 | 10 960 | 正态分布 |
| 磷肥投入/g | 3 767 | 1 582 | 6 204 | 正态分布 |
| 钾肥投入/g | 3 013 | 1 687 | 5 069 | 正态分布 |
| 氮肥中 $N_2O$ 转化率 | 1.525 | 0.413 | 2.956 | 韦伯分布 |
| 杂交狼尾草耕作环节 | | | | |
| 能量投入/MJ | 143 | 76 | 189 | 正态分布 |
| 氮肥投入/g | 3 985 | 2 374 | 6 466 | 正态分布 |
| 磷肥投入/g | 2 298 | 981 | 3 660 | 正态分布 |
| 钾肥投入/g | 1 838 | 995 | 3 143 | 正态分布 |
| 氮肥中 $N_2O$ 转化率 | 1.525 | 0.413 | 2.956 | 韦伯分布 |
| 纤维乙醇生产环节 | | | | |
| 乙醇产量/L | 375 | 328 | 423 | 正态分布 |
| 电量/（kW·h） | 226 | 162 | 290 | 三角分布 |
| 酶用量/（g/kg 干物质酶作用底物） | 15.5 | 9.6 | 23 | 三角分布 |
| 酵母用量/（g/kg 干物质酶作用底物） | 2.49 | 2.24 | 27.4 | 正态分布 |

注：P10 表示群体中 10% 的个体数值低于对应值；P90 表示群体中 90% 的个体数值低于对应值，后同

在研究中使用汽油作为基础链燃料与纤维素乙醇进行比较。与汽油相关的排放和能耗受原油质量、石油提炼装置和汽油质量影响。美国能源信息署（Energy Information Administration，EIA）最新数据显示，从 2017 年初以来，美国从沙特阿拉伯每周进口的原油均高于 100 万桶/日。基于 EIA 近 5 年的报告可知，美国原油 5.1%来自委内瑞拉重质高酸值原油，剩下的 81.5%将是传统原油。这两者在废油回收和提炼过程中都属于能源和排放密集型。美国石油精炼厂装置生产汽油和柴油体积比为 2∶1，而欧洲精炼厂的该比例为 1∶2。汽油 WTW（well to wheel，从油井到车轮）分析需要汽油精炼厂能效数据，能效常有多种分配法计算。并且，燃除天然气排放可能是汽油精练过程中一个显著的温室气体排放来源。表 6-4 列出了关键参数假设。

表 6-4　汽油基础链生产参数设定

| 参数单位 | 平均值 | P10 | P90 | 分布函数类型 |
|---|---|---|---|---|
| 常规原油 | | | | |
| 常规原油采油效率/% | 98.0 | 97.4 | 98.6 | 三角分布 |
| 重质原油和高硫原油采油效率/% | 87.9 | 87.3 | 88.5 | 三角分布 |
| $CH_4$ 排放/g | 7.87 | 6.26 | 9.48 | 正态分布 |
| 燃除天然气排放 $CO_2$/g | 1355 | 1084 | 1627 | 正态分布 |
| 油砂-表层开采 | | | | |
| 沥青回收效率/% | 95.0 | 94.4 | 95.6 | 三角分布 |
| $CH_4$ 排放/g | 12.8 | 7.42 | 198 | 正态分布 |
| 燃除天然气排放 $CO_2$/g | 187 | 83.9 | 289 | 正态分布 |
| 沥青深加工氢用量/MJ | 84.2 | 67.4 | 101 | 正态分布 |
| 油砂-原位生成 | | | | |
| 沥青回收效率/% | 85.0 | 83.6 | 86.5 | 三角分布 |
| 沥青深加工氢用量/MJ | 32.3 | 25.9 | 38.8 | 正态分布 |
| 原油精练 | | | | |
| 汽油精炼效率/% | 90.6 | 88.9 | 92.3 | 正态分布 |

表 6-5 列出了纤维素乙醇及汽油途径的联产品及联产品配置方法。代替方法为国际标准组织推荐并被美国环保署及加州空气资源局使用，而能量分配方法为欧洲委员会使用。Wang 等（2011）研究发现没有一个广为接受的处理生物燃料 LCA 中联产物的方法，而相关方法的透明性和方法论的选择对 LCA 造成的影响应该在具体研究中加以细化。

**表 6-5　纤维素乙醇及汽油途径的联产品及联产品配置方法**

| 途径 | 联产品 | 被替代的生产资料 | 研究中所采用的 LCA 方法 | GREET 中其他的 LCA 方法 |
|---|---|---|---|---|
| 纤维素乙醇 | 木质素发电 | 常规电力 | 替代 | 基于能量的分配 |
| 汽油基础链 | 其他汽油产品 | 其他汽油产品 | 基于能量的分配 | 基于质量、市场收入份额、加工过程能量使用的分配 |

## 三、结果与分析

表 6-6～表 6-9 为 GREET 模型关于汽油基础链及 3 种纤维素乙醇生命周期排放和能耗的输出结果，该结果将生命周期分为 3 个阶段，即原油开采阶段/能源草种植阶段（feedstock）、汽油提炼及精练阶段/纤维素乙醇加工阶段（fuel）和车辆运行阶段（vehicle operation）。结果分为两大类：具体为能耗，包括总能耗、化石能耗、煤炭能耗、天然气能耗及汽油能耗；温室气体排放，包括 $CO_2$、$CH_4$ 和 $N_2O$、VOC、CO、$NO_x$、$PM_{10}$、$PM_{2.5}$ 和 $SO_x$。

**表 6-6　汽油基础链生命周期能耗及排放数据**

| | 项目 | 原料阶段 | 燃料阶段 | 车辆运行阶段 | 总量 |
|---|---|---|---|---|---|
| 能耗 | 总能量/(MJ/km) | 0.489 | 0.555 | 3.218 | 4.262 |
| | 化石能源/(MJ/km) | 0.479 | 0.491 | 3.151 | 4.120 |
| | 煤炭/(MJ/km) | 0.141 | 0.205 | 0.000 | 0.346 |
| | 天然气/(MJ/km) | 0.172 | 0.048 | 0.000 | 0.220 |
| | 石油/(MJ/km) | 0.165 | 0.238 | 3.151 | 3.554 |
| 排放 | $CO_2$/(g/km) | 34.555 | 55.591 | 234.351 | 324.497 |
| | $CH_4$/(g/km) | 0.394 | 0.073 | 0.009 | 0.476 |
| | $N_2O$/(g/km) | 0.001 | 0.004 | 0.007 | 0.012 |
| | GHGs/(g/km) | 44.601 | 58.634 | 236.800 | 340.036 |
| | VOC/(g/km) | 0.016 | 0.074 | 0.112 | 0.202 |
| | CO/(g/km) | 0.046 | 0.033 | 2.327 | 2.406 |
| | $NO_x$/(g/km) | 0.200 | 0.126 | 0.088 | 0.414 |
| | $PM_{10}$/(g/km) | 0.035 | 0.058 | 0.018 | 0.111 |
| | $PM_{2.5}$/(g/km) | 0.015 | 0.023 | 0.009 | 0.047 |
| | $SO_x$/(g/km) | 0.115 | 0.160 | 0.004 | 0.279 |

表 6-7　柳枝稷纤维素乙醇生命周期能耗及排放数据

| | 项目 | 原料阶段 | 燃料阶段 | 车辆运行阶段 | 总量 |
|---|---|---|---|---|---|
| 能耗 | 总能量/(MJ/km) | 0.337 | 1.196 | 2.475 | 4.008 |
| | 化石能源/(MJ/km) | 0.323 | 0.978 | 0.000 | 1.301 |
| | 煤炭/(MJ/km) | 0.174 | 0.336 | 0.000 | 0.510 |
| | 天然气/(MJ/km) | 0.071 | 0.613 | 0.000 | 0.684 |
| | 石油/(MJ/km) | 0.078 | 0.029 | 0.000 | 0.107 |
| 排放 | $CO_2$/(g/km) | −149.300 | 52.061 | 228.471 | 131.232 |
| | $CH_4$/(g/km) | 0.102 | 0.234 | 0.009 | 0.344 |
| | $N_2O$/(g/km) | 0.115 | 0.042 | 0.007 | 0.164 |
| | GHGs/(g/km) | −132.049 | 57.870 | 230.920 | 156.741 |
| | VOC/(g/km) | −0.084 | 0.197 | 0.098 | 0.211 |
| | CO/(g/km) | 0.082 | 0.052 | 2.104 | 2.238 |
| | $NO_x$/(g/km) | 0.223 | 0.190 | 0.715 | 1.128 |
| | $PM_{10}$/(g/km) | 0.024 | 0.026 | 0.009 | 0.059 |
| | $PM_{2.5}$/(g/km) | 0.011 | 0.024 | 0.006 | 0.041 |
| | $SO_x$/(g/km) | 0.088 | 0.141 | 0.001 | 0.230 |

表 6-8　杂交狼尾草纤维素乙醇生命周期能耗及排放数据

| | 项目 | 原料阶段 | 燃料阶段 | 车辆运行阶段 | 总量 |
|---|---|---|---|---|---|
| 能耗 | 总能量/(MJ/km) | 0.498 | 1.067 | 2.475 | 4.040 |
| | 化石能源/(MJ/km) | 0.414 | 0.975 | 0.000 | 1.389 |
| | 煤炭/(MJ/km) | 0.131 | 0.464 | 0.000 | 0.595 |
| | 天然气/(MJ/km) | 0.151 | 0.417 | 0.000 | 0.568 |
| | 石油/(MJ/km) | 0.132 | 0.094 | 0.000 | 0.226 |
| 排放 | $CO_2$/(g/km) | −151.300 | 72.061 | 228.471 | 149.232 |
| | $CH_4$/(g/km) | 0.138 | 0.425 | 0.009 | 0.572 |
| | $N_2O$/(g/km) | 0.421 | 0.092 | 0.007 | 0.520 |
| | GHGs/(g/km) | −142.049 | 81.870 | 230.920 | 170.741 |
| | VOC/(g/km) | −0.138 | 0.136 | 0.098 | 0.096 |
| | CO/(g/km) | 0.082 | 0.069 | 2.104 | 2.255 |
| | $NO_x$/(g/km) | 0.473 | 0.190 | 0.715 | 1.378 |
| | $PM_{10}$/(g/km) | 0.028 | 0.042 | 0.009 | 0.079 |
| | $PM_{2.5}$/(g/km) | 0.011 | 0.026 | 0.006 | 0.044 |
| | $SO_x$/(g/km) | 0.128 | 0.152 | 0.001 | 0.281 |

### 表 6-9　荻纤维素乙醇生命周期能耗及排放数据

| | 项目 | 原料阶段 | 燃料阶段 | 车辆运行阶段 | 总量 |
|---|---|---|---|---|---|
| 能耗 | 总能量/(MJ/km) | 0.314 | 1.189 | 2.475 | 3.978 |
| | 化石能源/(MJ/km) | 0.305 | 0.848 | 0.000 | 1.153 |
| | 煤炭/(MJ/km) | 0.082 | 0.264 | 0.000 | 0.346 |
| | 天然气/(MJ/km) | 0.161 | 0.470 | 0.000 | 0.631 |
| | 石油/(MJ/km) | 0.062 | 0.114 | 0.000 | 0.176 |
| 排放 | $CO_2$/(g/km) | −165.316 | 61.646 | 228.471 | 124.801 |
| | $CH_4$/(g/km) | 0.098 | 0.225 | 0.009 | 0.332 |
| | $N_2O$/(g/km) | 0.111 | 0.073 | 0.007 | 0.191 |
| | GHGs/(g/km) | −158.927 | 74.288 | 230.920 | 146.281 |
| | VOC/(g/km) | −0.049 | 0.214 | 0.098 | 0.262 |
| | CO/(g/km) | 0.032 | 0.063 | 2.104 | 2.199 |
| | $NO_x$/(g/km) | 0.399 | 0.190 | 0.715 | 1.304 |
| | $PM_{10}$/(g/km) | 0.021 | 0.038 | 0.009 | 0.068 |
| | $PM_{2.5}$/(g/km) | 0.009 | 0.024 | 0.006 | 0.039 |
| | $SO_x$/(g/km) | 0.098 | 0.144 | 0.001 | 0.243 |

　　由图 6-3 可知，相较于纤维素乙醇，汽油基础链生命周期中总能耗与化石能耗均最大，且总能耗与化石能耗差距最小，表明汽油在炼制过程中消耗的能量均来自于不可再生的化石燃料；而纤维素乙醇的总能耗与化石能耗的总量差距较大，其中，荻的原料纤维素乙醇差距大于其余二者；3 种纤维素乙醇的总能耗与化石能耗量相差较小，其中，荻的两种能耗量均为最低。以汽油为基础链，计算纤维素乙醇相对于汽油的节能效果可知（图 6-3），3 种纤维素乙醇总能耗节能 5.2%以上，化石能耗节能 66.3%以上。其中以荻为原料的纤维素乙醇能耗降低的效果最为显著。

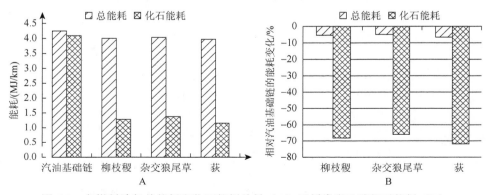

图 6-3　各燃料途径总能耗和化石能耗总量（A）及纤维素乙醇相对能耗（B）

　　由于生命周期评价分为 3 个阶段，那么评估不同燃料途径分阶段能耗量的百分比构成才能对燃料作出准确评价。由图 6-4 可知，以化石能源为原料的汽油在原料阶段和燃料阶段的能耗总量及化石能耗总量在生命周期内所占的比例最小，而车辆运行阶段的能耗总量和化石能耗量分别占总生命周期的75.5%和76.5%。这表明汽油进入汽车燃用之前的原油开采、加工及运输的能耗相对于其在发动机内燃用的能耗要少。

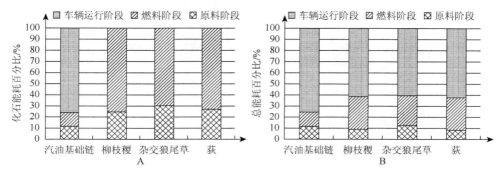

图6-4　各燃料途径分阶段化石能耗百分比（A）与总能耗百分比（B）

相对于汽油基础链，纤维素乙醇燃料阶段能耗总量较大，在生命周期内所占的比例最大，这说明实际生产纤维素乙醇的加工工序相对复杂，催化剂和添加剂使用较多，成本较高，耗能较大。而纤维素乙醇在车辆运行阶段不再进行加工，也不再投入化石能量，因此化石能耗为0。

由图6-5可知，汽油基础链的温室气体和$CO_2$排放量最大，其次为3种纤维素乙醇，且数据极为接近。$CO_2$作为主要的温室气体，基本可以表征GHGs。纤维素乙醇在原料阶段为大生物量的能源草种植过程，其光合作用大量吸收$CO_2$从而使生命周期的温室气体排放受到影响，显著低于化石燃料的气体排放。为全面分析和比较纤维素乙醇的GHGs及各种标准排放物的减排情况，以汽油为基础链分析可知，3种纤维素乙醇的温室气体和$CO_2$的减排效果均大于50%；获和柳枝稷VOC排放要高于汽油，且3种纤维素乙醇的$NO_x$排放量远高于汽油基础链，这可能是种植环节大量施用肥料所致。

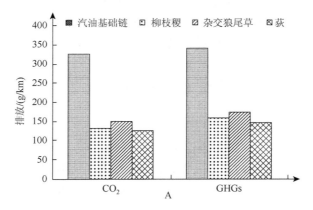

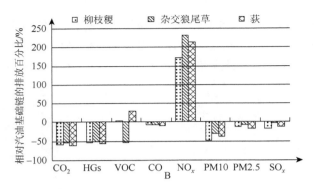

图 6-5　各燃料途径排放（A）及纤维素乙醇的相对排放百分比（B）

## 四、讨论与结论

利用 LCA 理论的分析技术框架，从能耗和排放两方面架构了汽车代用燃料生命周期评价 LCA 的模型框架，并选用美国阿贡国家实验室发布的 GREET 模型，对在我国有广阔发展空间的纤维素乙醇进行了能耗与排放方面的生命周期分析，并加入汽油基础链进行对照，提出改善分析。当 3 种生物质原料转化为纤维素乙醇时，整个生命周期流程带来的能耗、温室气体及有害气体的排放相较于汽油基础链来说，有了显著降低。其中，以获为原料生产乙醇生命周期中能耗最低，排放最少。因此，长远来看，在中国发展基于非粮生物质原料的纤维素乙醇，将能衍生最大的能量和减排效益。

本研究主要结论如下：目前来看，生物制乙醇尤其是纤维素乙醇因具有热量高、对环境友好、再生性好等优良特性，可以起到替代燃油的作用，但是生产过程能耗太高削弱了其作为可再生能源的优势。因此，生产过程中能耗控制是发挥纤维素乙醇作用的关键因素。从政府角度而言，应当把生产过程的能耗同给予生产企业的补贴相结合，通过强制性标准控制纤维素乙醇生产企业的能耗，提高纤维素乙醇进入市场的门槛。这样尽管有可能减缓纤维素乙醇的发展速度，但从长远来看，则有助于整个可再生能源行业的健康发展。

# 第二节　能源草种植环节碳效应评价

## 一、引言

柳枝稷、杂交狼尾草和获等能源草在种植、管理及运输等环节需要消耗大量的农用化学品（化肥、农药、杀虫剂、除草剂等）和燃油，这些化学品及燃油的生产所形成的碳排放必然要纳入分析体系。此外，当能源草进行规模化种植时，必然导致土地利用的改变，破坏了原本处于平衡状态的土壤环境，土壤碳库扰动导致的碳排放也应该纳入生命周期评价的研究体系；而由于中国农耕环节机械化程度较低，需要在能源草的种植、管理和运输环节大量投入人工。目前，能源草纤维素乙醇 LCA 模型尚不能全面并完善地核算这两部分的碳排放，因此，本研究借鉴并完善中国科学院地理科学与资源研究所的土壤碳平衡模型和中国科学院城市环境研究所的人工能耗及碳排放核算方法来计算能源草种植过程中的碳排放（杨海龙等，2013；冯玲等，2011）。

## 二、研究方法

### 1. 试验设计

柳枝稷种植品种为'Alamo'，种子于 2012 年自小汤山基地采集，播种量为 10kg/hm²；荻采用根茎繁殖，于 2013 年自小汤山采集，按照 0.8m×0.8m 的株行距挖穴埋土种植；杂交狼尾草采用茎节繁殖，于 2012 年自小汤山采集，置于温室保存，按照 0.8m×0.8m 的株行距挖穴埋土种植，3 种能源草种植面积各为 1hm²。

2013 年 10 月，随机选取样方收获全部地上部茎叶，立即用水冲洗干净，于烘箱内 105℃下杀青 15min，后在 80℃下烘干至恒重，称量并计算生物质产量（t/hm²），样方面积均设为 0.1hm²，重复 3 次。

### 2. 数据获取

目前，用于生物质能转化的柳枝稷、荻及杂交狼尾草等能源作物的商业规模化种植在我国尚未实现，因此，对其进行种植环节的碳排放分析，是在 2013 年田间种植试验的基础上，在能源草课题组开展的多年田间种植试验及示范推广和情景模拟下完成的。

## 三、结果与分析

### 1. 能源草种植环节碳排放计算

能源草种植环节及收获和运输过程中投入碳排放计算公式为

$$C_{fossile} = C_P + C_T \tag{6-1}$$

式中，$C_P$ 为能源草种植过程中化石能源投入导致的碳排放；$C_T$ 为能源草收获、运输过程中化石能源投入导致的碳排放；$C_{fossile}$ 为总化石能源投入导致的碳排放；以每公顷为单位对各种农业化学品及燃料进行换算，其计算公式为

$$C_P = \sum X_i EF_i \qquad (6\text{-}2)$$

式中，$X_i$ 为能源草种植过程中消耗的第 $i$ 种物质的数量；$EF_i$ 为第 $i$ 种物质的碳排放系数。碳排放系数引自《IPCC 国家温室气体清单指南》。

$$C_T = (M + D \times TE \times Y) \times TEF \qquad (6\text{-}3)$$

式中，$M$ 为能源草耕作环节的柴油消耗量；$D$ 为能源草收获后运输的平均半径；TE 为能源草运输燃料消耗强度；$Y$ 为每公顷能源草的生物质产量；TEF 为运输燃料的碳排放系数。

　　氮肥在土地中的硝化作用与反硝化作用是两种主要环境气体 NO 和 $N_2O$ 的重要来源（Wang，1999）。由于能源草种植过程中需施用氮肥，其温室效应非常明显，因此要进行单独讨论，其碳排放计算公式为

$$C_{N_2O} = \frac{\alpha \times X_N}{2M_N} \times GWP_{N_2O} \times M_C \qquad (6\text{-}4)$$

式中，$X_N$ 为能源草种植过程中氮肥施用量（以氮元素计算）；$\alpha$ 为施用氮肥中因硝化作用而形成 $N_2O$ 比例，本研究中为 0.35%；$GWP_{N_2O}$ 为 $N_2O$ 的全球增温潜力指数，为 296；$M_N$、$M_C$ 分别为氮元素和碳元素的原子量。

　　由于农用机械的在使用过程中存在折损现象，因此，需要把单位钢铁生产造成的 $CO_2$ 排放估算考虑在内。考虑到化石燃料消耗是钢铁工业 $CO_2$ 排放的主要来源，依据《IPCC 国家温室气体清单指南》，主要根据钢铁工业的化石能源消耗来估算其 $CO_2$ 排放，本研究利用中国钢铁工业 $CO_2$ 排放研究的方法，其公式为

$$E_t = \sum \delta_i \times E_i \times (1 - \alpha) \times R \qquad (6\text{-}5)$$

式中，$E_t$ 为 $CO_2$ 排放量；$E_i$ 为分品种能源消耗标准量；$\delta_i$ 为分品种能源类型 $CO_2$ 排放系数；$\alpha$ 为碳固定化比率；$R$ 为平均碳氧化率，钢铁行业的平均碳氧化率为 91.1%。除此之外，还要考虑钢铁工业电力消耗产生的 $CO_2$ 排放。我国钢铁工业中的电力生产主要靠煤炭火电，因此全面考量钢铁工业的 $CO_2$ 排放情况有必要将其电力消耗产生的部分也计算在内，按照式（6-6）将钢铁工业电力消耗折算成煤炭消耗：

电力等同煤炭消耗=电力消耗量×当年火电比例×折标准煤系数×折煤炭系数

$$(6\text{-}6)$$

式中，当年火电比例依据历年《中国统计年鉴》中的"电力平衡表"计算；折标准煤系数与折煤炭系数来自《中国能源统计年鉴 2007》。根据 IPCC 和有关规定及国家发展和改革委员会、财政部文件（发改环资［2008］704 号）《节能项目节能量审核指南》中公布的能源发热量系数值进行折算（表 6-10）。

表 6-10　碳源转换系数表

| 项目 | 热值/(kJ/kg) | CO$_2$ 排放系数/(g/kg) |
|---|---|---|
| 煤炭 | 20 908 | 1.977 90 |
| 焦炭 | 28 435 | 3.043 53 |
| 原油 | 41 816 | 3.065 11 |
| 汽油 | 43 070 | 2.984 78 |
| 煤油 | 43 070 | 3.096 77 |
| 柴油 | 42 652 | 3.160 54 |
| 燃料油 | 41 816 | 3.236 56 |
| 天然气 | 38.931kJ/m$^3$ | 2.18401kJ/m$^3$ |

注：据《IPCC 国家温室气体清单指南》，能源分为煤炭、焦炭、原油、汽油、煤油、柴油、燃料油和天然气

柳枝稷种植、管护、收获、运输等过程中投入的化学农用品、肥料及燃料均可以核算成化石能源。本研究考虑北京地区种植地的实际情况，对能源草的运输半径进行情景模拟，假设其从收获地区运输至原料收储站的平均距离为 5km，收储站至纤维素乙醇厂的平均距离为 15km。运输工具为柴油卡车，其油耗强度为 0.075L/(t·km)，柳枝稷每公顷生物质产量为 16.1t，则运输过程中柴油消耗量为 24.15L。种植时使用农用机械进行整地、旋耕、平地和运输，每公顷耗柴油量为 40.16L，因此柳枝稷种植及运输环节柴油油耗总量为 64.31L。柳枝稷种植时采用种子直播的方式，主要依靠雨水灌溉。直播用种子为自留种，不考虑种子投入。计算结果如表 6-11 所示。

表 6-11　每公顷柳枝稷种植过程投入化石能的碳排放

| 项目 | 投入量 | 碳排放系数 | 碳排放量/kg | 占总排放百分比/% |
|---|---|---|---|---|
| 氮肥 | 225.00kg | 0.857kgC/kg | 192.83 | 53.07 |
| 磷肥 | 0.00kg | 0.165kgC/kg | 0.00 | 0.00 |
| 钾肥 | 0.00kg | 0.120kgC/kg | 0.00 | 0.00 |
| 杀虫剂 | 0.00kg | 4.392kgC/kg | 0.00 | 0.00 |
| 除草剂 | 13.50kg | 4.702kgC/kg | 63.48 | 17.47 |
| 地膜 | 0.00kg | 1.469kgC/kg | 0.00 | 0.00 |
| 华北地区灌溉电力 | 0.00kW·h | 0.355kgC/kW·h | 0.00 | 0.00 |
| 柴油 | 64.31L | 0.849kgC/L | 54.60 | 15.03 |
| 汽油 | 0.00kg | 0.853kgC/kg | 0.00 | 0.00 |
| 机械损耗 | 8.89kg | 0.652kgC/kg | 5.80 | 1.60 |
| N$_2$O 效应 | — | — | 46.62 | 12.83 |
| 合计 | — | — | 363.32 | 100.00 |

获种植、管护、收获、运输等过程中投入的化学农用品、肥料及燃料可以核算成化石能源。本研究考虑北京地区种植地的实际情况,对获的运输半径进行情景模拟,假设其从收获地区运输至原料收储站的平均距离为 5km,收储站至纤维素乙醇厂的平均距离为 15km。运输工具为柴油卡车,其油耗强度为 0.075L/(t·km),获每公顷生物质产量为 29.28t,则运输过程中柴油消耗量为 43.92L。种植时使用农用机械进行整地、旋耕、耙地及根茎运输,每公顷耗柴油量为 44.29L,耗汽油量 12.14L,按照 93 号汽油的密度为 0.725g/mL 来计算,消耗汽油量为 8.80kg,因此获种植及运输环节柴油油耗总量为 88.21L。获种植时采用根茎繁殖的方式,覆土后要一次性浇足安家水。根茎由去年种植的母株上取得,不考虑投入。计算结果如表 6-12 所示。

表 6-12　每公顷获种植过程投入化石能的碳排放

| 项目 | 投入量 | 碳排放系数 | 碳排放量/kg | 占总排放百分比/% |
|---|---|---|---|---|
| 氮肥 | 176.48kg | 0.857kgC/kg | 151.24 | 39.07 |
| 磷肥 | 110.29kg | 0.165kgC/kg | 18.20 | 4.70 |
| 钾肥 | 88.24kg | 0.120kgC/kg | 10.59 | 2.74 |
| 杀虫剂 | 0.00kg | 4.392kgC/kg | 0.00 | 0.00 |
| 除草剂 | 8.00kg | 4.702kgC/kg | 37.62 | 9.72 |
| 地膜 | 0.00kg | 1.469kgC/kg | 0.00 | 0.00 |
| 华北地区灌溉电力 | 124.80kW·h | 0.355kgC/kW·h | 44.30 | 11.45 |
| 柴油 | 88.21L | 0.849kgC/L | 74.89 | 19.35 |
| 汽油 | 8.80kg | 0.853kgC/kg | 7.51 | 1.94 |
| 机械损耗 | 9.47kg | 0.652kgC/kg | 6.17 | 1.60 |
| $N_2O$ 效应 | — | — | 36.57 | 9.45 |
| 合计 | — | — | 387.09 | 100.00 |

杂交狼尾草种植、管护、收获、运输等过程中投入的化学农用品、肥料及燃料均可以核算为化石能源。本研究考虑北京地区种植地的实际情况,对运输半径进行情景模拟,假设其从收获地区运输至原料收储站的平均距离为 5km,收储站至纤维素乙醇厂的平均距离为 15km。运输工具为柴油卡车,其油耗强度为 0.075L/(t·km),杂交狼尾草每公顷生物质产量为 47.22t,则运输过程中柴油消耗量为 70.82L。种植时使用农用机械进行整地、旋耕、耙地和种苗运输,则每公顷耗柴油量为 41.37L,耗汽油量 10.14L,按照 93 号汽油的密度为 0.725g/mL 来计算,消耗汽油量为 7.35kg,因此杂交狼尾草种植及运输环节柴油油耗总量为 112.19L。杂交狼尾草种植时采用茎节繁殖的方式,覆土后要一次性浇足安家水。茎节由去年种植的母株上取得,不考虑投入。计算结果如表 6-13 所示。

表 6-13　每公顷杂交狼尾草种植过程投入化石能的碳排放

| 项目 | 投入量 | 碳排放系数 | 碳排放量/kg | 占总排放百分比/% |
|---|---|---|---|---|
| 氮肥 | 176.48kg | 0.857kgC/kg | 151.24 | 41.02 |
| 磷肥 | 110.29kg | 0.165kgC/kg | 18.20 | 4.94 |
| 钾肥 | 88.24kg | 0.120kgC/kg | 10.59 | 2.87 |
| 杀虫剂 | 0.00kg | 4.392kgC/kg | 0.00 | 0.00 |
| 除草剂 | 0.00kg | 4.702kgC/kg | 0.00 | 0.00 |
| 地膜 | 0.00kg | 1.469kgC/kg | 0.00 | 0.00 |
| 华北地区灌溉电力 | 124.80kW·h | 0.355kgC/kW·h | 44.30 | 12.02 |
| 柴油 | 112.19L | 0.849kgC/L | 95.25 | 25.83 |
| 汽油 | 7.35kg | 0.853kgC/kg | 6.27 | 1.70 |
| 机械损耗 | 9.63kg | 0.652kgC/kg | 6.28 | 1.70 |
| $N_2O$ 效应 | — | | 36.57 | 9.92 |
| 合计 | — | — | 368.70 | 100.00 |

由于 $N_2O$ 带来的温室效应极为显著，在能源草种植过程中氮肥施用产生的硝化作用而释放的 $N_2O$ 所造成的增温效应就需要单独讨论，依据式（6-4）计算可得，柳枝稷在生长过程中对氮肥的响应最为敏感，因此，为了获得连续稳产，往往会在柳枝稷的种植环节大量施用氮肥，本试验中，由于氮肥的投入折算成碳排放为192.83kgC/kg，而由表 6-11 可知，每公顷柳枝稷种植、管理及运输过程中投入的农用化学品产生的碳排放为 316.70kg，再考虑到 $N_2O$ 的效应，实际上的总排放为363.32kg。柳枝稷种植过程中投入的农用化学品造成的碳排放主要来自于氮肥，占总排放的 53.07%，其中 $N_2O$ 效应占了 12.83%，这是主要的碳排放来源。其次是除草剂的施用和种植过程中农用机械产生的油耗，分别占总排放量的 17.47%和15.03%（图 6-6）。因此，在柳枝稷种植过程中应采用先进的高产栽培技术或者是培育筛选氮营养利用效率高的品种，同时做到合理施肥，从种植的源头减少碳排放。

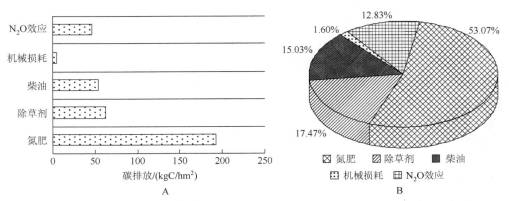

图 6-6　柳枝稷种植过程化学投入的碳排放（A）及百分比（B）

　　荻在种植环节大量的施用氮肥，因为硝化作用产生 $N_2O$ 具有显著的增温作用，折算成碳排放为 36.57kgC/kg，而由表 6-12 可知，每公顷荻种植、管理及运输过程中投入的农用化学品产生的碳排放为 350.52kg，再考虑到 $N_2O$ 的效应，实际上的总排放为 387.09kg。

　　在荻种植过程中投入的生产资料中，氮肥施用、柴油消耗、灌溉所耗电力及除草剂施用所产生的碳排放最多，合计占总排放的 79.59%，其中 $N_2O$ 效应占了 9.45%（图 6-7）。因此，在荻种植过程中应合理施用氮肥，并考虑原料产地与收储站及纤维素乙醇厂之间的布局，以减少运输中的柴油消耗。

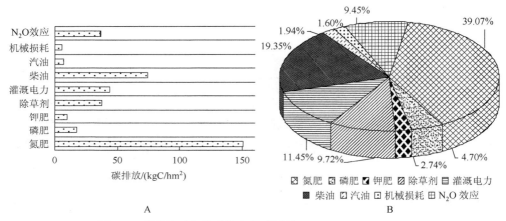

图 6-7　荻种植过程化学投入的碳排放（A）及百分比（B）

　　杂交狼尾草在种植环节，由于氮肥的投入折算成碳排放为 151.24kgC/kg，每公顷杂交狼尾草种植、管理及运输过程中投入的农用化学品产生的碳排放为 332.13kg，再考虑到 $N_2O$ 的效应，实际上的总排放为 368.70kg。

　　在种植环节后期，收获的杂交狼尾草生物质原料要运往收储站，进而运往纤维素乙醇厂，由于杂交狼尾草的生物量最大，导致运输过程中消耗的柴油最多，因此，在种植环节，柴油消耗带来的碳排放占总排放的 25.83%，仅次于氮肥投入导致的碳排放。钾肥和磷肥的施用导致的碳排放较少，合计占总排放量的 7.81%（图 6-8）。因此，在杂交狼尾草收获及运输过程中应考虑原料产地与收储站及纤维素乙醇厂之间的合理布局，以减少运输中的柴油消耗。

### 2. 能源草种植导致土地利用改变产生的碳排放

　　土壤圈是陆地表层系统的重要组成部分，是各圈层相互作用的产物，也是人类赖以生存的物质基础（欧阳婷萍等，2008）。人类活动导致的土地利用/覆被变化影响着生态系统地上和地下的碳储量，对人类的生存环境和社会经济的可持续

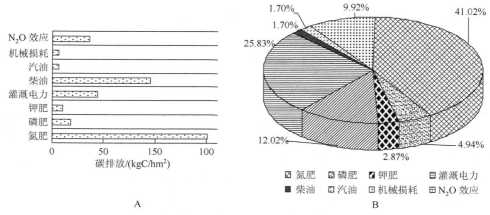

图 6-8　杂交狼尾草种植过程化学投入的碳排放（A）及百分比（B）

发展可能产生重要而深远的影响（Stuiver，1978；Houghton and Hackler，2003）。土地利用变化通过改变地表覆被，一方面改变着地表的净初级生产力，另一方面也直接影响陆地生态系统对大气中 $CO_2$ 的吸存。土地利用变化通过影响植被和土壤碳固定、排放，从而影响陆地生态系统的源/汇功能，土地利用变化既可改变土壤有机物的输入，又可通过改变小气候和土壤条件来影响土壤有机碳的分解速率，从而改变土壤有机碳储量（周广胜，2003；李玉强等，2005）。土地利用变化不仅是影响陆地生态系统碳循环的最大因素之一，也是仅次于石油、煤等化石燃料燃烧而使大气 $CO_2$ 浓度急剧增加的最主要的人为活动（Quay et al.，1992；Houghton，2003）。

土地利用碳排放作用机制目前尚无统一定论，Houghton（2002）认为陆地与碳素循环之间的关系可以分为两大类，分别为生理代谢机制和恢复机制。Campbell等（2000）认为陆地与大气之间碳的净通量主要取决于两个过程，分别是土地利用和其他人类活动引起的地表覆被的变化和自然干扰过程。赖力（2010）将土地利用碳排放机制分为 3 类：一是自然干扰机制；二是土地利用/覆被类型转变机制；三是土地管理方式转变机制。杨景成等（2003）认为土地利用对生态系统碳储量的影响主要取决于生态系统类型和土地利用方式的变化。

然而，当进行能源草种植时，一种土地利用类型开始变为另一种土地利用类型，改变之后生态系统的物理环境和植被功能也发生相应变化（曲福田等，2011），土壤的碳库平衡将会受到扰动，导致碳排放，但是能源草同时产生固碳效应，该效应将持续一段时间，直到土壤中有机碳的动态变化达到新的平衡点。

本研究借鉴杨海龙等（2013）在计算木薯燃料乙醇碳效应时所采用的分析模型进行能源草种植环节碳效应的分析。在用模型进行描述时，首先对一些参数进行定义，假定自然荒地在开垦前碳排放与碳蓄积处于动态平衡状态。

$L_0$ 为在平衡点（或起始点）时荒地表层杂草、枯叶等植物废弃物的碳含量；$L(t)$ 为在 $t$ 点时土壤表层植物废弃物的碳含量；$H_0$ 为在平衡点（或起始点）时腐殖质中的碳含量；$H(t)$ 为在 $t$ 点时腐殖质中的碳含量；$S_0$ 为在平衡点（或起始点）时土壤中的碳含量；$S(t)$ 为 $t$ 点时土壤中的碳含量；$LP_0$ 为在系统处于平衡状态时，每年植物新陈代谢形成的地表植物废弃物的碳含量；$LP(t)$ 为在 $t$ 点时地表植物废弃物的碳含量；NPP 为净初级生产量；CP 为每年植物收获量；LNP 为开垦荒地时移除的地表植物废弃物的量；LRE 为能源草秸秆的还田量；$k$ 为在完全分解的平衡状态下，由地表植物废弃物进入腐殖质的碳通量比例，$1-k$ 为地表植物废弃物排放到大气中的碳通量比例；$\Phi$ 为在完全分解的平衡状态下，由腐殖质流入土壤的碳通量比例，$1-\Phi$ 为腐殖质排放到大气中的碳通量比例；$k_{la}$ 为由地表植物废弃物进入大气的碳通量系数；$k_{ha}$ 为腐殖质进入大气的碳通量系数；$k_{sa}$ 为土壤进入大气的碳通量系数；$k_{lh}$ 为地表植物废弃物进入腐殖质的碳通量系数；$k_{hs}$ 为腐殖质进入土壤的碳通量系数。

在起始点，自然系统处于平衡状态，有

$$LP_0 = NPP - CP \tag{6-7}$$

$$F_{lh,0} = k \times LP_0 \tag{6-8}$$

$$F_{la,0} = (1-k) \times LP \tag{6-9}$$

$$F_{hs,0} = k \times \Phi \times LP_0 \tag{6-10}$$

$$F_{ha,0} = k \times (1-\Phi) \times LP_0 \tag{6-11}$$

$$F_{sa,0} = k \times \Phi \times LP_0 \tag{6-12}$$

以上各式中，$F_{lh,0}$ 为在平衡状态下地表植物废弃物进入腐殖质的碳通量；$F_{la,0}$ 为在平衡状态下地表植物废弃物进入大气的碳通量；$F_{hs,0}$ 为在平衡状态下腐殖质进入土壤的碳通量；$F_{ha,0}$ 为在平衡状态下腐殖质进入大气的碳通量；$F_{sa,0}$ 为在平衡状态下土壤进入大气的碳通量。由式（6-7）～式（6-12）可知，在系统平衡状态下腐殖质进入土壤的碳完全释放回了大气，形成了动态平衡。然而，在实际生产过程中，开荒种植能源草破坏了系统的动态平衡，导致土壤释放出大量的碳。

$$LP = NPP - CP - LNP + LRE = LP_0 - LNP + LRE \tag{6-13}$$

$$F_{lh} = L \times k_{lh} \tag{6-14}$$

$$F_{la} = L \times k_{la} \tag{6-15}$$

$$F_{hs} = H \times k_{ls} \tag{6-16}$$

$$F_{ha} = H \times k_{ha} \tag{6-17}$$

$$F_{sa} = S \times k_{sa} \tag{6-18}$$

以上各式中，$F_{lh}$ 为在实际生产中地表植物废弃物进入腐殖质的碳通量；$F_{la}$ 为在实际生产中地表植物废弃物进入大气的碳通量；$F_{hs}$ 为在实际生产中腐殖质进入土壤的碳通量；$F_{ha}$ 为在实际生产中腐殖质进入大气的碳通量，$F_{sa}$ 为在实际生产中土壤进入大气的碳通量。

$$dL/dt = LP_0 - LNP + LRE - k_{la} \times L - k_{lh} \times L \qquad (6\text{-}19)$$

$$dH/dt = k_{lh} \times L - k_{ha} \times H - k_{sh} \times H \qquad (6\text{-}20)$$

$$dS/dt = k_{hs} \times H - k_{sa} \times S \qquad (6\text{-}21)$$

平衡状态下满足如下条件

$$dL/dt = 0; \quad L = L_0; \quad k_{la} = [(1-k) \times LP_0]/L_0; \quad k_{lh} = (k \times LP_0)/L_0$$

$$dH/dt = 0; \quad H = H_0; \quad k_{ha} = [(1-\Phi) \times k \times LP_0]/H_0; \quad k_{hs} = (\Phi \times k \times LP_0)/H_0$$

$$dS/dt = 0; \quad S = S_0; \quad k_{sa} = (\Phi \times k \times LP_0)/S_0$$

最终，由 $K_{xy}$ 和式（6-19）～式（6-21）可得

$$dL/dt = LP_0 - LRE - LP_0 \times (L/L_0) \qquad (6\text{-}22)$$

$$dH/dt = LP_0 \times k \times [(L/L_0) - (H/H_0)] \qquad (6\text{-}23)$$

$$dS/dt = LP_0 \times k \times \Phi[(H/H_0) - (S/S_0)] \qquad (6\text{-}24)$$

分别解微分式（6-22）～式（6-24），得到三式通解为

$$L = C_1 e^{\frac{LP_0}{L_0}t} + \frac{L_0(LP_0 - LNP + LRE)}{LP_0}$$

$$H = C_2 e^{\frac{k \times LP_0}{H_0}t} + \frac{C_1 H_0 \times k}{L_0 \times k - H_0} e^{\frac{LP_0}{L_0}t} + \frac{H_0(LP_0 - LNP + LRE)}{LP_0} e^{\frac{k \times LP_0}{H_0}t}$$

$$S = C_3 e^{-\frac{k \times \Phi \times LP_0}{S_0}t} + \frac{C_2 S_0 \times \Phi}{H_0 \times \Phi - S_0} e^{\frac{LP_0 \times k}{H_0}t} + \frac{H_0(LP_0 - LNP + LRE)}{(L_0 \times k - H_0)(L_0 \times k \times \Phi - S_0)} e^{\frac{LP_0}{L_0}t}$$

$$+ \frac{H_0 S_0 \times \Phi(LP_0 - LNP + LRE)}{LP_0(H_0 \times \Phi + S_0)} e^{\frac{k \times LP_0}{L_0}t}$$

式中，$C_1$、$C_2$、$C_3$ 均为常数项。

最终可得因土壤碳库扰动导致碳排放的通式

$$C_{LOSS}(t) = L_0 + H_0 + S_0 - L(t) - H(t) - S(t) \qquad (6\text{-}25)$$

小汤山试验基地的腐殖质表层土层厚度为 0～20cm，取均值为 15cm，有机质含量约为 6.34%，有机质转化为有机碳的转化系数为 0.58（中国土壤学会农业化学委员会，1989），土壤有机碳含量约为 3.68%；均质有效土层厚度大于 1.2m（王涛等，2010），柳枝稷采用种子直播时，其耕作层一般在 2～5cm，故此处对土壤有机碳的扰动深度取均值 0.035m，土壤容重约为 1.43g/cm³，土壤有机质含量为 3.19%，土壤有机碳含量约为 1.85%。据此可以估算 $H_0$=78.88tC/hm²，$S_0$=19.84tC/hm²。通过调研与查阅文献资料可知 NPP 与 CP 数值，因此 $LP_0$=3.35tC/(hm²·a)，$LNP$=1.38tC/(hm²·a)，$LRE$=0tC/(hm²·a)，$L_0$=4.84tC/hm²，

$H_0$=78.88tC/hm$^2$，$S_0$=19.84tC/hm$^2$，$k$=0.25，$\Phi$=0.1，将这些数据代入公式可得 $L(t)$、$H(t)$ 和 $S(t)$ 表达式，据此可以求出柳枝稷种植年限与土壤碳库扰动导致碳排放之间的函数关系式 $C_{Loss}(t)$。

同样，由实验数据及调查数据可知，在种植环节，荻和杂交狼尾草种植方式分别采用根茎繁殖和茎节繁殖，耕作层均为 15～20cm，取其均值为 0.175m。在生长末期，收获全部地上部生物量，二者的秸秆还田量均为 0。在土壤数据的基础上代入上述各式进行计算，可得荻与杂交狼尾草的种植年限与土壤碳库扰动导致碳排放之间的函数关系式。

由计算结果可知，柳枝稷、荻和杂交狼尾草种植 1 年后对土壤碳库的扰动所造成的碳排放分别为 1021.70kg、1439.84kg、1361.75kg，分别是其种植过程中所有农业生产资料投入所造成碳排放总量的 2.81 倍、3.72 倍和 3.69 倍。

### 3. 能源草种植环节人工投入导致的碳排放

长期以来，应对能源危机和气候变暖的政策措施多集中于工业生产领域。很大程度上忽视了作为社会终端消费单元、生产活动原始驱动力的家庭生活及个人消费。同样，在作为纤维素乙醇原料的能源草生产阶段因为投入了人工进行生产，个人由此带来的能耗和温室气体排放也需纳入生命周期评价种植环节的核算体系。

近年来，许多研究都表明由家庭及个人消费带来的能耗及温室气体排放比例越来越不容忽视。例如，Wang 等（2009）研究指出，从 1995～2004 年，由中国家庭消费引起的碳排放占总碳排放的比例由 19%上升至 30%；而英国 2006 年这一比例达 27%（UK Climate Change Programme，2006），美国密歇根州立大学研究人员近日也发布报告称，美国普通家庭如果能够采取切实的节能行动，10 年后美国 $CO_2$ 排放量可望在目前基础上减少 7.4%（Dietz et al.，2009）。在这样的背景下，从家庭生活消费入手，开展生活消费对能源需求、温室气体排放、生态环境影响的研究逐渐成为学术界关注的热点。例如，Spangenberg 等（2002）和杨莉等（2007）利用生态足迹的方法分析了家庭乃至个人生活消费对生态环境的影响。Shorrock（2000）考察了英国家庭碳排放在 1990～2000 年期间的变化情况及变化驱动因素，并确定了这些因素对碳排放变化的贡献性质及大小。Wei 等（2007）采用 Consumer Lifestyle Approach（CLA）方法，对比分析了 1999～2002 年期间中国城乡居民生活方式对能源消费及 $CO_2$ 排放的直接和间接影响。王妍和石敏俊（2009）利用投入产出分析方法，测算了 1995～2004 年中国城镇居民生活消费诱发的完全能源消耗。

居民生活能耗与碳排放的变化会受到多种因素的影响，其中包括国民经济整体实力水平、居民收入水平与购买能力、生活能源供应结构、居民生活方式与消费习惯、新型节能技术在日用品生产中的推广应用情况等（冯玲等，2011）。

居民生活中的能源消费可以分为两类：直接能源消费和间接能源消费。直接能源消费是指居民对能源商品的直接购买和消费，如用于炊事、家电、取暖、洗浴等的电力和燃料消费。间接能源消费是指居民衣、食、住、行中的非能源商品及服务消费所带来的间接能源消耗——在这些商品（服务）的生产、加工、供应、处置生命周期中，都会引起间接的能源消耗。

能源消耗必然会引起温室气体的排放，由此也可将居民生活消费的碳排放类似划分为直接碳排放和间接碳排放，直接用能产生的碳排放称为直接碳排放，间接能源消费产生的碳排放称为间接碳排放。

（1）直接能耗与直接碳排放计算　　本文的人均生活直接能源消费量来自《中国统计年鉴》，为了便于解析居民生活用能结构，将各品种能源消费量统一折算成标煤消耗量（标煤折算系数来自于《中国统计年鉴》，再根据各年份标煤的平均碳折算系数来计算居民直接用能产生的温室气体排放量）。具体计算方法见式（6-26）：

$$E_{GHG} = FC \times EF \qquad (6-26)$$

式中，$E_{GHG}$ 表示生活直接用能产生的温室气体排放总量，FC 表示居民直接消费的电力、煤炭、煤油、液化石油气、天然气、煤气 6 类能源折标煤后的总量，EF 标煤表示各年份标煤的平均碳折算系数，其值通过每年全国能源消费产生的 $CO_2$ 排放总量与标煤消耗总量的比值得到（国家统计局·中国能源统计年鉴，2008），计算碳排放时所用的分品种能源碳排系数来自相关文献资料（胡初枝等，2008）。

（2）间接能耗和间接碳排放计算　　　根据《中国统计年鉴》"城镇居民家庭平均每人全年消费性支出"记录，居民的非能源消费活动可分为食品、衣着、居住、家庭设备用品及服务、医疗保健、交通通信、教育文化娱乐服务、杂项商品与服务 8 类。在计算生活消费的间接能耗和碳排放时著者借鉴了 Wei 等（2007）和冯玲等（2011）的研究方法：由于《中国能源统计年鉴》中分行业的能耗和产值数据与上述 8 类消费支出分类不一致，因此将居民的消费活动与生产部门相联系，最终从 46 个产业部门中选定 24 个与上述消费支出活动相关的行业部门（表 6-14），以此来间接计算能源强度，即式（6-27）。需要指出的是，居民日常消费性支出有一部分是购买的国外进口产品，由于我国和其他贸易国能源结构、技术水平等因素的差异，居民消费的同类国内生产产品（服务）与国外进口产品（服务）其能源强度与碳排放强度是不同的（齐晔等，2008；魏本勇等，2009；陈迎等，2008）。这里假设进口产品（服务）和国内同类产品（服务）具有同样的能源强度和碳排放强度。

$$EI_i = \frac{\sum_i^n E_{i,n}}{\sum_i^n G_{i,n}} \qquad (6-27)$$

式中，$EI_i$ 代表第 $i$ 类消费项目对应的能源强度，$n$ 代表与消费项目对应的产业部门总个数，$E_{i,n}$ 代表第 $i$ 类消费项目对应的第 $n$ 个产业部门的能源消耗量，$G_{i,n}$ 代表第 $i$ 类消费项目对应的第 $n$ 个产业部门的产值。其中，相关行业的能源消耗数据来源于《中国能源统计年鉴》（国家统计局，2008），产值数据来源于《中国统计年鉴》《中国工业经济统计年鉴》（国家统计局工业交通统计司，2008）和《中国经济普查年鉴》（国务院第一次全国经济普查领导小组办公室，2008）。对于碳排放强度的计算，采用能源强度与标煤炭排放系数的乘积。

$$CI_i = EI_i \times EF_{标煤} \tag{6-28}$$

式中，$CI_i$ 代表第 $i$ 类消费项目对应的碳排放强度，$EF_{标煤}$ 为标煤碳排放系数，其值采用中国各年份标准煤碳排放系数进行计算（国家统计局·中国能源统计年鉴，2008）。在计算出各消费项的单位产值能源强度和碳排放强度后，分别乘以对应的消费支出数据便可得到各类消费项的间接能耗及碳排量。

$$间接能耗：E_i = EI_i \times X_i \tag{6-29}$$

$$间接碳排：C_i = CI_i \times X_i \tag{6-30}$$

式中，$E_i$ 代表第 $i$ 类消费项目对应的间接能耗，$C_i$ 代表第 $i$ 类消费项目对应的间接碳排放，$X_i$ 代表第 $i$ 类消费项目的支出。

**表 6-14　城镇居民消费性支出活动与相应产业部门对照表**

| 消费支出项目 | 对应的行业或部门 | 消费支出项目 | 对应的行业或部门 |
| --- | --- | --- | --- |
| 食品 | 食品加工业 | 居住 | 建筑业 |
| | 食品制造业 | | 电力蒸汽热水生产供应业 |
| | 医疗制造业 | | 煤气的生产和供应业 |
| | 农林牧渔水利业 | | 自来水的生产和供应业 |
| 衣着 | 纺织业 | 教育文化娱乐与服务 | 造纸及纸制品业 |
| | 服装及其他纤维制品制造 | | 印刷业记录媒介的复制 |
| | 皮革毛皮羽绒及其制品业 | | 文教体育用品制造业 |
| 交通 | 交通运输设备制造业 | 杂项商品与服务 | 烟草加工业 |
| 通信 | 电子及通信设备制造业 | | 批发和零售贸易餐饮业 |
| 医疗保险 | 医药制造业 | 家庭设备用品及服务 | 木材加工及竹藤棕草制品业 |
| | | | 家具制造业 |
| | | | 塑料制品业 |
| | | | 金属制品业 |

上述计算过程均以年为时间尺度来核算人工的平均能耗和碳排放量，并不考虑 3 种能源草不同的种植模式带来的人工能耗和碳排放的差异。在能源草种植环节，因为投入人工而导致的碳排放为每年 260kg/人，能耗折算为平均每人每年总能耗 348kg 标煤。针对 3 种能源草种植环节投入的人工天数分别为：柳枝稷为 19d，荻为 20.56d，杂交狼尾草为 28.39d。因此，3 种能源草种植环节人工投入导致的碳排放量分别为：柳枝稷 13.63kg，荻 14.65kg，杂交狼尾草 20.22kg。

## 四、讨论与结论

能源草种植环节碳排放主要来自于化石能源的投入对土壤碳库的扰动，尤其以氮肥的使用对土壤碳库的破坏最为严重。种植能源草导致土地利用改变，打破了土壤碳库的原始平衡状态，导致土壤碳大量释放，同时由于地表层植物废弃物的移除导致进入土壤腐殖质层的原料减少，从而最终导致土壤碳蓄积的减少。随着种植年限的增长，土壤碳库的碳释放量会逐年降低，最终土壤碳库将会形成新的动态平衡，土壤系统的碳蓄积量会大于碳排放量。本研究重点针对能源草种植后第一年内土壤碳库的变化情况，因为改变土地利用方式后第一年内对土壤碳库的影响最为明显。在柳枝稷、荻、杂交狼尾草种植的整个环节，单位面积内包括化学品投入对土壤碳库破坏导致的碳排放总量分别为 363.32kg、387.09kg 和 368.70kg，其中土壤碳库破坏导致的碳排放均大于 $1000kg/hm^2$，占种植环节的总排放量的 73% 以上。劳动力投入导致的碳排放量比例较小，对于柳枝稷和荻来说，均不足碳排放总量的 1%（表 6-15）。

表 6-15　能源草种植环节碳排放总量及百分比

| 项目 | 柳枝稷 | | 荻 | | 杂交狼尾草 | |
| --- | --- | --- | --- | --- | --- | --- |
| | 碳排放总量/kg | 百分比% | 碳排放总量/kg | 百分比% | 碳排放总量/kg | 百分比% |
| $N_2O$ 效应碳排放 | 46.62 | 3.33 | 36.57 | 1.99 | 36.57 | 2.09 |
| 生产资料碳排放 | 316.70 | 22.64 | 350.52 | 19.03 | 332.13 | 18.97 |
| 土地利用改变碳排放 | 1021.70 | 73.05 | 1439.84 | 78.19 | 1361.75 | 77.78 |
| 人工碳排放 | 13.63 | 0.97 | 14.65 | 0.80 | 20.22 | 1.15 |
| 合计 | 1398.65 | 100 | 1841.58 | 100 | 1750.67 | 100 |

如表 6-16 所示，C-D 生产函数的分析结果表明，在种植环节，土地利用改变、$N_2O$ 效应、氮肥和柴油对碳排放总量的正向影响最大。因此，为了减少能

源草种植过程造成的碳排放，除了推广高效栽培技术、合理施肥外，不能大规模地改变土地利用方式，尤其是不能开垦林地、草地等土地类型，也应该避免占用农田，减弱对土壤碳库的扰动，充分利用林地、草地等进行固碳。同时，采用新型节能型农用机械及运输车辆来减少燃油的消耗，从而实现碳排放总量的降低。

表 6-16　各生产资料及劳动力投入对碳排放总量的弹性系数分析

| 项目 | 弹性系数 | T 统计量 |
|---|---|---|
| 氮肥 | 1.2137 | 1.1973* |
| 磷肥 | −0.1187 | −0.3298 |
| 钾肥 | −0.6014 | −2.7763* |
| 除草剂 | 0.3106 | 0.0225 |
| 华北地区灌溉电力 | 0.5930 | 1.6100 |
| 柴油 | 1.0222 | 0.6742* |
| 汽油 | 0.7845 | 0.8142 |
| 机械损耗 | 0.9251 | −0.1947 |
| $N_2O$ 效应 | 2.1694 | 1.4821* |
| 土地利用改变 | 7.7314 | 2.5691** |
| 人工 | 0.5586 | 1.4245* |

注：*、**分别表示在 0.05、0.01 水平上差异显著

当 3 种生物质原料转化为纤维素乙醇时，整个生命周期带来的能耗和温室气体及有害气体的排放相较于汽油基础链来说有了显著降低。其中以荻为原料生产乙醇生命周期中能耗最低，排放最少。

# 第三节　种植环节能耗分析

## 一、引言

柳枝稷、杂交狼尾草和荻等能源草在种植、管理及运输等环节需要消耗大量的农用化学品（化肥、农药、杀虫剂、除草剂等）、需投入劳动力和农用机械并考虑其所需燃油和机械折损，这些投入造成了大量能耗。生命周期评价是目前分析产品或工艺的环境负荷唯一标准化工具，本研究为定量地衡量 3 种能源草种植环

节的能耗情况，详细调查了试验中各种生产资料、农机及人工的具体能耗并进行核算。

## 二、研究方法

试验设计详见本章第二节"能源草种植环节碳效应评价"。

目前，用于生物质能加工转化利用的柳枝稷、荻及杂交狼尾草等能源作物的商业规模化种植在我国并未实现，因次，对其进行种植环节的能耗分析，是在 2013 年田间种植试验的基础上并在能源草课题组开展的多年田间种植试验及示范推广和情景模拟下完成的。

## 三、结果与分析

生产过程直接能耗是企业生产过程直接消耗的能源数量。在生产过程中作为原料使用的能源也应纳入能耗核算框架中。本研究针对能源草种植环节的直接耗能进行核算（如汽油、柴油等），同时针对投入的各种生产资料，将其作为二级评价对象核算其生产及运输过程的中的二次能源能耗，这种能耗可以统一称为二级能耗。按照通行核算方法，二级能耗通常取一个国家或地区的平均值。本文的核算框架为能源草种植过程中直接能耗和二级能耗的总和，即总能耗。

$$E_{总} = E_{燃油} + E_{生产资料} + E_{人工} \qquad (6\text{-}31)$$

式中，$E_{总}$ 为能源草种植环节投入的总能量；$E_{燃油}$ 为种植环节投入的农用机械燃油（柴油和汽油）折算的能量；$E_{生产资料}$ 为种植环节投入的各种农用生产资料折算的能量，包括各种肥料、杀虫剂、除草剂、农用机械折损、灌溉电力及水泵等农用基础设施的能量投入等；$E_{人工}$ 为种植环节投入的劳动力能量核算。

在种植环节中，土地准备和种苗及原料的运输都需要农用机械的大量投入，而农机的使用势必带来折损，这就要将农机的主要组成——钢铁纳入能耗核算体系中来。钢铁产业是我国国民经济的重要基础产业，也是资源能源密集型行业（国家发展和改革委员会规定我国资源能源密集型行业包括钢铁业、水泥业、化学工业、交通运输业、居民生活和电力工业），消耗了大量的化石燃料。本研究考虑农机在使用过程中的直接能耗，同时对其折损部分进行能耗核算。种植环节农机能耗、折损能耗及燃油能量转化系数及计算方法详见表 6-17。

表 6-17　种植环节投入各种生产资料的能量转化系数

| 项目 | 能量转化系数 | 数据来源 |
|---|---|---|
| 农机能量转化系数 | 209.21MJ/kg | 国家统计局·中国能源统计年鉴数据折算 |
| 旋耕机每小时折损 | 28.708MJ/h | 计算方法：农机质量×农机能量转化系数×（1+配件比例）/使用年限/每年使用天数/每天使用小时数<br>注：1G-180 旋耕机整备质量 410kg，拖拉机整备质量 1050kg，使用 9.6 年，每年使用 102d，每天使用 14h，配件比例为 0.7425×1/3 |
| 旋耕机每公顷折损 | 172.250MJ/hm² | 调查数据 |
| 平地机每小时折损 | 580.651MJ/h | 计算方法：农机质量×农机能量转化系数×（1+配件比例）/使用年限/每年使用天数/每天使用小时数<br>GR300 平地机，整备质量 26 000kg，使用 10 年，每年 90d，每天 12h，配件及材料费占原机械价格的百分比为 0.4588×1/3 |
| 平地机每公顷折损 | 580.651MJ/hm² | 调查数据 |
| 拖拉机每小时折损 | 22.837MJ/h | 计算方法：农机质量×农机能量转化系数×（1+配件比例）/使用年限/每年使用天数/每天使用小时数<br>拖拉机整备质量 1050kg，使用年限 10 年，每年 200d，每天 6h，配件及材料费占原机械价格的百分比 0.7425×1/3 |
| 拖拉机每天折损 | 137.02MJ/d | 拖拉机用于耙地和种苗运输时间为 3h，调查数据 |
| 柴油卡车每小时折损 | 247.288MJ/h | 计算方法：农机质量×农机能量转化系数×（1+配件比例）/使用年限/每年使用天数/每天使用小时数<br>卡车整备质量 19 600kg，使用年限 10 年，每年 250d，每天 8h，配件及材料费占原机械价格的百分比 0.6184×1/3 |
| 柴油 | 36.551MJ/L | 由 43.514MJ/kg 转化，柴油密度为：0.84g/mL |
| 汽油 | 46.000MJ/L | 《综合能耗计算通则》（GB/T 2589—2008） |

　　化肥产业是典型的高耗能产业，特别是氮肥，其所需的原料和燃料均严重依赖包括煤、天然气和石油在内的各种化石能源。以氮肥主要品种尿素为例，其能源组成的 60%来源于煤炭，25%来源于天然气，其余 15%来源于重油。2012 年的数据统计显示，化肥行业消耗能源 9253 万吨标准煤（电按当量值计算、含合成氨能耗），占石化行业总能耗的 20.3%。本研究参照《石油化工设计能耗计算标准》GB/T50441—2007 的计算方法，将这些生产资料生产过程中投入的能耗及相关生产资料核算成化石能源，最终通过折标准煤系数核算成标准煤量，并总结了肥料及除草剂的能耗计算的通用公式（各种肥料及除草剂综合能耗等于产品生产过程中所输入的各种能量减去向外输出的各种能量）。

$$E = \sum_{i=1}^{n} (E_i \times k_i) - \sum_{j=1}^{m} (E_j \times k_j) \qquad (6\text{-}32)$$

式中，$E$ 为合成产品的综合能耗；$E_i$ 为产品生产过程中输入的第 $i$ 种能源实物量；$k_i$ 指输入的第 $i$ 种能源的折标准煤系数；$n$ 为输入的能源种类数量；$E_j$ 为产品生产过程中输出的第 $j$ 种能源实物量；$k_j$ 指输出的第 $j$ 种能源的折标准煤系数，$m$ 为输

出的能源种类数量。依据参考文献和《中国能量统计年鉴》数据折算可得各种生
产资料的能耗（表 6-18）。同时，水泵的折损能耗参照表 6-18 中的农用机械折损
能耗公式进行核算，灌溉能耗则依据水泵消耗的实际电力使用公式进行换算。

表 6-18　种植环节投入各种生产资料的能量转化系数

| 项目 | 能量转化系数 | 数据来源 |
|---|---|---|
| 氮肥 | 92.048MJ/kg | 国家统计局·中国能源统计年鉴数据折算 |
| 磷肥 | 13.389MJ/kg | 国家统计局·中国能源统计年鉴数据折算 |
| 钾肥 | 9.205MJ/kg | 国家统计局·中国能源统计年鉴数据折算 |
| 2, 4-D | 510.327MJ/kg | 文献数据核算 |
| 水泵每小时折损 | 0.993MJ/h | 计算公式：总质量×（每千克制造耗能+每千克配件耗能）/使用年限/每年使用天数/每天使用小时数 |
| 水泵每公顷折损 | 14.893MJ/hm$^2$ | 水泵型号自重 66.5kg，柴油水泵制造耗能为 75MJ/kg，配件为 4.5×12 年，使用年限为 12 年 |
| 灌溉 | 449.28MJ/hm$^2$ | 华北地区灌溉电力 124.80kW·h<br>1kW·h=3600kJ |

本研究考虑北京地区种植地的实际情况，对能源草运输半径进行合理情景模
拟，假设其从收获地区运输至原料收储站的平均距离为 5km，收储站至纤维素乙
醇厂的平均距离为 15km。运输工具为柴油卡车，载重量为 1.4t，最高时速为 85km/h，
实际运行中平均时速为 50km/h。其油耗强度为 0.075L/(t·km)。柳枝稷生物质产量为
16.1t/hm$^2$，从原料收获地区到纤维素乙醇厂共需行驶 20km，需往返两次，共需时
间 1.6h；同理可以推算出，生物质产量为 29.28t/hm$^2$ 的荻需 2.4h；产量为 47.22t/hm$^2$
的杂交狼尾草需 3.2h。根据表 6-19 中的柴油卡车每小时折损耗能系数可得其在能
源草运输过程中的折损能耗。

表 6-19　种植环节各生产资料及劳动力投入能耗　　　　[单位：MJ/(hm$^2$·a)]

| 项目 | 柳枝稷 | | 荻 | | 杂交狼尾草 | |
|---|---|---|---|---|---|---|
| | 能耗 | 百分比 | 能耗 | 百分比 | 能耗 | 百分比 |
| 旋耕机折损 | 172.25 | 0.83% | 172.25 | 0.90% | 172.25 | 1.05% |
| 平地机折损 | 580.65 | 2.81% | 580.65 | 3.02% | 580.65 | 3.55% |
| 拖拉机折损 | 68.51 | 0.33% | 68.51 | 0.36% | 68.51 | 0.42% |
| 运输车辆折损 | 395.67 | 1.92% | 593.49 | 3.09% | 791.32 | 4.84% |
| 柴油 | 2 350.59 | 11.38% | 3 224.16 | 16.78% | 4 100.66 | 25.10% |
| 汽油 | 0.00 | 0.00% | 558.44 | 2.91% | 466.44 | 2.86% |
| 氮肥 | 9 665.04 | 46.80% | 7 581.07 | 39.45% | 7 581.07 | 46.40% |

续表

| 项目 | 柳枝稷 | | 荻 | | 杂交狼尾草 | |
|------|--------|--------|--------|--------|------------|--------|
| | 能耗 | 百分比 | 能耗 | 百分比 | 能耗 | 百分比 |
| 磷肥 | 0.00 | 0.00% | 644.68 | 3.35% | 644.68 | 3.95% |
| 钾肥 | 0.00 | 0.00% | 673.99 | 3.51% | 673.99 | 4.13% |
| 2,4-D | 6 889.42 | 33.36% | 4 082.62 | 21.24% | 0.00 | 0.00% |
| 水泵折损 | 0.00 | 0.00% | 14.89 | 0.08% | 14.89 | 0.09% |
| 灌溉 | 0.00 | 0.00% | 449.28 | 2.34% | 449.28 | 2.75% |
| 人工 | 530.90 | 2.57% | 574.49 | 2.99% | 793.27 | 4.86% |
| 总能耗 | 20 653.03 | 100% | 19 218.52 | 100% | 16 337.01 | 100% |

　　国际上规定，每千克标准煤的热值（低位发热量）为 29 307kJ，用 29 307kJ除各种能源每千克的热值就获得各种能源的折标准煤当量系数。对于人工折算的能耗以标准煤进行衡量（每人每年总能耗 348kg 标煤）。依据试验中不同能源草种植时劳动力实际投入的天数，经过计算可得，3 种能源草种植环节人工投入导致的能量投入分别为：柳枝稷 530.90MJ，荻 574.49MJ，杂交狼尾草 793.27MJ。

　　由表 6-19 可知，在种植环节，每公顷柳枝稷种植、管理及运输过程中投入的农用化学品及劳动力所产生的能耗总量为为 20 653.03MJ。其中，由于肥料（氮肥）的投入导致的能耗比例最大，为 9665.04MJ，占总能耗的 46.80%；其次为除草剂能耗，占总能耗的 33.36%；由于农用机械的使用而导致直接能耗及折算能耗总量为 17.27%；人工投入能耗为总能耗的 2.57%。

　　对于荻来说，由于肥料（氮、磷、钾肥）的投入导致的能耗比例最大，占总能耗的 46.31%，其中氮肥单项能耗占总能耗的 39.45%；其次为除草剂能耗，占总能耗的 21.24%；由于农用机械的使用而导致直接能耗及折算能耗总量为 27.06%，其中柴油单项能耗占总能耗的 16.78%；人工投入能耗为总能耗的 2.99%。

　　对于杂交狼尾草来说，由于肥料（氮、磷、钾肥）的投入导致的能耗比例最大，占总能耗的 54.48%，其中氮肥单项能耗占总能耗的 46.40%；由于农用机械的使用而导致直接能耗及折算能耗总量为 37.82%，其中柴油单项能耗占总能耗的 25.10%；人工投入能耗为总能耗的 4.86%。

## 四、讨论与结论

　　在柳枝稷、荻、杂交狼尾草种植的整个环节，单位面积内农用化学品及劳动力投入导致的总能耗分别为 20 653.03MJ、19 218.52MJ、16 337.01MJ，其中因为肥料施用而导致的能耗均大于 8800MJ，占种植环节总能耗的 46% 以上，这其中又以氮肥施用导致的能耗比例最大。对于人工能耗来说，柳枝稷因为采用种子直播法，投入人工较少，工作时限最短，因此能耗最少。荻与杂交狼尾草采用根茎切段繁殖，需要预先进行种苗的制备，种植过程也需要投入更多的劳动力，时限较长，能耗较高。

因为 3 种能源草在土地准备环节进行的工作完全一致，因此旋耕机、平地机和拖拉机等农机设备的直接能耗与折损能耗核算量结果相同，但 3 种能源草在原料运输过程中因为产量不同而造成的运输车辆直接能耗与折损能耗核算量结果存在差异，其中以杂交狼尾草产量最高，能耗也最高；荻次之；柳枝稷能耗最低。由于柳枝稷和荻在土地准备环节施用了 2,4-D 作为除草剂，因此二者总能耗均大于杂交狼尾草。需要指出的是，因为柳枝稷和荻一次建植可连续多年收获，这意味着从建植的第二年开始，进行总能耗核算时不再考虑除草剂和土地准备的能耗，以 15 年为周期（柳枝稷和荻完成一次生活史）进行情景模拟，并为了保持持续稳产进行肥料施用，则 3 者的能耗量如表 6-20 所示（其中一次性投入的能耗如农机的折损、油耗、水泵折损和灌溉能耗等以 15 年为周期进行平均能耗计算）。

表 6-20 以 15 年为周期 3 种能源草种植环节平均能耗　[单位：MJ/(hm²·a)]

| 项目 | 柳枝稷 | | 荻 | | 杂交狼尾草 | |
| --- | --- | --- | --- | --- | --- | --- |
| | 能耗 | 百分比 | 能耗 | 百分比 | 能耗 | 百分比 |
| 旋耕机折损 | 11.48 | 0.09% | 11.48 | 0.09% | 172.25 | 1.05% |
| 平地机折损 | 38.71 | 0.32% | 38.71 | 0.32% | 580.65 | 3.55% |
| 拖拉机折损 | 4.57 | 0.04% | 4.57 | 0.04% | 68.51 | 0.42% |
| 运输车辆折损 | 395.67 | 3.27% | 593.49 | 4.87% | 791.32 | 4.84% |
| 燃油 | 980.57 | 8.11% | 1 750.47 | 14.38% | 4 567.10 | 27.96% |
| 氮肥 | 9 665.04 | 79.97% | 7 581.07 | 62.26% | 7 581.07 | 46.40% |
| 磷肥 | 0 | 0.00% | 644.68 | 5.29% | 644.68 | 3.95% |
| 钾肥 | 0 | 0.00% | 673.99 | 5.54% | 673.99 | 4.13% |
| 2,4-D | 459.29 | 3.80% | 272.17 | 2.24% | 0.00 | 0.00% |
| 水泵折损 | 0 | 0.00% | 0.99 | 0.01% | 14.89 | 0.09% |
| 灌溉 | 0 | 0.00% | 29.95 | 0.25% | 449.28 | 2.75% |
| 人工 | 530.9 | 4.39% | 574.49 | 4.72% | 793.27 | 4.86% |
| 总能耗 | 12 086.23 | 100% | 12 176.06 | 100% | 16 337.01 | 100% |

C-D 生产函数的分析结果表明，在种植环节，氮肥能耗、柴油能耗、除草剂能耗和运输车辆折损能耗对总能耗的正向影响最大。因此，在能源草种植过程中应采用先进的高产栽培技术或者是培育筛选氮营养利用效率高的品

种，同时做到合理施肥，并考虑品种与杂草的竞争性，以减少除草剂的使用量。从种植的源头降低能耗。在北京地区，除杂交狼尾草不能顺利越冬外，柳枝稷与荻均为一年种植，连续多年收益的能源草品种，长期来看，用于土地准备的能耗比例会逐步降低。因此在农机使用环节，就要充分考虑能源草种植区域、收储站及纤维素乙醇厂 3 者之间的布局，尽可能地降低因原料运输导致的柴油消耗。

# 第四节　种植成本估算及应用潜力评价

## 一、引言

目前，用于生物质能利用的柳枝稷、荻及杂交狼尾草等能源草的商业规模化种植在我国尚未实现，因此，对其进行种植成本核算，是在 2013 年田间种植试验的基础上并在能源草课题组开展的多年田间种植试验及示范推广和情景模拟下完成的。

本研究主要在小汤山基地，由于任何作物种植均需要土地投入，因此研究考虑土地租赁成本。但是 3 种能源草的专业化种植设备技术尚未成熟，所以农耕机械、灌溉管道及设备等固定生产资料的投入不列入估算范围。本研究所涉及的投入项目主要包括农用化学品和生产资料的投入（种植材料、农药、化肥、水、电力）及农用机械油耗成本及劳动力成本。通过借鉴薛帅等（2013）的芒草栽培环节成本投入的研究方法，根据中国的实际农业栽培情况进行核算，劳动力成本主要包括能源草种苗的制备与前处理、种植、收获等环节的成本投入。

## 二、研究方法

### 1. 试验地概况及供试材料

试验地概况详见本章第二节"能源草种植环节碳效应评价"。

供试材料概况详见本章第二节"能源草种植环节碳效应评价"。

### 2. 数据来源及分析

依据北京草业与环境研究发展中心生物质能课题组的试验及示范种植数据、能源草课题组所编写的北京地方标准、《柳枝稷栽培技术规程》及与 3 种能

源草种植相关的学术论文、结题报告等，提取了关于 3 种能源草繁殖方法及其
种植过程需投入项目的相关数据。以每种植 1hm² 的纤维素类能源草衡量，农业
种植过程的成本数据核算如表 6-1 所示。

　　基于中国化肥网、中国农药网、中国苗木网的动态监测数据及不同商品形态
中有效物质的含量，计算得出生产资料的单位投入成本；依据不同农用机械类型
的输出功率，计算得出其单位油耗投入；依据不同项目的工作效率，利用公式估
算整个种植过程的单位劳动力投入。

$$L = \sum_{i=0}^{A} \frac{N_i}{8E_i} \qquad (6\text{-}33)$$

式中，$L$ 为种植过程劳动力总体投入量；$A$ 为所需劳动力投入的农艺措施数量；
$E_i$ 和 $N_i$ 分别为第 $i$ 项农艺措施每小时的工作效率及所需劳动力数量。

　　利用态势分析法（SWOT analysis：strengths，weaknesses，opportunities and
threats）将 3 种能源草繁殖技术在实际应用过程中所具有的优势、劣势、机遇及
面临的风险结合起来进行综合衡量，进而评估各种能源草的生产潜力（薛帅等，
2013）。

## 三、结果与分析

### 1. 不同能源草的种植农艺措施

　　农艺措施作为影响作物生长发育中生理生化的代谢过程的重要因素，对其
产量及品质的形成具有重要影响。因此，根据不同作物类型、不同种质材料及
不同生态条件采取相应的农艺措施是保证作物优质高产的重要途径。3 种能源
草在种植密度方面并未表现出较大差异。为了达到最优的田间生长密度
（10 000～12 000 株/hm²），成活率较低的根茎、茎节繁殖法需要更大的种植密
度，而出苗率与成活率最低的种子直播方式则需要大量的种子才能保证合适的
生长密度。

　　现阶段我国北方地区能源草种植推广所采取的农艺措施和种植过程中的实际
成本的投入项目主要包括以下几项。

　　1）柳枝稷种子 10kg/hm²，荻根茎与杂交狼尾草茎节各 15 600 株/hm²。

　　2）柳枝稷作为小种子植物，其发芽与出苗极易受到土壤间隙的影响，通过深
耕、旋耕及土地耙平后播种可以保证种子于周围土壤基质的充分接触，进而提高
种子的出苗率。

　　3）3 种能源草在种植前因为进行了整地工作，且能源草相对于杂草的竞争力
强，因此不需对地块使用广谱除草剂，但是由于柳枝稷种子繁殖苗和荻的根茎繁

殖苗在生长初期植株较小，需要在生长中期使用选择性除草剂 2,4-D，以保证种苗在第一生长季的成活。

4）杂交狼尾草生长速度较快，竞争力强，不需要施用选择性除草剂。

5）在肥料施用方面，主要考虑根茎中积累的氮素可以基本满足获的生长需求，因此无需施用氮肥，而茎节和种子中所累积的营养元素远远小于其生长的需求量，因而需要较大外界补充。

6）获根茎与杂交狼尾草茎节在栽植后对干旱较为敏感，为了保证成活率需一次性浇足安家水，柳枝稷种子播种时期处于北京的雨季，降水较集中，可以依靠自然降水，无需灌溉。

7）不同的能源草采用不同的种植方式，必然导致劳动力的投入不同。已被证实可行的芒草繁殖技术主要包括根茎直播法、根茎育苗移栽法等（Atkinson，2009）。其中杂交狼尾草茎节因为要在 2012 年冬季进行茎节的处理与保存，且杂交狼尾草体量最大，收获时依靠人工进行收割与搬运，所以需要投入最多的劳动力；而柳枝稷生物量最小，种植时采用种子直播方式，播后仅需人工踩压，无需灌溉，所以投入的劳动力最少（表 6-21）。

表 6-21　3 种能源草种植过程环节所需要农艺措施

| 能源草 | 种苗用量 | 土地准备 | 化学农用品用量 | 灌溉量 | 收割 | 人工投入/(人/hm²·a) |
|---|---|---|---|---|---|---|
| 柳枝稷 | 10kg/hm² | 深耕、耙地并平地一次 | 施纯氮：105kg/(hm²·a)<br>2, 4-D：13.5kg/(hm²·a) | — | 人工收割 | 19.00 |
| 获 | 15 600 株/hm² | 深耕、耙地并平地一次 | 施纯氮：82.36kg/(hm²·a)，磷：48.15kg/(hm²·a)，钾：73.22kg/(hm²·a)，2, 4-D：8kg/(hm²·a) | 移栽后灌水 390m³/hm² | 人工收割 | 20.56 |
| 杂交狼尾草 | 15 600 株/hm² | 深耕、耙地并平地一次 | 施纯氮：82.36kg/(hm²·a)，磷：48.15kg/(hm²·a)，钾：73.22kg/(hm²·a) | 移栽后灌水 390m³/hm² | 人工收割 | 28.39 |

注："—"表示播种后靠自然降水出苗，无需灌溉

### 2. 不同能源草种植成本的核算

3 种能源草采用不同种植方式，其估算成本之间的差异不大，其总体变异幅度为 18 138.00～20 087.33 元/hm²。其中采用种子直播法种植的柳枝稷成本最低，采用茎节种植的杂交狼尾草成本最高（表 6-22）。3 种能源草种植过程中在生产资料、机械、人工及地租成本平均投入分别占总成本的 9.22%、3.56%、9.35%和77.87%。

**表 6-22 3 种能源草种植过程实际成本核算** [单位：元/(hm²·a)]

| 能源草 | 耕地、耙地 | 种苗运输 | 施肥 | 灌溉 | 除草剂 | 种苗 | 人工 | 土地成本 | 合计 |
|---|---|---|---|---|---|---|---|---|---|
| 柳枝稷 | 600.00 | 0.00 | 525.00 | 0.00 | 243.00 | 250.00 | 1 520.00 | 15 000.00 | 18 138.00 |
| 荻 | 600.00 | 127.00 | 1 177.23 | 198.90 | 144.00 | 780.00 | 1 645.00 | 15 000.00 | 19 672.13 |
| 杂交狼尾草 | 600.00 | 138.00 | 1 177.23 | 198.90 | 0.00 | 702.00 | 2 271.2 | 15 000.00 | 20 087.33 |

在生产资料成本中，肥料与种苗的投入最高，合计成本变异幅度为 775.00～1957.23 元/hm²。平均占生产资料成本的 83.88%。生产资料单项花费最低的是除草剂，在 0～243.00 元/hm²。平均占生产成本的 10.04%。而杂交狼尾草茎节出苗较快，生长迅速，相较于杂交竞争力强，无需施用除草剂（表 6-23）。

**表 6-23 3 种能源草种植环节投入的生产资料与机械的单位成本**

| 项目 | 单位 | 能源草种类成本/元 | | |
|---|---|---|---|---|
| | | 柳枝稷 | 荻 | 杂交狼尾草 |
| 农用机械 | 旋耕机/（hm²/次） | 175.00 | 210.00 | 190.00 |
| | 耙地机/（hm²/次） | 52.00 | 52.00 | 52.00 |
| | 农用小型货车/（hm²/次） | — | 283.00 | 317.00 |
| 生产资料 | 根茎/切段 | — | 0.05 | — |
| | 茎节/切段 | — | — | 0.045 |
| | 种子/kg | 25.00 | — | — |
| | 氮肥/kg | 5.00 | 5.00 | 5.00 |
| | 磷肥/kg | — | 5.10 | 5.10 |
| | 钾肥/kg | — | 7.40 | 7.40 |
| | 2, 4-D/kg | 18.00 | 18.00 | — |
| | 灌溉/m³ | — | 0.51 | 0.51 |
| | 人工/(人·d) | 80.00 | 80.00 | 80.00 |

注：3 种能源草的种苗均为自产，不考虑其成本价格，仅考虑其加工所投入的人工成本

在种苗运输、肥料、灌溉、种苗准备等农艺措施方面，荻与杂交狼尾草的成本投入相仿，与柳枝稷相比差异较大。这是因为：柳枝稷种子仅为 10kg，不考虑机械运输的问题，播种后无需灌溉，而后两者的根茎与茎节合计 31 200 株，需要农用车辆进行运输，种植后需灌溉充分；柳枝稷的种苗投入仅为种子脱粒成本，而后两者种苗准备需投入大量劳动力。

　　根据 2013 年的试验数据核算，3 种能源草的种植成本分别为：柳枝稷为 1126.58 元/t，荻为 671.86 元/t，杂交狼尾草为 428.40 元/t。但是由于杂交狼尾草在北京地区越冬率较低，次年需要重新种植，而柳枝稷和荻则可以顺利越冬，一次种植可以实现多年连续收获。因此，成本核算还需要多年连续的数据采集与分析。

### 3. 不同能源草种植方式利用潜力分析与评价

　　仅考虑 3 种能源草采用不同的种植技术在定植后第一个生长季内的成本投入，根据不同种植过程中所体现的优势、劣势、机会及所面临的风险即可对其利用潜力作出具体评价。结果如表 6-24 所示。

表 6-24　3 种能源草繁殖方式的态势分析

| 能源草 | 繁殖方式 | 优势 | 劣势 | 机遇 | 威胁 |
|---|---|---|---|---|---|
| 柳枝稷 | 种子直播法 | 可以利用育种技术改造现有品种<br>可直接利用现有种植机械<br>生产成本最低<br>种子的储藏时间最长，可达 3 年<br>母体植株并未受到伤害 | 种子生产对环境要求较为严苛<br>种子收获与脱粒技术存在挑战 | 适宜条件下可生产高质量种子<br>可采用措施降低种子脱落率 | 在边际土地及杂草较多的地区种子发芽率会降低 |
| 荻 | 根茎直播法 | 有可供商业化生产的成熟技术<br>种植和越冬成活率较高 | 劳动力需求量较大<br>根茎的储藏时间短 | 可利用根茎育苗移栽法给予优化<br>可开发专用机械 | 母体病害可被遗传<br>不能规模化生产 |
| 杂交狼尾草 | 根茎和茎节育苗移栽法 | 可利用新定植的植株作母本<br>种植成活率最高 | 越冬成活率低 | 可开发专用机械 | 寒冷地区越冬成活率低 |

　　荻的根茎种植法作为现阶段最为成熟的方法，以其种植成活率与越冬率较高，种植成本较低而受到种植户的广泛欢迎，但由于其需要定植 2~3 年的植株作为最优种质材料来源且需要较大的根茎切块导致其繁殖系数较低，且存在不能满足荻大面积种植对根茎的需求。另外，根茎的收获与种植过程较为复杂，需要投入大量的劳动力，且改良的空间较小。

　　随着技术的改进，荻、杂交狼尾草采用的根茎及茎节育苗移栽法的繁殖系数成倍增加，但是其越冬成活率在寒冷地区将会下降。可以考虑通过施用生长素类物质增加其生根率，改善种植技术，降低生产成本。

　　柳枝稷的种子直播法凭借生产效率高，生产成本低而成为现代农业广泛采用的生产技术，通过种子繁殖，柳枝稷的繁殖系数可显著增加，且可以通过育种手段改良现有的种质资源，还可以把小种子作物播种机等机械引入实际生产中，提高工作效率。但是目前来看，柳枝稷种子生产对立地环境要求较为严苛，且作为小种子作物，其种子收获与脱粒技术还存在挑战。尽管如此，种子繁殖仍然具有生产效率高、种植成本最低等显著优势，这也决定着其在农业生产中具有广阔的发展潜力。

## 四、讨论与结论

对采用不同种植技术进行生产的 3 种能源草的经济成本进行核算，考虑采用不同的农艺措施保证其优质高产，现阶段已被证实的可被有效利用的种子直播法、根茎移栽法和茎节移栽法在种植密度、除草剂施用、施肥量及种苗成本等方面存在着较大差异。由于在经济成本估算时考虑了能源草种植的土地成本，因此不同能源草的种植环节成本的总体变异幅度为 18 138.00～20 087.33 元/hm$^2$。其中柳枝稷的种子直播成本最低，杂交狼尾草的茎节移栽成本最高。通过对 3 种能源草的产量数据进行核算，柳枝稷为 1126.58 元/t，获为 671.86 元/t，杂交狼尾草为 428.40元/t。但是由于杂交狼尾草在北京地区越冬率较低，次年需要重新种植，而柳枝稷和获则可以顺利越冬，一次种植可以实现多年连续收获。这意味着从建植的第二年开始，进行种植环节成本核算时不再考虑和土地准备、除草剂及灌溉成本和地租成本（北京地区的土地地租远高于全国其他地区的平均地租水平），以 15 年为周期（柳枝稷和获完成一次生活史），并为了保持持续稳产进行肥料施用，则 3者种植环节成本如表 6-25 所示（其中一次性投入的成本土地准备、除草剂和灌溉成本等均以 15 年为周期进行平均能耗计算）。

表 6-25　以 15 为周期年 3 种能源草种植过程环节实际成本核算　[单位：元/(hm$^2$·a)]

| 能源草 | 耕地、耙地 | 种苗运输 | 施肥 | 灌溉 | 除草剂 | 种苗 | 人工 | 合计 |
|---|---|---|---|---|---|---|---|---|
| 柳枝稷 | 40.00 | 0.00 | 525.00 | 0.00 | 16.20 | 16.67 | 1520.00 | 2117.87 |
| 获 | 40.00 | 8.47 | 1177.23 | 13.26 | 9.60 | 52.00 | 1645.00 | 2945.56 |
| 杂交狼尾草 | 600.00 | 138.00 | 1177.23 | 198.90 | 0.00 | 702.00 | 2271.2 | 5087.33 |

经过分析 3 种能源草不同种植技术在生产中的优势、劣势、机会与面临的风险，其结果表明：在能源草的产业化初期，使用根茎繁殖的获因为越冬率和成活率高，将会配备先进的农用机械而被广泛采用。在产业化发展的成熟时期，种子直播的柳枝稷将会主导能源草的产业化市场。

由于杂交狼尾草在北京地区越冬率较低，次年需要重新种植，而柳枝稷和获则可以顺利越冬，一次种植可以实现多年连续收获。因此在目前研究结果的基础上，不考虑地租，以 15 年为周期进行情景模拟可得：柳枝稷、获及杂交狼尾草的生物质产量成本分别为 131.54 元/t、100.60 元/t 和 107.74 元/t。

# 参 考 文 献

陈迎，潘家华，谢来辉. 2008. 中国外贸进出口商品中的内涵能源及其政策含义. 经济研究，（07）：11-25.

楚丽明，汤传毅. 2008. 汽车能源生命周期评价. 节能与环保，11：27-29.

楚丽明，袁波，万融. 2003. 基于环境和经济综合考虑的产品服务系统. 环境保护，12：53-57.

董丹丹，赵黛青，廖翠萍，等. 2007. 生物基燃料乙醇生产工艺的能耗分析与节能技术综述. 化工进展，26（11）：
　　1596-1601.

冯玲，吝涛，赵千钧. 2011. 城镇居民生活能耗与碳排放动态特征分析. 中国人口·资源与环境，21（5）：93-100.

冯文，王淑娟，倪维斗，等. 2003. 燃料电池汽车氢源基础设施的生命周期评价. 环境科学，24（3）：8-15.

国家统计局. 2008. 中国能源统计年鉴2008. 北京：中国统计出版社.

国家统计局工业交通统计司. 2008. 中国经济统计年鉴2008. 北京：中国统计出版社.

国务院第一次全国经济普查领导小组办公室. 2008. 中国经济普查年鉴2004. 北京：中国统计出版社.

胡初枝，黄贤金，钟太洋，等. 2008. 中国碳排放特征及其动态演进分析. 中国人口·资源与环境，18（3）：38-42.

胡志远，戴杜，浦耿强，等. 2004a. 木薯燃料乙醇生命周期能源效率评价. 上海交通大学学报，38（10）：1715-1718.

胡志远，张成，浦耿强，等. 2004b. 木薯乙醇汽油生命周期能源、环境及经济性评价. 内燃机工程，25（1）：13-16.

胡志远，楼狄明，浦耿强. 2005. 燃料乙醇生命周期影响评价. 内燃机党报，23（3）：258-263.

胡志远，谭丕强，楼狄明，等. 2006. 不同原料制备生物柴油生命周期能源耗和排放评价. 农业工程学报，22（11）：
　　141-146.

胡志远，谭丕强，楼狄明. 2007a. 车用汽油替代燃料生命周期能源消耗和排放评价. 同济大学学报，35（8）：1-4.

胡志远，谭丕强，楼狄明，等. 2007b. 柴油及其替代燃料生命周期排放评价. 内燃机工程，28（3）：80-84.

孔德柱，王玉春，孙健，等. 2011. 燃料乙醇生产用生物原料的土地使用、能耗、环境影响和水耗分析. 过程工程
　　学报，11（3）：452-460.

赖力. 2010. 中国土地利用的碳排放效应研究. 南京：南京大学博士学位论文.

李蓓蓓. 2002. 生命周期评价——清单分析方法探讨. 上海环境科学，21（5）：308-311.

李红强，王礼茂. 2012. 中国发展非粮燃料乙醇减排$CO_2$的潜力评估. 自然资源学报，27（2）：225-234.

李顺兴，郑凤英，邓南圣. 2004. 面向产品系统的环境管理工具：生命周期评价. 漳州师范学院学报（自然科学版），
　　17（3）：78-83.

李玉强，赵哈林，陈银萍. 2005. 陆地生态系统碳源与碳汇及其影响机制研究进展. 生态学杂志，24（1）：37-42.

刘光复，江吉彬，朱华炳，等. 2002. 家电产品的回收设计. 机械设计与研究，18（4）：45-47.

刘宏，王贺武，罗茜，等. 2007. 纯电动汽车生命周期3E评价及微型化发展. 交通科技与经济，9（6）：45-48.

刘志峰，张保振，张洪潮. 2008. 基于超临界$CO_2$流体的废旧线路板回收工艺的试验研究. 中国机械工程，19（7）：
　　741-845.

欧阳婷萍，张金兰，曾敬，等. 2008. 土地利用变化的土壤碳效应研究进展. 热带地理，28（3）：204-208.

齐晔，李惠民，徐明. 2008. 中国进出口贸易中的隐含碳估算. 中国人口·资源与环境，18（3）：9-13.

邱彤，孙柏铭，洪学伦. 2003. 燃料电池汽车氢源系统的生命周期EEE综合评估. 化工进展，22（4）：448-453.

曲福田，卢娜，冯淑怡. 2011. 土地利用变化对碳排放的影响. 中国人口·资源与环境，21（10）：76-83.

施震，刘志峰，林巨广，等. 2001. 基于环境意识的电冰箱回收性能评价系统研究. 合肥工业大学学报（自然科学
　　版），24（5）：847-862.

宋彦勤，李俊峰，张正敏. 2000. 生命周期的概念及其应用. 中国能源，11：20-22.

唐涛，刘志峰，刘光复，等. 2003. 绿色模块化设计方法研究. 机械工程学报，39（11）：149-154.

王涛，刘劲松，吕昌河. 2010. 京津冀地区农业土地资源潜力分类评价. 安徽农业科学，38（19）：10150-10153，10321.

王妍，石敏俊. 2009. 中国城镇居民生活消费诱发的完全能源消耗. 资源科学，31（12）：2093-2100.

王毅，魏江，许庆瑞. 1998. 生命周期评价的应用、内涵与挑战. 环境导报，5：27-29.

魏本勇，方修琦，王媛，等. 2009. 基于投入产出分析的中国国际贸易碳排放研究. 北京师范大学学报（自然科学版），45（4）：413-419.

魏迎春，邓蜀平，蒋云峰，等. 2008. 煤基甲醇生命周期温室气体排放评价. 洁净煤技术，14（2）：10-12.

夏添，邓超，吴军. 2005. 生命周期评价清单分析的算法研究. 计算机工程与设计，26（7）：1681-1683.

徐滨士，刘世参，王海斗. 2005. 二十一世纪的纳米表面工程. 机械制造与自动化，34（3）：1-4.

薛帅，刘吉利，任兰天. 2013. 不同繁殖技术芒草的种植成本估算与应用潜力评价. 中国农业大学学报，18（6）：27-34.

杨海龙，封志明，吕耀. 2013. 木薯燃料乙醇的碳效应分析. 自然资源学报，28（5）：732-744.

杨建新. 1999. 面向产品的环境管理工具：产品生命周期评价. 环境科学，20（1）：100-103.

杨建新，王如松. 1998. 生命周期评价的回顾与展望. 环境科学进展，6（2）：21-28.

杨景成，韩兴国，黄建辉，等. 2003. 土地利用变化对陆地生态系统碳贮量的影响. 应用生态学报，14（8）：1385-1390.

杨莉，刘宁，戴明忠，等. 2007. 哈尔滨市城乡居民生活消费的环境压力分析. 自然资源学报，22（5）：756-765.

于随然，陶璟. 2012. 产品全生命周期设计与评价. 北京：科学出版社.

张亮，黄震. 2005. 生命周期评价及天然气基车用替代燃料的选择. 汽车工程，27（5）：454-457.

张群，李岭，邵球军，等. 2007. 模糊积分在多目标决策中的应用研究. 管理学报，4（4）：390-392.

张伟，徐滨士，梁志杰，等. 2000. 电刷镀含纳米粉复合镀层结构和磨损性能. 装甲兵工程学院学报，14（3）：30-34.

张艳丽，高新星，王爱华，等. 2009. 我国生物质燃料乙醇示范工程的全生命周期评价. 可再生能源，27（6）：63-68.

张治山，袁希钢. 2006. 玉米燃料乙醇生命周期净能量分析. 环境科学，27（3）：437-441.

中国土壤学会农业化学委员会. 1989. 土壤农业化学常规分析方法. 北京：科学出版社.

周广胜. 2003. 全球碳循环. 北京：气象出版社.

庄新姝，袁振宏，孙永明，等. 2009. 中国燃料乙醇的应用及生产技术的效益分析与评价. 太阳能学报，4（30）：526-529.

Atkinson CJ. 2009. Establishing perennial grass energy crops in the UK：a review of current propagation potions for *Miscanthus*. Biomass Bioenergy，33：752-759.

Azapagic A. 1999. Life cycle assessment and its application to process selection，design and optimization. Chemical Engineering Journal，73（1）：1-21.

Campbell CA，Zentner RP，Liang B-C，et al. 2000. Organic carbon accumulation in soil over 30 years in semiarid southwestern saskatchewan-effect of crop rotations and fertilizers. Canadian Journal of Soil Science，80：179-192.

Dietz T，Gardner GT，Gilligan J，et al. 2009. Household actions can provide a behavioral wedge to rapidly reduce US carbon emissions. Proceedings of the National Academy of Sciences of the United States of America，106（44）：18452-18456.

Houghton RA，Hackler JL. 2003. Sources and sinks of carbon from land-use change in China. Global biogeochemical cycles，17：1034-1047.

Houghton RA. 2002. Magnitude，distribution and causes of terrestrial carbon sinks and some implications for policy. Climate Policy，2（1）：71-88.

Houghton RA. 2003. Revised estimates of the annual net flux of carbon to the atmosphere from changes in land use and land management. 1850-2000. Tellus，55B：378-390.

Hu ZY，Tan PQ，Yan XY，et al. 2008. Life cycle energy，environment and economic assessment of soybean-based biodiesel as an alternative automotive fuel in China. Energy，33（11）：1654-1658.

International Organization for Standardization. 1997. Environmental management-Life cycle assessment-Principles and framework（ISO14040）.

Johnson L. 2006. CATARC Hosts PSAT-GREET Workshop in Beijing. China Auto，11，35-37.

Ometto AR，Hauschild MZ，Roma WNL. 2009. Life cycle assessment of fuel ethanol from sugarcane in Brazil. International Journal of Life Cycle Assessment，14（2）：236-247.

Papong S，Malakul P. 2010. Life-cycle energy and environmental analysis of bioethanol production from cassava in Thailand. Bioresource Technology，101（S1）：S112-S118.

Pleanjai S，Gheewala SH，Garivait S. 2009. Greenhouse gas emissions from production and use of used cooking oil methyl ester as transport fuel in Thailand. Journal of Cleaner Production，17（9）：873-876.

Quay PD，Tilbrook B，Wong CS. 1992. Oceanic uptake of fossil fuel $CO_2$：carbon-13 evidence. Science，256：74-79.

SETAC. 1993. Guidelines for life-cycle assessment：a code of Practice. Brussels：SETAC Europe：11.

Shorrock LD. 2000. Identifying the individual components of United Kingdom domestic sector carbon emission changes between 1990 and 2000. Energy Policy，28（3）：193-200.

Spangenberg JH，Lorek S. 2002. Environmentally sustainable household consumption：from aggregate environmental pressures to priority fields of action. Ecological Economics，11（8）：923-926.

Stuiver M. 1978. Atmospheric carbon dioxide and carbon reservoir changes. Science，199：253-258.

Wang M. 1998. Greet 1. 5-Transportation fuel-cycle model：methodology，development，used and results，center for transportation research energy system division. Argonne National Laboratory，Argonne Illinois，（8）：16-34.

Wang M，Huo H，Arora S. 2011. Methodologies of dealing with co-products of biofuels in life-cycle analysis and consequent results within the US context. Energy Policy，539：5726-5736.

Wang Y，Shi M J. 2009. $CO_2$ Emission induced by urban household consumption in China. Chinese Journal of Population，Resources and Environment，7（3）：11-19.

Wei YM，Liu LC，Ying F，et al. 2007. The impact of lifestyle on energy use and $CO_2$ emission：an empirical analysis of China's residents. Energy Policy，35（1）：247-257.

Zamel N，Li X G. 2006. Life cycle analysis of vehicles powered by a fuel cell and by internal combustion engine for Canada. Journal of Power Sources，155（2）：297-310.

Zhang G，Su B，Pu C，et al. 2005. Fatigue life prediction of crankshaft repaired by twin arc spraying. Journal of Central South University of Technology，12（Suppl 2）：70-76.

# 第七章　能源草研究与应用展望

利用边际土地种植能源植物获取生物质原料是我国推动生物质能产业可持续发展的战略举措。我国可利用而尚未利用的后备土地面积是 8873.99 万 hm²，其中自然条件相对较好的宜农后备土地面积为 734.39 万 hm²，其中荒草地占 51.53%、盐碱地占 11.41%。这些后备土地资源主要分布在我国北方地区，集中在蒙新区、黄土高原区、华北沿海滩涂和东三省西部地区。我国北方地区的耕地后备土地资源占全国的 80%以上，其中蒙新区占全国的 52.05%、黄土高原区占 12.03%、华北区占 8.30%、东北区占 7.61%（温明炬和唐程杰，2005）。这些后备土地资源，尤其宜农后备土地资源，是用来进行能源草规模化种植并开发利用的主要战场。

立足这些土地资源，系统开展能源草种质资源收集评价、品种选育、栽培技术、转化利用技术、储运技术和转化利用技术研究，对其经济效益、社会效益和生态效益进行全面评价，建立示范基地，实现产业化开发利用，将有助于推动我国生物质能源产业健康发展。

今后，我国能源草研究应集中在以下几方面。

## 第一节　能源草种质资源收集评价

种质资源收集筛选是品种选育的基础。我国北方边际土地主要分布在蒙新区、黄土高原区、华北沿海滩涂和东三省西部地区，该地区冬季寒冷干燥且极端低温天气时常发生，夏季高温少雨，边际土地主要类型为荒草地和盐碱地，主要逆境胁迫为低温、干旱、贫瘠和盐碱，主要生境特点为无霜期短、植被覆盖度低、生物多样性差、生态环境脆弱等。综合考虑以上因素，依据本土为主、国外为辅、北方为主、南方为辅的原则，广泛收集多年生、高大丛生、生物量大、品质优、抗逆性强的草本植物，建立能源草种质资源圃，在此基础上选择典型边际土地进行长期多点田间定位试验对能源草资源的适应性、生物学特性、抗逆能力、产量潜力、品质特点等进行系统筛选评价，进而明确不同区域的适宜能源草种和主要能源草种的种植区划，为我国专用能源草新品种培育奠定基础。

## 第二节　能源草育种技术研究

我国能源草育种研究工作刚刚起步，尚没有国家审定或商业化的品种。在能源草资源收集评价的基础上，根据我国北方地区不同区域的边际土地类型和生境特点，通过各种育种手段，结合分子生物学技术，培育生物量高、品质优、水肥利用效率高、抗逆性强（抗旱、抗盐碱、耐寒）的能源草新品种，进一步提高能源草的生产潜力，是能源草研究的另一项重要工作内容。目前收集的能源草资源大部分尚处于野生状态，尚未进行人工驯化，需要大量系统的工作对其繁殖特性、遗传背景、遗传规律进行研究，进而确定适宜的育种方法和技术。在过去几十年中，通过育种和栽培技术的进步，粮食作物产量翻了两番，而随着分子育种和生物技术的应用，人们还在努力突破产量的上限，作为尚未经过人工驯化的能源草，在通过育种技术进一步高产量、降低低投入方面均具有巨大的发展空间（桑涛，2011）。

## 第三节　能源草栽培管理技术研究

目前，能源草种植管理技术已经取得一些进展，但仍面临一些问题。首先，边际土地能源草建植存在很大困难。边际土地生境条件普遍较差，干旱、沙化、盐碱等逆境胁迫时常存在，而大部分能源草种子较小，如柳枝稷和芒草种子的千粒重分别只有 1.0g 和 0.5g 左右，通过直接播种很难建植成功。北京市农林科学院经过多年实践，通过育苗移栽的方式成功地将柳枝稷种植于多类边际土地上，但育苗移栽无疑大幅度增加了种植成本。由于芒草种子更小，通过育苗移栽也行不通，主要通过地下根茎进行繁殖，但这种繁殖方式的繁殖系数较低，地下根茎的获取时间也严格受季节限制，且不容易保存。其他能源草均面临同样问题，这也是一个世界难题。其次，能源草种植后的管理、维护、收获等也存在很多问题。例如，能源草大部分为多年生根茎型植物，需要 2~3 年才能达到生长高峰期，建植当年经常面临乡土杂草的竞争；能源草生长过程中也时常会遇到病虫害发生，但能源草病虫害的发生规律和防治办法等尚缺乏系统研究。随着能源草种植面积不断扩大，更多的问题会被提出来，因此，能源草栽培管理技术体系的建立是一个长期的过程。

## 第四节　能源草生态效应研究

我国北方边际土地的生态环境脆弱，在这些区域大面积种植能源植物，必将会对生物多样性、植被覆盖、土壤理化性质、水土流失和土壤碳汇等产生重大影响,这种影响有正面的,也可能会有负面的。做好了既能实现边际土地生态修复,又可以生产大量生物质原料,一举两得;做不好可能会对该地区生态环境产生大量负面影响,得不偿失。因此,对能源草大面积种植的生态效应进行系统研究,是一项的非常重要工作。

## 第五节　能源草生物质品质及转化利用技术研究

能源草属于纤维素类生物质,与作物秸秆属于同一类,可以转化为气、液、固 3 种形态燃料,但能源草与作物秸秆之间、不同能源草之间的热值、生物质组分、元素含量等品质指标存在很大差异,因此不同植物的转化利用工艺也不尽相同,但目前针对能源草的转化利用技术尚不多见。同时,不同的转化利用方式,对生物质原料的品质要求也不相同,因此对各能源草种的生物质品质进行系统的取样分析也是十分必要的。

## 第六节　能源草评价技术体系构建

能源草种植的最终目的是生产生物质能源。因此,生物质能产业是一个系统复杂的过程,涉及农业种植、运输、工业制备等多个环节,每个环节都会涉及多个行业和部门。但不管产业链有多长,整个过程有多复杂,最终都要回答一个问题,即它的能量投入产出比是多少?回答这个问题,需要构建评价体系,系统研究生物质能产业各环节的能力投入和产出过程,并对其经济效益、社会效益和生态效益进行综合评估,需要确立每个过程的评价指标和权重关系,设立评价标准。这需要能源草种植、运输和转化利用等过程中大量数据的支撑。

我国是人口大国,正处于社会经济快速发展的关键时期,对能源的需求日益增多,但人均能源占有量严重不足,对外依存度不断增加,能源危机日益凸显。中国在《可再生能源中长期发展规划》中计划,2020 年,我国生物质发电总装机容量达到 $30 \times 10^6 kW$,固体成型燃料年利用量达到 $50 \times 10^6 t$,生物燃料乙醇年利用量达到 $10 \times 10^6 t$。这给中国生物质能的发展提供了机遇和挑战。

我国拥有大量边际土地,其中可开发的后备土地面积是 $8.874 \times 10^8 hm^2$,其中有一半以上分布在我国北方地区。桑涛研究员曾撰文指出,如果在我国选择集中连片的边际土地种植能源草,面积达到 $1.0 \times 10^8 hm^2$,每公顷平均干物质达到 10t,每年可以获得 $10 \times 10^8 t$ 生物质原料,用已有的模型估算,这些能源草可以燃烧发电 $1458 \times 10^{12} kW \cdot h$,减少 $17 \times 10^8 t$ 煤炭火力发电排放的 $CO_2$,相当于 2007 年全国电力总输出的 45% 和 $CO_2$ 排放量的 28%(桑涛,2011)。虽然我国北方地区的边际土地，尤其是西北地区，存在一种或多种逆境胁迫，不利于能源草生长，但$10t/hm^2$的产量目标也是一种保守估计，随着现代育种技术和栽培技术的发展，能源草的生物质产量会不断提高。由此可见，能源草在我国北方地区的开发利用前景十分广阔。

综上所述，我国已在能源草种质资源收集、产量潜力分析、品质特性评价、生态效应评估等方面开展了大量的工作，取得重要研究进展，为北方地区利用边际土地种植利用能源草奠定了基础。但我国能源草研究依然处于起步阶段，其研究的深度、广度有待进一步加强。同时，我国生物质能产业的市场发育不健全、体制不完善。但从国内外发展情况来看，这些问题的解决指日可待。因此，充分利用这段时间，广泛收集适合在我国边际土地上应用的能源草资源，对其进行鉴定、评价，进而筛选、培育出对干旱、贫瘠、盐碱、低温等多种逆境胁迫具有较高耐受能力的优良品种，并积极开展其栽培管理措施和生物质品质特性的研究，开发相应的转化利用工艺并进行试验示范，做好技术储备，对我国生物质能源产业健康发展具有重要意义。

## 参 考 文 献

桑涛. 2011. 能源植物新秀：芒草. 生命世界，（1）：38-43.

温明炬，唐程杰. 2005. 中国耕地后备资源. 北京：中国大地出版社：51-66.

# 附录 北京市地方标准"柳枝稷栽培技术规程"

ICS 65.020.20

B 62

备案号：38200-2013

**DB11**

# 北 京 市 地 方 标 准

DB11/T 988—2013

# 柳枝稷栽培技术规程

## Code of practice for switchgrass cultivation

2013-06-21 发布                                      2013-10-01 实施

北京市质量技术监督局    发布

# 目　　次

前言·······························································································237

1　范围··························································································238

2　规范性引用文件···········································································238

3　术语和定义·················································································238

4　种子检验····················································································239

5　育苗移栽····················································································239

6　大田直播····················································································240

7　田间管理····················································································241

8　收获··························································································241

9　种子采收和贮藏···········································································242

DB11/T 988—2013

# 前　言

本标准按照 GB/T 1.1—2009 给出的规则起草。

本标准由北京市园林绿化局提出并归口。

本标准由北京市园林绿化局组织实施。

本标准起草单位：北京草业与环境研究发展中心。

本标准主要起草人：侯新村、范希峰、武菊英、朱毅、滕文军、温海峰。

# 柳枝稷栽培技术规程

## 1　范围

　　本标准规定了柳枝稷 *Panicum virgatum* L. 种子检验、育苗移栽、大田直播、田间管理、收获、种子采收和贮藏等过程的实施条件和操作要求。

　　本标准适用于北京地区柳枝稷的栽培管理。

## 2　规范性引用文件

　　下列文件对于本文件的应用是必不可少的。凡是注日期的引用文件，仅所注日期的版本适用于本文件。凡是不注日期的引用文件，其最新版本（包括所有的修改单）适用于本文件。

　　GB/T 2930.2　　牧草种子检验规程　净度分析

　　GB/T 2930.4　　牧草种子检验规程　发芽试验

　　GB/T 2930.8　　牧草种子检验规程　水分测定

　　GB/T 2930.9　　牧草种子检验规程　重量测定

## 3　术语和定义

　　下列术语和定义适用于本文件。

### 3.1

**柳枝稷 switchgrass**

禾本科黍属，多年生 $C_4$ 草本植物，拉丁学名为 *Panicum virgatum* L.，原产北美地区，植株高大，根茎发达，生物量大，生态适应性强，可以用作能源植物、观赏植物及饲用植物。

### 3.2

**边际土地 marginal land**

尚未被利用，自然条件较差，有一定生产潜力和开发价值，暂不宜垦为农田，但可以生长或种植某些适应性强的植物的土地。

# 4　种子检验

按照 GB/T 2930.2、GB/T 2930.4、GB/T 2930.8、GB/T 2930.9 规定的方法检验种子的净度、发芽率、含水量、千粒重等质量指标。

# 5　育苗移栽

## 5.1　育苗

### 5.1.1　育苗时间

以移栽前 45～60d 为宜。

### 5.1.2　种子处理

在湿润状态，5～10℃下预冷 8～12d，打破休眠。

### 5.1.3　育苗环境

温室内育苗,温度白天为 25～35℃,夜间为 15～20℃;相对湿度为 60%～70%。

### 5.1.4　育苗基质

基质为草炭与壤土等体积混合物，过 20 目筛。每立方米基质可以用 3%硫酸亚铁溶液 8L 灭菌、50%辛硫磷 500 倍液 5～7L 杀虫，将两种药剂分别均匀喷洒在基质上，搅拌均匀后，堆放 2～3d 后即可使用。

### 5.1.5　育苗容器

营养钵或穴盘均可，营养钵以 8cm×8cm 为宜，穴盘以 50 穴或 72 穴为宜，装满基质。

### 5.1.6　播种

基质充分灌溉（基质相对含水量为 40%～60%）后播种，每个营养钵或穴盘播 3～5 粒种子，覆盖基质 8～10mm。

### 5.1.7　苗期管理

及时人工除草，采用微喷方式保持基质湿润。

#### 5.1.8　合格苗

根系发达，已经形成良好根团，长势好，无病虫害，高度 15cm 以上，可见叶不低于 5 片。

## 5.2　移栽

#### 5.2.1　移栽时间

以 5 月上旬至 6 月中旬为宜，地温稳定在 15℃以上。

#### 5.2.2　立地条件

边际土地及退耕农田、公园绿地等。

#### 5.2.3　移栽方式

采用穴植方式，每穴 1 株合格苗，覆土至分蘖节处，适度镇压，浇透水。

#### 5.2.4　移栽密度

株行距为 60～80cm，视土壤肥力条件适当调整。

# 6　大田直播

## 6.1　播种时间

以 5 月上旬至 6 月中旬为宜，地温稳定在 15℃以上。

## 6.2　立地条件

退耕农田、公园绿地等土地条件较好地块。

## 6.3　土地准备

除杂草，充分灌溉，精细整地。

## 6.4　播种方式

采用条播方式，播种深度为 1～2cm，行距为 60～80cm。

## 6.5 播种量

每公顷 8～10kg，视发芽率高低与土壤肥力条件适当调整。

## 6.6 苗期管理

及时除草，采用微喷或灌溉方式保持土壤湿润。

# 7 田间管理

## 7.1 灌溉

视土壤墒情和气候条件适时灌溉，土壤封冻前应灌溉 1 次冻水。

## 7.2 追肥

种植当年不宜追肥；第二年起每个生长季追施氮肥 1～2 次，每公顷累计用量 150～200kg，7～8 月大雨后撒施在土壤表面，一般不需要追施磷肥和钾肥。

## 7.3 杂草防治

种植当年，及时除草。

# 8 收获

## 8.1 收获时间

作为能源植物与观赏植物每年收割 1 次，收割时间以当年 11 月至翌年 3 月为宜，作为饲用植物宜在拔节期至抽穗期刈割。

## 8.2 留茬高度

以 10～15cm 为宜。

## 9　种子采收和贮藏

### 9.1　采收时间

以 10～11 月为宜，80%以上种子成熟。

### 9.2　采收方式

视成熟程度，以人工剪收种穗或手工撸粒为宜。

### 9.3　种子贮藏

室温保存，保持干燥、通风。